工程建设科技创新成果及应用
——2023 工程建设优秀科技论文集

中国施工企业管理协会　主编

中国建筑工业出版社

图书在版编目（CIP）数据

工程建设科技创新成果及应用：2023工程建设优秀
科技论文集／中国施工企业管理协会主编. — 北京：
中国建筑工业出版社，2024.3
ISBN 978-7-112-29679-8

Ⅰ.①工… Ⅱ.①中… Ⅲ.①建筑工程-文集 Ⅳ.
①TU-53

中国国家版本馆CIP数据核字（2024）第057268号

本书精选的论文均来自工程建设一线，涉及房建、市政、公路、铁路、水利、
电力、石油、化工、煤炭、冶金、有色等领域，展现了各个行业在数字化、工业
化、绿色低碳等方面的创新与实践，为其他类似工程提供有益的参考。
读者阅读本书过程中，如发现问题，可与编辑联系，微信号：13683541163，
邮箱：5562990@qq.com。

责任编辑：周娟华
责任校对：张惠雯

工程建设科技创新成果及应用——2023工程建设优秀科技论文集
中国施工企业管理协会 主编
*
中国建筑工业出版社出版、发行（北京海淀三里河路9号）
各地新华书店、建筑书店经销
北京科地亚盟排版公司制版
北京云浩印刷有限责任公司印刷
*
开本：787毫米×1092毫米 1/16 印张：15¼ 字数：376千字
2024年5月第一版 2024年5月第一次印刷
定价：**88.00**元
ISBN 978-7-112-29679-8
（42700）

前　　言

广大工程建设企业深入贯彻落实创新驱动发展战略，持续完善科技创新体系，不断提升自主创新能力，创造了众多具有世界领先水平的科技成果，建造了一大批举世瞩目的伟大工程。

为加快实现行业高水平科技自立自强，响应习近平总书记"把论文写在祖国的大地上"的号召，鼓励广大工程建设科技人员把论文写在工程一线，将科研成果转化为实际生产力，为行业发展注入新的动力，中国施工企业管理协会开展了工程建设科学技术论文征集活动。2023年，共征集论文1054篇。协会邀请众多行业资深专家和知名学者组成学术委员会，从中选出23篇特别优秀的论文形成本论文集。

本论文集的编纂旨在鼓励原始创新和自由探索，传播工程建设行业最新的科技创新思维，推广优秀的科技创新成果，助力工程建设行业新质生产力发展。入选论文均来自工程建设一线，涉及工业与民用建筑、市政、桥梁、隧道、铁路、水利水电、化工、新能源等行业（专业），涵盖建设、设计、施工、运维等工程建设全生命周期，展现了行业在工业化、数字化、绿色低碳等方面的创新与实践，为今后类似工程建设提供了有益参考。

科技兴则民族兴，科技强则国家强。中国施工企业管理协会将继续携手广大工程建设科技工作者，共同推动行业科技创新与进步，努力书写新时代赋予行业科技工作的光辉未来。最后，向所有为本论文集编辑出版提供帮助的专家、学者、编辑和出版界人士表示感谢！

《工程建设科技创新成果及应用》编写委员会

2024年3月

目　　录

基于精细化壳-弹簧模型的管片式沉井不良姿态结构受力特性研究

李孝斌[1]，任梦[2,3,4]，杨睿[2,3,4]，黄威[1,2,3,4]，李雪松[1,2,3,4]

（1. 中交二航局第一工程有限公司，湖北 武汉 430000；2. 中交第二航务工程局有限公司，湖北 武汉 430000；3. 长大桥梁建设施工技术交通行业重点实验室，湖北 武汉 430000；4. 交通运输行业交通基础设施智能制造技术研发中心，湖北 武汉 430000）

摘　要：基于面向绿色建造"十四五"规划需求和实现"碳达峰""碳中和"的重要部署，将预制装配化建造工艺推广至市政工程竖井施工。建立壳-接头 4 环管片 180°错缝拼接模型，分析在垂直下沉和倾斜不良姿态下管片结构变形及内力分布特点，以及螺栓受力行为。垂直下沉时，沉井对称受力，螺栓主要受弯，且螺栓分布密集区域，沉井抗弯刚度大，螺栓承担更大的弯矩。沉井倾斜对管片环向受力的影响较小，对其竖向压力和弯矩的影响较大。沉井倾斜对螺栓受力的影响十分明显，但对于不同环管片，受影响的螺栓位置不同，因此，装配式沉井发生倾斜时，应针对性地对受力影响较大的螺栓接缝进行局部加固处理。

关键词：预制装配式沉井；壳-弹簧模型；倾斜不良姿态

Mechanical characteristics of prefabricated assembled shaft with incline attitude based on refined Shell-spring Model

LI Xiaobin[1], REN Meng[2,3,4], YANG Rui[2,3,4], HUANG Wei[1,2,3,4], LI Xuesong[1,2,3,4]

(1. The First Construction Company of CCCG Second Harbor Engineering Co., Ltd., Hubei Wuhan 430000; 2. CCCG Second Harbor Engineering Co., Ltd., Hubei Wuhan, 430000; 3. Key Laboratory of Large-Span Bridge Construction Technology, Hubei Wuhan, 430000; 4. Research and Development Center of Transport Industry of Intelligent Manufacturing Technologies of Transport Infrastructure, Hubei Wuhan, 430000)

Abstract: Based on the requirements of the 14th Five Year Plan for green construction and the important deployment of achieving "carbon peak" and "carbon neutral", the prefabricated construction process is extended to the municipal engineering shaft construction. A shell-joint model of 4-ring segment with 180° staggered joint is established to analyze the deformation and internal force distribution characteristics of segment structure under the normal and incline process, as well as the stress behavior of bolts. When sinking vertically, the caisson is symmetrically stressed, the bolts are mainly bent. The bending stiffness is large in the position that bolts distributed densely, where the bolts bear greater bending moments. The inclination of the sinking has little influence on the ringed force of the segment，and has a greater influence on the vertical pressure and bending moment. The influence of sinking tilt on the force of the bolt is very obvious，but for different ring segments，the position of the affected bolts is different，therefore，when the inclination of the prefabricated sinking occurs，the bolt joints with greater influence of the force should be locally reinforced.

Key words：prefabricated assembled shaft；Shell-spring Model；incline attitude

1. 引言

城市市政工程是关系居民生活便利、改善老旧城区功能的民生工程，随着经济的快速发展，城市现代化建设的脚步逐渐加快，原有的老旧市政工程需要与时俱进地进行改造。据统计，国内很多城市正在进行雨水管道、污水管道及通信电力管道的扩容改造工程，其中竖井常作为地下管网通风井和逃生井、顶管工程接收井和工作井、污水处理厂泵站等进行使用，面临施工场地小、周边环境复杂、工期要求紧、沉降控制严等施工难题。预制装配式建造技术的发展成为解决这一难题的有效方式。将预制装配化建造工艺推广至市政工程竖井施工，是实现"碳达峰"和"碳中和"的一条重要路径，是面向绿色建造"十四五"规划需求和城市市政未来改造扩建常态的重要创新举措，充分改善城市改造"灰头土脸""伤筋动骨""局部淤堵"的面貌，助力各大城市向现代化建设的道路上大步迈进。

装配式竖井结构结合 VSM 工法已在国外展开了应用[1]，如泰国 Samutprakarn 污水管网、新西兰惠林顿污水管网等。我国江苏省南京市建邺区沉井式停车场建设工程是 VSM 工法在国内的首次应用[2,3]，也是预制装配式竖井建造方式的一大尝试。随后，国内多个沉井项目采用了预制装配式结构，如北京市坝河北岸污水管线的椭圆形预制沉井、南京市和燕路雨污分流管网的矩形预制沉井[4]。许多学者以南京市建邺区项目为背景，系统研究了装配式竖井的结构设计、受力分析和防水设计。包鹤立和姜弘[4] 系统地介绍了 VSM 竖井工程的预制混凝土管片结构设计理念。徐金亮[5] 分析了装配式结构的受力变形方式、周边地表沉降及周边荷载的影响。卞超等[6] 对 VSM 沉井的下沉过程及受力特性进行了分析。刘方宇等[7] 考虑了装配式沉井管片间的接缝与错缝拼装效应，研究了正常下沉工况沉井结构内力分布规律及收敛变形。

国内装配式竖井的发展具有应用时间短、实践项目少的特点，装配式沉井在复杂施工工况下的受力特性的研究暂不完善，尤其是针对预制装配式结构的非线性和非连续性特点，缺乏对预制结构及连接螺栓的受力分析。本文通过对预制装配式沉井结构的力学分析，研究在垂直下沉和倾斜不良姿态下，管片结构变形及内力分布特点，以及螺栓受力行为，探究沉井倾斜对结构受力产生的不良影响。

2. 预制装配式沉井结构

沉井结构按照预制拼装结构进行设计（图1），采用下部钢刃脚＋上部预制结构的形式。上部预制结构由预制管片拼装而成，每环由 6 块预制管片组成，分别为 3 个标准块、2 个相邻块和 1 个 K 块，各块预制管片由环向螺栓进行连接，每环管片之间采用纵向螺栓进行连接。

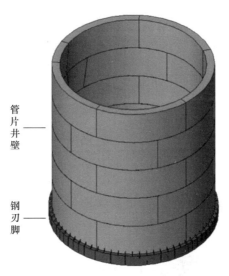

图 1 预制装配式沉井结构设计图

如图 2 所示，沉井下部采用钢刃脚，刃脚环向间隔设置支撑钢板，横向钢板与管片弧度进行匹配，横向钢板上设置与管片螺栓孔相匹配的螺栓孔，与管片通过螺栓连接。最下层管片外弧面预埋钢板，钢刃脚与管片预埋钢板进行焊接。

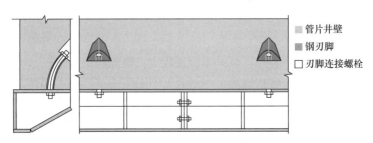

图 2 装配式沉井刃脚设计图

3. 三维数值模拟

3.1 壳十弹簧有限元模型

预制装配式竖井管片间螺栓接头的模拟是反应装配式结构力学非线性和非连续性的重点，众多学者已在盾构隧道衬砌结构的研究中提出了许多计算模型，为装配式沉井提供了许多成熟的参考方法。从普遍的二维计算模型[8-10] 逐渐发展为更为精确的三维计算模型，例如壳-弹簧单元模型[11]、壳-接头模型[12]。

如图 3 所示，建立管片＋螺栓的壳-弹簧三维有限元模型，共有 4 环管片采用 180°错缝拼装，采用三维柱坐标，坐标原点位于模型底部中点。其中管片采用壳体单元，管片不同分块及环间接缝设置接触单元，螺栓采用三个不同方向弹簧单元，采用土弹簧模拟沉井结构与土层间的相互作用，沉井底部设置竖向弹簧单元，侧面设置水平弹簧单元，沉井下沉时通过侧向超挖和泥浆套进行侧壁减阻。根据现场实测结果表明[13]，沉井下沉时侧壁摩阻力在 3kPa 范围内，且沉井姿态出现倾斜或者偏移时，侧摩阻力增量较小，因此侧摩阻力对不同姿态下的沉井结构影响很小，可以忽略。

管片纵缝按照图4进行划分，第1环和第3环纵缝角度为0°、67.5°、135°、202.5°、270°、337.5°，第2环和第4环旋转180°拼装，纵缝角度为180°、247.5°、315°、22.5°、90°、157.5°。管片纵缝和环缝接缝处均设置接触单元，模拟接缝不可互相穿插、不可抗拉的特性。接缝具有抗压刚度，没有抗拉刚度和剪切刚度，刚度表达式为：

$$k_c = \begin{cases} \infty & (\sigma \leqslant 0) \\ 0 & (\sigma > 0) \end{cases} \qquad (1)$$

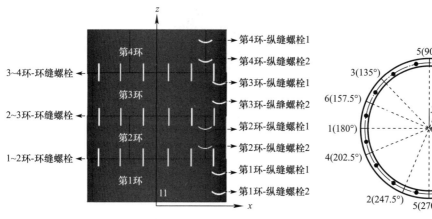

图3 管片错缝拼接及螺栓分布

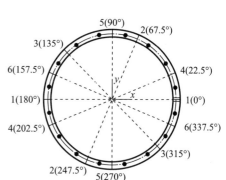

图4 纵缝分块示意图

管片环向及纵向通过螺栓连接，沉井下沉过程中，螺栓具有抗拉压、抗剪切和抗转动的效应。为模拟螺栓受力行为，连接螺栓采用三向不同刚度的3D单元，分别模拟沿螺栓轴向、

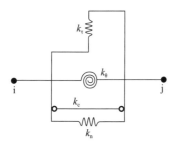

图5 由螺栓连接的界面
相互作用关系示意图

切向、转动方向的力学性能，轴向不可相互穿插的性质由接触单元控制。螺栓三向承载性能分别用轴向刚度k_n、切向刚度k_τ和转动刚度k_θ表示（图5）。连接螺栓的刚度取值是准确模拟预制装配式沉井受力的关键，接头的转动刚度对预制结构的受力性状的影响极为敏感[14]，实际工程中接头转动刚度k_θ的取值范围一般为1000~10000kN·m/rad[15]。

3.2 模型荷载

装配式竖井下沉过程中，需要克服井壁侧摩阻力和刃脚下地基极限承载力，预制竖井结构自重通常小于现浇结构，需要在竖井上部进行压重，保证竖井正常下沉。

模型采用内径3.35m、厚35cm的管片，4环管片自重为1550kN，主要克服侧摩阻力1488kN，采用掏刃脚下沉时，刃脚下地基极限承载力取0，根据《沉井与气压沉箱施工规范》GB/T 51130—2016中的规定，下沉系数宜为1.05~1.25，需要进行上部压重720kN。

如图6所示，模型中施加管片自重及上部压重荷载，在井壁设置一圈土弹簧并施加静止土压力，模拟井壁土压力随竖井姿态的改变。竖井底部土体反作用力通过土弹簧模拟，通过设置不同的弹簧刚度模拟底部土体不均匀的开挖情况。

设置垂直和倾斜两种加载工况：一是在上部压载及管片自重荷载作用下，沉井竖直下沉；二是调整沉井底部土弹簧刚度，模拟不均匀开挖导致的沉井倾斜不良姿态。

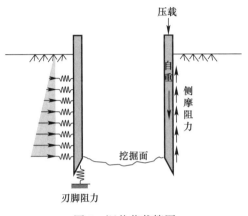

图6　沉井荷载简图

4. 预制装配式沉井受力行为分析

沉井下沉过程中，会通过超挖减少侧壁摩阻力，导致侧方土体对井壁的约束作用减弱，相对于现浇式沉井，装配式沉井结构由螺栓连接，管片接缝处为受力薄弱位置，尤其是在沉井倾斜不良姿态的情况下，接缝螺栓受力会更受挑战。

4.1　考虑下沉姿态的管片位移及变形分析

在竖井刃脚底部均匀超挖，上部垂直均匀压载的情况下，沉井处于理想的垂直下沉状态，结构拥有一致的竖向位移（图7）。由于管片的径向变形随深度逐渐增大的侧向土压力而增大（图8），除最后一环受到的约束变形较大外，其余3环径向变形随深度线性增加。

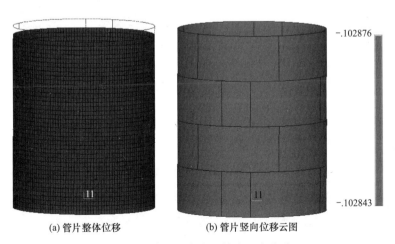

| (a) 管片整体位移 | (b) 管片竖向位移云图 |

图7　垂直下沉姿态下管片竖向位移

受沉井施工工艺和土体非均匀性的影响，沉井下沉过程中的受力并非总是均匀的，例如沉井底部非均匀开挖、上部荷载偏位或土层性质突变等因素，均会引起沉井不均匀下沉，导致沉井倾斜[16,17]。为了模拟沉井产生倾斜不良姿态的受力性能，将沉井底部 180°～360° 范围的土弹簧刚度减小，以模拟沉井底部不均匀超挖的情况，在上部管片自重及顶部压载的作用下，沉井发生了如图 9 所示的倾斜，270°方向竖向位移最大，相对应的 90°方向竖向位移最小，最大偏差达到 1‰L （L 为沉井的高度）。

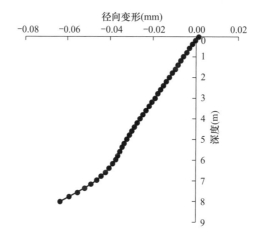

图 8　垂直下沉姿态下管片径向变形

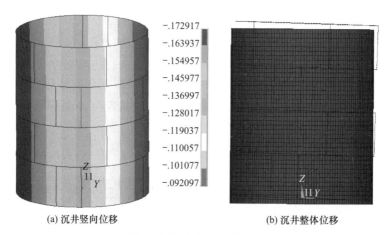

(a) 沉井竖向位移　　　　　　　　(b) 沉井整体位移

图 9　倾斜姿态下沉井位移

4.2　考虑下沉姿态的管片结构内力分析

4.2.1　管片结构轴压分布规律

　　图 10 和图 11 所示分别为管片在垂直和倾斜姿态下的竖向压力云图及竖向压力分布图，图中显示管片结构竖向压力随深度增加，这与上部管片重量随下沉深度不断增加有关。同时可以发现，在纵缝螺栓所在位置，管片竖向压力会减小，这是由于纵缝处螺栓承担了大部分的压力荷载，管片承担的竖向压力相应减小。对比分析垂直和倾斜姿态两种工况，倾斜姿态下管片承担更大的竖向压力，尤其是在深部管片中，两种姿态下竖向压力差距更大。

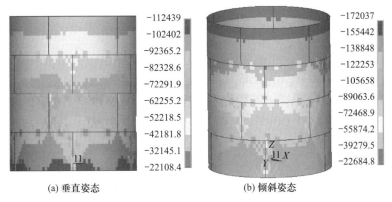

(a) 垂直姿态   (b) 倾斜姿态

图 10　管片竖向压力云图

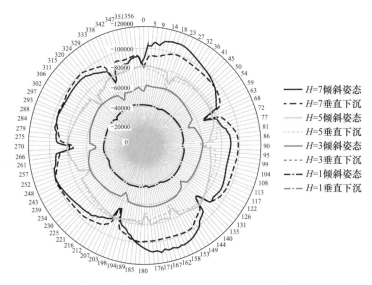

图 11　垂直和倾斜姿态下管片竖向压力分布

　　垂直和倾斜姿态下管片环向压力的云图及分布图分别见图 12 和图 13。管片环向压力随下沉过程中土压力的增加而增大，且同样表现出在纵缝螺栓位置减小的特征。与竖向压

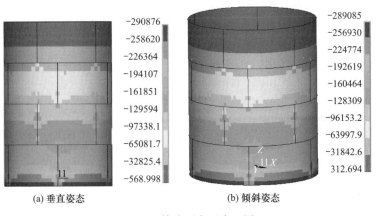

(a) 垂直姿态   (b) 倾斜姿态

图 12　管片环向压力云图

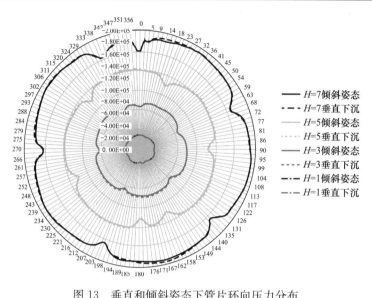

图 13　垂直和倾斜姿态下管片环向压力分布

力不同，沉井倾斜对管片环向压力的影响很小，这是因为模型中施加了固定的土体侧压力，未能反映土体倾斜过程中被动土压力转为主动土压力的过程。

4.2.2　管片结构弯矩分布规律

如图 14 和图 15 所示，管片环向弯矩并非均匀分布，而是呈现出在纵缝处大、管片中心小的波浪形分布规律，且沿 K 块中点所在直径对称分布（168.75°～348.75°）。这是由于纵缝和连接螺栓的存在导致竖井环向结构刚度并非均匀分布，纵缝处连接螺栓可抗拉压和弯矩、刚度远大于混凝土管片，每块管片都相当于两端固支的抗弯结构（图 18），因此呈现在固支端弯矩最大、中部弯矩最小的分布形式。同时可以发现，管片倾斜下沉时，对管片环向弯矩的影响较小。

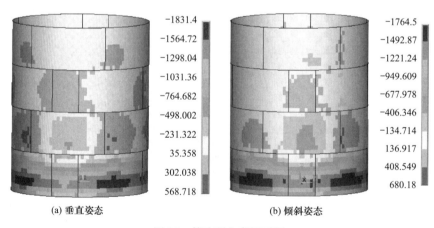

(a) 垂直姿态　　　　　　　　　　　　(b) 倾斜姿态

图 14　管片环向弯矩云图

当沉井发生倾斜下沉时，原有的均匀受力模式被打破，其受力由简支梁向悬臂梁过渡，如图 16 和图 17 所示，沉井倾斜对管片竖向弯矩的影响最大，尤其是在 90°和 270°方向管片竖向弯矩出现较大的增加，这与沉井的倾斜方向相一致。

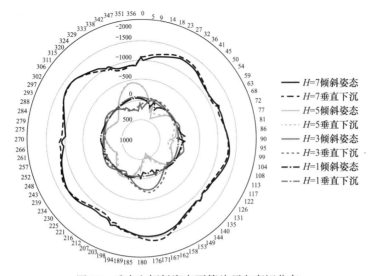

图 15　垂直和倾斜姿态下管片环向弯矩分布

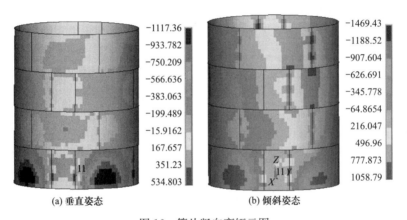

(a) 垂直姿态　　　　　　(b) 倾斜姿态

图 16　管片竖向弯矩云图

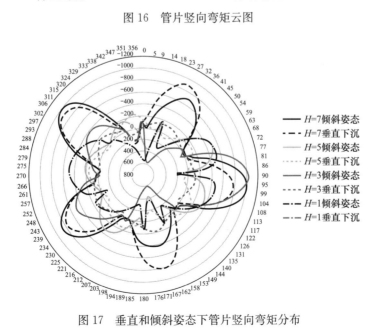

图 17　垂直和倾斜姿态下管片竖向弯矩分布

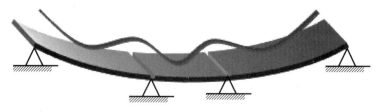

图18　结构受弯力学简图

4.3　考虑下沉姿态的螺栓受力行为分析

4.3.1　纵缝螺栓受力

在垂直下沉工况下，底部土弹簧刚度相同，沉井顶部作用下沉压力，侧向土压力沿深

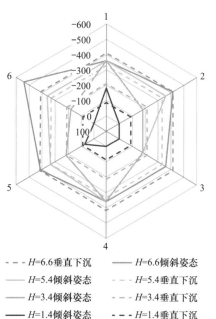

--- *H=6.6垂直下沉*　——*H=6.6倾斜姿态*
——*H=5.4倾斜姿态*　--- *H=5.4垂直下沉*
——*H=3.4倾斜姿态*　--- *H=3.4垂直下沉*
——*H=1.4倾斜姿态*　--- *H=1.4垂直下沉*

图19　垂直和倾斜姿态下纵缝螺栓轴力图

度线性增加，沉井对称受力，螺栓不承受剪力。按照图4中对纵缝螺栓的编号绘制螺栓轴力图（图19）和弯矩图（图20），如图19所示，垂直姿态下，同一深度纵缝螺栓轴力均匀分布。随着深度增加，纵缝螺栓抵抗更大的土体侧压力，轴力随之增加。如图20所示，当处于倾斜姿态时，同一深度纵缝螺栓轴力不再相同，倾斜姿态对最上部第4环管片纵缝螺栓轴力的影响最大，轴力主要转移到1号（180°）和5号（90°）螺栓，第3环1号（0°）和4号（202.5°）纵缝螺栓轴力增大，第2环3号（315°）纵缝螺栓轴力减小，第1环6号（337.5°）纵缝螺栓轴力增加。

纵缝螺栓弯矩如图20所示，在深度方向，随着沉井下沉深度不断增加，各处螺栓承受弯矩逐渐增大。在同一深度下，1号位置螺栓（K块与A1块纵缝螺栓）承受弯矩最大，管片180°错缝拼装情况下，纵缝1号位置螺栓（K块与A1块纵缝螺栓）相邻螺栓布置相对密集，局部刚度增大，因此同样深度下，

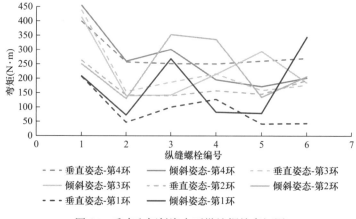

--- 垂直姿态-第4环　——倾斜姿态-第4环　--- 垂直姿态-第3环
—— 倾斜姿态-第3环　--- 垂直姿态-第2环　—— 倾斜姿态-第2环
--- 垂直姿态-第1环　—— 倾斜姿态-第1环

图20　垂直和倾斜姿态下纵缝螺栓弯矩图

通常1号位置螺栓承担弯矩最大。如图20所示，倾斜姿态对1号和2号螺栓的影响较小，对其余螺栓的影响较大，但是对于不同环的螺栓，受影响较大的螺栓位于不同的位置。因此当装配式沉井发生倾斜时，应有针对性地对受力影响较大的螺栓接缝进行局部加固处理。

4.3.2 环缝螺栓受力

如图21所示，在垂直下沉条件下，下沉深度越深，环缝螺栓弯矩越大。且同一环缝处的螺栓弯矩并非均匀分布，而是沿169°～349°径线对称分布，这是因为180°错缝拼接时，装配式沉井结构整体沿169°～349°纵截面对称。在同一环缝处，分布在11°、79°、146°、191°、259°、326°位置的螺栓弯矩较大，如图21（b）中圆圈标识所示，这几处环缝螺栓均处于上下环管片纵缝所夹最小角度之间，距离上下环管片纵缝螺栓都非常近，抗弯刚度最大，因此，此处环缝螺栓承担更大的弯矩。

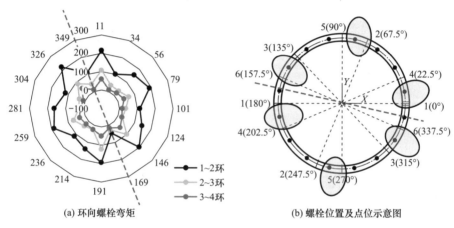

(a) 环向螺栓弯矩　　　　　　　　　(b) 螺栓位置及点位示意图

图 21　环向螺栓弯矩

如图22所示，相比于垂直下沉，装配式沉井结构在倾斜不良姿态下环缝螺栓弯矩不再沿169°～349°径线对称分布，而呈现向0°～180°方向的偏移，大部分环缝螺栓在倾斜姿态下承受更大弯矩。

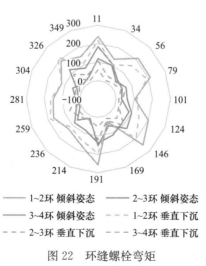

图 22　环缝螺栓弯矩

5. 讨论与结论

本文创新性提出使用分块式预制管片结构进行市政沉井的装配式施工结构，针对市政沉井施工条件及受力条件，对装配式沉井结构力学特性展开研究，针对装配式沉井垂直和倾斜两种常见姿态，建立壳-弹簧有限元模型，深入模拟管片分块接缝接触及环缝、纵缝螺栓的影响，深入分析了管片结构及螺栓受力特征，形成以下结论：

（1）在沉井竖向拼装下沉过程中，随着下沉深度的增加，沉井结构所受环向水土压力和竖向压力逐渐增加，管片与螺栓所受压力和弯矩随之增加。

（2）装配式沉井管片分块及环间接缝采用螺栓连接，环间采用180°错缝拼装，与现浇沉井完整均质环受力特性不同，装配式沉井管片刚度与螺栓位置、螺栓分布密度相关，在接缝处的轴力和弯矩均由螺栓和接缝共同承担。

（3）在沉井垂直下沉过程中，沉井对称受力，纵缝螺栓不受剪力，同一深度纵缝螺栓所受轴力相同，但螺栓弯矩并非均匀分布，K块与相邻块接缝处的纵缝螺栓承受较大的弯矩。环缝螺栓的弯矩与上下环接缝的分布相关，从整体来看，由于管片180°错缝拼装，装配式沉井的纵向抗弯刚度沿169°～349°径线对称分布，同时被纵缝螺栓和环缝螺栓的相对位置划分为抗弯刚度强弱区域，当环缝螺栓处于上下环管片纵缝所夹最小角度之间时，环缝螺栓所承担的弯矩最大。

（4）受沉井施工工艺和土体非均匀性的影响，沉井发生倾斜的情况时有发生，由于沉井两侧通常存在一定程度的超挖，四周土压力变化较小，沉井倾斜姿态对管片环向受力的影响较小，对管片竖向受力的影响稍大，导致管片竖向压力增大，沿管片倾斜方向，竖向弯矩出现较大的增加。沉井倾斜对螺栓受力的影响十分明显，但对于不同环管片，受影响的螺栓位置不同，因此，装配式沉井发生倾斜时，应有针对性地对受力影响较大的螺栓接缝进行局部加固处理。

参 考 文 献

［1］ Schmah p. berblinger s. VSM shaft sinking technology-mechanized shaft sinking with the VSM in different projects for subway ventilation shafts. ［C］//World Tunnel Congress，2014.

［2］ 林咏梅，贺腾飞，王文渊，等. 超深装配式竖井防水设计［J］. 隧道与轨道交通，2021，136（S2）：86-90.

［3］ 张振光，徐杰，汪盛，等. 富水地层超深装配式竖井水下机械法掘进施工技术——以南京某沉井式停车设施建设项目为例［J］. 隧道建设（中英文），2022，42（3）：492-500.

［4］ 包鹤立，姜弘. 装配式竖井预制混凝土管片结构设计［J］. 隧道建设（中英文），2022，42（S1）：376-381.

［5］ 徐金亮. 临近荷载对装配式竖井受力及地表变形影响研究［D］. 北京：中国地质大学，2020.

［6］ 卞超，冯旭海，王建平. VSM沉井下沉过程井壁受力规律研究［J］. 煤炭工程，2021，53（2）：41-47.

［7］ 刘方宇，丁文其，巩一凡，等. 沉井式预制拼装结构壳—接头模型的三维数值模拟［J］. 隧道建设（中英文），2019，38（S2）：190-201.

［8］ Ita wg research. Guidelines for the design of shield tunnel lining［J］. Tunnelling and Underground Space Technology，2000，15（3）：303-331.

［9］ 黄昌富. 盾构隧道通用装配式管片衬砌结构计算分析［J］. 岩土工程学报，2003，25（3）：322-325.

［10］ 钟小春，朱伟，秦建设. 盾构隧道衬砌管片通缝与错缝的比较分析［J］. 岩土工程学报，2003，25（1）：109-112.

［11］ 朱伟，黄正荣，梁精华. 盾构衬砌管片的壳-弹簧设计模型研［J］. 岩土工程学报，2006，28（8）：940-947.

［12］ 彭益成，丁文其，朱合华，等. 盾构隧道衬砌结构的壳-接头模型研究［J］. 岩土工程学报，2013，35（10）：1823-1829.

［13］ 黄铭亮，张振光，徐杰，等. 基于 VSM 沉井施工过程井壁受力实测研究——以南京沉井式地下智能停车库工程为例［J］. 隧道建设（中英文），2022.

［14］ 蒋洪胜，侯学渊. 盾构法隧道管片接头转动刚度的理论研究［J］. 岩石力学与工程学报，2004（9）：1574-1577.

［15］ 刘建航，侯学渊. 盾构法隧道［M］. 北京：中国铁道出版社，1991.

［16］ 李鸣，谢唯实，陈国，等. 大型沉井下沉施工中结构内力变化规律分析［C］. 2020 年全国土木工程施工技术交流会论文集（中册）：《施工技术》杂志社，2020：23-29.

［17］ 房桢. 沉井倾斜纠偏［J］. 水运工程，2000，317（6）：39-41.

地级市雨污分流设计思路及施工方法浅谈

边俊超，马泽锋，郑超，范新涛，申海洋

（中国水利水电第十四工程局有限公司，云南 昆明 650041）

摘　要：雨污分流改造是治理城市内涝、改善城市自然水体的有效手段。广东省茂名市小东江流域城镇生活污水管网完善工程，治理范围涉及茂名市小东江内河段长 61km，行政区涉及茂名市共 3 个县级市（区）、29 个镇街。该工程使小东江的水体质量得到大幅度的提升，并有效地解决了雨污混流的弊病。本工程主要以明挖埋管为主，通过对本工程施工技术的探讨和研究，总结出施工成本较小、经济适用价值较高、推广度较高的雨污分流设计思路及施工方法。

关键词：雨污分流改造；施工技术；地级城市；雨污分流设计思路及施工方法

Discussion on design ideas and construction methods of rain and sewage diversion in prefecture-level cities

BIAN Junchao，MA Zefeng，ZHENG Chao，FAN Xintao，
SHENG Haiyang

（China Water Conservancy and Hydropower 14th Engineering Bureau Co.，Ltd.，
Yunnan Kunming 650041）

Abstract：Rain and pollution diversion transformation is an effective means to control urban waterlogging and improve urban natural water body. The project to improve the urban domestic sewage pipe network in Xiaodong River basin of Maoming City Guangdong Province covers 61 kilometers of Xiaodong River in Maoming City，covering 3 county-level cities（districts）and 29 towns in Maoming City. The project has greatly improved the water quality of Xiaodong River and effectively solved the problems of mixed rain and pollution. This project is mainly based on open excavation and buried pipe. Through the discussion and research of the construction technology of this project，the design ideas and construction methods of rain and sewage diversion with small construction cost，high economic and applicable value and high degree of promotion are summarized.

Key words：rain and sewage diversion reconstruction；construction technology；prefecture-level city；rain and sewage diversion design and construction method

1. 概述

近年来，随着茂名市经济快速发展、人口数量剧增，老旧污水管网系统已经无法满足城市发展需要，各种污水管网问题逐渐暴露出来，导致小东江流域水体污染加剧。

综合分析小东江流域各污水处理系统管网的现状，主要存在以下问题。

1.1 污水收集管网空白区较多，污水收集量偏低

小东江流域目前已建管网约 414km，管网密度仅为 $3.3km/km^2$，城镇污水系统中尚存在较多管网建设空白区，污水管网的缺失导致排水户的污水无法有效收集，最终导致直排水体形成污染。

1.2 管网排水体制混乱，雨污分流不完善

小东江流域内城镇排水体制较为混乱，市政道路已建成基本完整的雨污水分流系统，但仍存在部分合流管渠，区域污水管网建设尚不完善，合流管道较多，仍存在溢流口。除市区外，其余区域基本采用截流式合流制，截污渠箱和合流排水口在雨天大量溢流合流污水，造成严重的溢流污染。此外，部分镇级污水系统外水较多，无法有效收集污水，导致污水处理厂进厂污染物浓度低，影响实际减排效益发挥。

1.3 存在错混接现象，管网缺陷普遍

市区系统存在部分错混接现象，镇级系统排水管网错混接现象较为普遍，城区主干道和各镇街管网均存在多处结构性缺陷和功能性缺陷，造成管道堵塞、污水渗漏、外水侵入等问题，影响污水管网的收集效能。

1.4 污水处理设施存在短板，标准不高

污水处理能力方面存在缺口。小东江流域现有污水处理能力理论上满足需求，但因城区（镇区）老旧管网多为雨污合流制，而近年来所建主干管主要采取了末端截污的形式，以及存在管网和检查井建设质量不高、管网错接混接的情况，大量外水（如地下水、河水、农田水等）入侵，从而导致水质净化厂、生活污水处理厂，以及个别镇级污水处理厂超负荷运行。随着城市发展及管网逐步完善，污水收集量将进一步增加，污水处理能力亟须提高。

1.5 生活污水治理缺乏系统性谋划，管理不细

流域治水缺乏系统性谋划，主要有两个原因：一是尚未形成以流域为体系，"厂—网—河—站—池—泥"全流程统一有效的建设规划和管理机制，存在割裂治水、边界不清晰、责任主体不一、目标进度不一、标准规范不一等问题，各项治水措施关联性节点未打通。二是污水设施建设运营水平存在不足。小东江流域内已建成的污水管网及处理设施部分存在建设运营水平参差不齐、运营技术和资金保障不足、运行效率低等问题。

2. 地级城市雨污分流设计思路

受城市建设初期设计标准的影响，大部分老旧城区排水系统采取合流制雨水和污水共用一套排水系统，导致污水直排至农田、河流、湖泊等自然水体，造成水资源污染[1-3]。地级城市因经济体量有限，市政工程投资建设资金紧张，所以雨污分流改造工程不仅要极大地降低成本，而且还要高效地完成雨污分流改造。这就要求必须另辟蹊径、优化设计，制定出解决地级城市雨污分流实用性较强的设计方案。本工程通过三个设计思路基本实现该目标。

2.1 次支管网完善

地级城市因前期规划不足、次支管网建设污水收集管网空白区较多、污水收集量偏低、污水管网的缺失导致排水户的污水无法有效收集，直排水体进入雨水井流入小东江造成水体污染。

本工程通过设计补充次支管，将污水源尽可能全部收集并接入市政主管，排入污水处理厂，提高污水处理厂处理效率，实质性地改善了水体质量。

2.2 缺陷修复

现状污水管存在的缺陷主要分为两大类：结构性缺陷及功能性缺陷。结构性缺陷包括管道错口、管道下沉、管道变形、管道破损等。功能性缺陷包括树根侵入、沉淀淤积、管道结垢等。

本工程设计方案对存在二级以上的结构及功能缺陷的污水管道进行开挖换管。缺陷修复工程较大地降低了投资成本，因为该设计方案保留了较多运行良好的污水管，只是针对存在缺陷的污水管进行换管，与全部开挖换管相比，节省了较大的施工成本，是较为合理的设计方案。

2.3 错混接整改

错混接分为三大类。第一类：小区内阳台洗衣水经过雨水立管进入雨水系统，造成雨污混流排放。小区沿街商铺未设置隔油池，或者隔油池堵塞，污水直接进入雨水管，洗车废水直接流入雨水口等现象也普遍存在[4]。第二类：城中村农民自建房未统一规划建设，雨污水通过地面明沟就近排入雨水管道，造成雨污混流。第三类：地级城市由于受当时制度、经济条件的制约多采用合流制，导致雨污混流排放。

本工程通过地毯式摸查统计出错混接点，排查过程中详细记录了管网位置、标高、埋深、平面结构、管材、管径、坡度、管网附属构筑物及其特点[5]，并将错混接点上图，逐个设计出不同的错混接整改方案，通过这种点对点的处理方式，使错混接全面消除。

3. 地级城市雨污分流施工方法

以流域水质达标为目标，以水系干支流为单元，紧盯重点支流、重点断面、重点污染源，强化工业、农业、生活源协同控制，控制污染源头、治理污染节点、修复生态破坏点位，多措并举、分步实施；按照"流域—控制单元—排水系统—镇街"四级分区体系，建立水环境治理精确化、细致化、标准化管理长效机制。

抓好入河污染物总量削减，聚焦主要问题和主要矛盾。坚持目标导向、问题导向、结果导向，精准施策、重点突破，对短期内能解决到位的，立行立改、立改立成，对短期内难以完成整改的，系统布局、分期实施。

3.1 开挖埋管的准备工作

3.1.1 详细布置（规划）交通疏解

（1）从道路所在区域的路网结构功能上考虑，寻找与施工路段具有相同功能的"可替代道路"，通过交通引导分流较为密集的交通通路，优化可利用道路的行驶条件，调整部分道路的使用功能，提升区域道路的交通疏解能力。

（2）施工必将对周边路网交通造成一定的影响，为了尽可能减少施工对交通的影响，保证施工区域施工期间交通安全和畅通，在周边主要道路分流点设置提示警告标志，提示管网施工，过往车辆可根据目的地不同而选择行驶路径，尽可能绕道行驶，避开施工区域。

（3）施工期间不中断路面交通，不但要满足现有各主要道路的交通流量要求，维护现有的交通设施，还要接受交通行政主管部门的管控。

（4）充分考虑施工对城镇居民出行、生产、生活的影响，以保证正常的交通出行需求。

（5）根据每条道路的具体情况，编制相应的交通疏解措施、交通疏解布置图等有关文件，并报交管部门审批。

3.1.2 查明地下管线

复杂的管线分布以及基础资料的缺乏对前期勘探及后期施工造成很大的困难，因此加强地下管线的调查对施工进度的控制很重要[6]。

（1）要加强对现状地下管线的充分探测、调查，尽可能准确摸清地下管网、管线的走向、位置、埋深等情况。结合探测结果在现场做好标示工作。

（2）将探测、调查的现状管线数据资料反馈给设计单位，由设计单位制定落地可行的设计实施方案和管线保护方案。

（3）施工前统一复核控制网，施工过程中做好施工放样，严格控制管道平面位置和高程。

（4）通过业主单位和相关管线产权单位了解市政干管、通信、燃气、给排水、电力管道走向等系统资料，确保新建雨污水管网能顺利接入市政干管和污水处理厂。

（5）对于已经查明的给排水、燃气、电力、通信等管网，应提前与相关产权单位沟通，施工前做好相关交底工作。

（6）对现场存在管线保护的位置，严格按照设计图纸及施工方案进行施工。

（7）项目派有丰富经验的人专门负责统筹该项工作，做好各方面的协调。

3.2 沟槽开挖

3.2.1 支护方式

管道明挖开槽埋管施工过程中，沟槽支护是防止基坑坍塌、保障工人安全的重要措施，施工过程中必须做好沟槽断面的控制[7]，按设计要求对沟槽进行支护，支护材料及支护深度必须符合设计规范，禁止工人在未支护的沟槽中施工。

3.2.2 基地原状土的保留

机械开挖时，槽底预留 20cm 原状土不得扰动，并由人工清底平整管道基础。开挖过程中严禁超挖，勿扰动已压实的地基。对于有地下管线的地段应由人工开挖，严禁使用机械开挖。

3.2.3 管线保护

（1）支护施工中，在探明管线位置时注意避让，开挖过程中增加横撑补齐支护。机械开挖沟槽作业时，应有安全人员指挥，在地下管线位置安全距离外插入管线警示标牌，管线标识区域禁止机械作业，避免因管道两侧土体受挤压而损坏管道。管道位置采用人工薄层轻挖，管道开挖露出后采取临时保护和加固措施，随时检查是否存在安全隐患。

（2）根据专业管线的常用包管材料判断管道位置和种类。燃气管道常用石粉包管，并在管顶 30cm 处设置警示带；供水管道常用水泥石屑包管；电力直埋管常用混凝土包管。

（3）基坑开挖前应对施工区域的现状管线进行复核，尤其是新老管线接口处，如有破损情况应及时进行加固处理。

（4）开槽中各种既有地下管线，地下构筑物的类型、位置、尺寸、埋深等[8]，走向与实际不符时，要及时会同有关单位召开专门的会议，制定专门的保护方案。

（5）机械操作人员听从管理人员的指挥，小心操作，挖掘动作要小，不可盲目施工，施工机械操作人员应知悉地下管道位置，施工时避开管线位置。

（6）常见的给水排水、电缆、燃气管道等遇到阻碍物时，为了避让障碍管线高程无规则的变化，对施工干扰较大。因此施工时要安排专人监督此类管线，防止出现管线破损现象。

3.3 管道敷设

3.3.1 基底处理

（1）管槽开挖后，若原状土质质量较好，则利用天然地基作为管道基础。

（2）发现地基土质松软、底部不均匀等特殊情况时，通知监理单位及设计单位，确定处理措施并会签变更设计、洽谈记录。基础严禁超挖，地基土承载力不低于设计要求标准，地基需要换填或者压填时，要把沟槽底部的杂物清理干净，回填（换填）材料、操作方法及质量标准根据具体情况确定。基地夯实完成后，严格按照设计标准进行验收，验收完成后进行管道基础施工。

3.3.2 管道吊装

（1）管道起吊

非混凝土管道下管根据现场实际情况，采用人工方式下管时，应使用带状非金属绳索平稳溜管入槽，不得将管材由槽顶滚入槽内；采用机械方式下管时，吊装绳应使用带状非金属绳索，吊装时不应少于 2 个吊点（管材上 2 个吊点应在距离管两端 1/4 管长处），不得串心吊装，下沟应平稳，不得与沟壁、槽底撞击。

混凝土管道下管可依管径大小及施工现场的具体情况，分别采用三脚架、木架挂钩法、吊链滑车、起重机等方法，并应有一名熟练的人指挥，防止发生安全事故。下管应由检查井间的一端开始，并且应以承口在前。下管时应缓慢进行，防止绳索折断，下管后应立即拨正找直，拨正时撬棍下应垫以木板。

（2）管道安装

① 稳管前应将管口内外刷洗干净，管径大于 600mm 的管道接口应留有 10mm 缝隙，管径小于 600mm 时应留有不小于 3mm 的对口缝隙。稳管时支垫应采用石屑以调整管底设计高程，过程中不得使用灰砂砖等硬质材料进行稳管，防止管道被损坏。

② 管道敷设：敷设管道应将插口顺水流方向，承口逆水流方向；安装宜由下游向上游依次进行。

（3）管口连接

管道接口连接（HDPE 管承插式电热熔连接）工艺流程：检查管材承、插口并清理→插入深度检查→设定设备焊接参数→加热管材并观察熔化程度→承口熔接、抱紧→冷却至规定时间→取出工具。

① 检查承口端焊丝是否有短路、断裂等情况。

② 安装前，应先将承口内外表面清理干净，承口与插口处不得有任何杂物、淤泥、液体等影响承插作业的物体，并在插口端画出插入深度标线。

③ 当管材不圆度影响安装时，应采取整圆工具整圆。

④ 应将插口端插入承口内，至插入深度标线位置，并检查尺寸配合情况。

⑤ 通电前，应校直 2 个对应的连接件，使其在同一轴线上，并应采用专用工具固定接口部位。

⑥ 一般采用 220V 电压的专用 B 型管焊接机进行焊接操作，根据焊机、天气、环境温度等不同，可适度调整焊接工艺和电熔连接时间。设定焊接电流、焊接时间，并在焊接过程中，通过观察焊口处溢料情况对承插口进行紧固作业，一般紧固 3 次左右。

⑦ 管道采用电热熔连接，通电时连接电缆不能受力。通电完成后，取走电熔机，让管道接口自然冷却。自然冷却期间，保留夹紧带和支撑环，不得移动管道。接口应平整、严密、垂直、不漏水。

（4）混凝土管承插连接

混凝土管连接前，应先观察橡胶防护圈是否配套完好，确认胶圈安放位置及插入承口的深度。接口作业时，应先将承口（或插口）的内（或外）工作面用柔软的材料清理干净，不得有泥沙等杂物，并在承口内工作面涂上润滑剂，然后将插口端的中心对准承口的中心轴线就位。插入承口时，小口径管可由人工操作，在管端部设置木挡板，用撬棍将安装的管材沿着轴线慢慢推入承口内，逐节依次安装。公称直径大于 400mm 的管道，可借用手扳葫芦等工具安装。禁止使用施工机械强行推顶管子插入承口。

3.3.3 管道回填

（1）回填前应将沟槽底或地坪上的杂物清理干净；基槽回填前，必须清理到基础底面标高，将掉落入基础内的松散垃圾、树枝、石子等杂物清除干净。

（2）回填料检验

沟槽回填按照设计要求采用石屑回填，不准用腐殖土、淤泥及工程性质不良的土等。回填前应检查回填料有无杂物，以及回填料的含水量是否在控制的范围内。

（3）分层摊铺和分层夯实

对于非混凝土管道垫层的 200mm 的石屑，压实度需达到 90%。

回填料应分层铺摊。每层铺土厚度应根据回填料、密实度要求和机具性能确定。在距管道顶部 500mm 以内的范围，只能进行人工夯实，根据不同位置的夯实度，每层填铺的厚度应控制在 200~250mm，之后进行分层夯实，每层的夯实度达到规定的压实度后，才能进行下一层的填铺和夯实。每层铺摊后，随之耙平进行夯实，逐层进行，最后完成到道路恢复标高即可。

（4）检验密实度

沟槽回填时，每完成一层的填铺夯实，都需进行密实度检验。密实度的检验工作由专业人员进行，并做好记录。采用灌砂法进行压实度检测。

（5）修整找平验收

填土全部完成后，应进行表面找平，凡超过标准标高的地方，及时铲平夯实；凡低于标准标高的地方，应补填夯实。如果在机械施工夯实不到的填料部位，应人工配合填充，并夯打密实，一般采用蛙式打夯机分层夯实，最后进行完工验收。

3.3.4　管道夯实

每层铺摊后，随之把平进行夯实，逐层进行，最后完成到道路恢复标高即可。分层夯实时应注意，回填料每层至少夯打三遍，人工夯实次数要求在三遍之上。打夯时应一夯压半夯，夯夯相接，行行相连，纵横交叉。

4. 结束语

地级城市雨污分流工程的整治对保护城市水资源、改善人居环境、实现生态环境可持续发展至关重要。本文基于地级市雨污分流工程的建设，以茂名市雨污分流改造为例，重点阐述了地级市雨污分流的设计思路及施工方法，对于当前地级城市水环境治理有借鉴作用。

参 考 文 献

[1] 张云昌. 浅谈水生态保护与修复的理论和方法 [J]. 中国水利，2019 (23)：12-14.

[2] 高永强. 关于水生态环境保护与修复工作的实践研究 [J]. 环境与发展，2020，32 (12)：188-189.

[3] 郑子彦，吕美霞，马柱国. 黄河源区气候水文和植被覆盖变化及面临问题的对策建议 [J]. 中国科学院院刊，2020，35 (1)：61-72.

[4] 赵伟业，王洋，李张卿，等. 基于某城镇雨污分流改造工程案例的分析与思考 [J]. 净水技术，2020，39 (9)：131-132.

[5] 冯亮. 基于某小城镇雨污分流改造工程案例的分析与思考 [J]. 上海水务，2021，37 (2)：74-75.

[6] 潘云峰. 老旧小区雨污分流改造施工技术要点分析 [J]. 人民黄河，2021，43 (2)：91-92.

[7] 孙彦青. 市政工程雨污分流管网施工技术及管理 [J]. 居舍，2022，30 (2)：130-132.

[8] 中华人民共和国住房和城乡建设部. 建筑基坑支护技术规程：JGJ 120—2012 [S]. 北京：中国建筑工业出版社，2012.

含梁场硬化层填石路基路面加铺结构优化设计与力学响应分析

田文迪，来向东

（汉江城建集团有限公司，湖北 襄阳 441000）

摘 要：以某高速公路工程填石路基梁场为研究对象，提出梁场硬化层利用技术方案，并对硬化层上加铺路面结构进行优化设计验算，最后计算路面加铺结构力学响应，分析其力学性能，结果表明：硬化层标高低于路床顶面标高时，且其弯沉值大于填石路基顶面弯沉值，表明在硬化层上填筑碎石料至路床顶面标高后可按有刚性夹层的填石路基进行验收和路面设计；硬化层标高达到路床标高时，并且其弯沉值大于填石路基顶面弯沉值，可直接对其进行利用；根据现行规范对路面加铺结构进行验算，验算结果均满足规范要求，表明含梁场硬化层填石路基路面加铺结构方案优化设计可行；通过有限元软件计算各路面结构方案路面竖向位移、沥青面层竖向压应力、半刚性基层层底拉应力、车辙等力学响应指标，结果发现，硬化层标高未达路床标高时，原方案力学响应较优；硬化层标高达到路床标高时，复合式路面结构的力学响应最佳。

关键词：填石路基；梁场硬化层利用；路面加铺；力学响应；有限元

Optimal design and mechanical response analysis of paving structure of rock-filled subgrade pavement with beam field hardening layer

TIAN Wendi，LAI Xiangdong

（Hanjiang Chengjian Group CO.，Ltd.，Hubei Xiangyang 441000）

Abstract：Taking the beam field of a certain highway project with the rock-filled roadbed as the research object，proposing a technical scheme for the utilization of the hardened layer of the beam field，and carrying out the optimization design and calculation of the pavement structure on the hardened layer，finally the mechanical response of the pavement paving structure was calculated，and its mechanical properties were analyzed，the results showed that when the level of the hardened layer was lower than the top surface level of the roadbed，and its deflection value was greater than the deflection value of the top surface of the rock-filled subgrade，indicating that the acceptance and pavement design of the rock-filled subgrade with rigid interlayer could be carried out after filling the gravel on the hardened layer to the top surface of the roadbed. When the level of the hardened layer reaches the level of the roadbed，and its deflection value is greater than the deflection value of the top surface of the rock-filled roadbed，it can be directly used. According to the current specifications，the pavement paving structure was calculated，and the results met the requirements of the specification，indicating that the optimization design of the pavement paving scheme of the subgrade with the hardened layer of the beam field was feasible. Through the finite element software，the mechanical response indicators such as vertical displacement of pavement，vertical compressive stress of asphalt surface, bottom tensile stress and rutting of semi-rigid base layer were calculated by ABAQUS, and it was found that when the level of the hardened layer did not reach the level of the roadbed, the mechanical response of the original scheme was better. When the hardened layer level reaches the roadbed level, the mechanical response of the composite pavement structure is the best.

Key words：rockfill roadbed；utilization of beam field hardening layer；pavement overlay；mechanical response；finite element

1. 引言

当前梁场使用完后的常规处理方法为破除钢筋混凝土台座和硬化层，再进行路面结构层加铺，这样耗费大量成本，造成资源浪费，不利于环境保护。填石路基填料粒径大、回弹模量高，工程特性优于填土路基[1-2]，使其在山区高速公路修筑过程中成为一种重要的结构形式。而山区高速公路沿线桥梁预制任务往往在预制梁场中完成，在填石路基上布设梁场，考虑到填石路基具有承载力高、沉降变形小等特性，若保留填石路基梁场并将其作为路面结构的一部分，可有效提升路面结构的使用性能。

在对填石路基的研究和应用上，相关学者分别从施工工艺、压实沉降机理、施工质量检测等方面进行研究，近年来取得了一定成果[3-6]；而在梁场建设研究方面，国内外大多数专家重点从工程场地合理规划、正确选址、设计原则、生产规模等方面结合实体工程进行相关研究，Berman 等人[7,8] 将遗传算法运用至启发式算法中，对大型场地选址问题中的任一需求点距其中心点的距离进行计算分析，验证了启发式算法在大型场地选址中的可行性；夏祥斗[9] 在基于总结施工经验的基础上，系统分析和研究桥梁工程施工梁场的选址和设计问题，总结归纳出梁场选址和设计的规律，用于指导相应工程施工。国内外对梁场再利用技术的研究和应用较少，只有少量工程师对山区高速公路主线路基上梁场硬化层再利用问题进行了探索，即保留梁场硬化层作为路面结构层的垫层、底基层等结构使用，避免梁场使用完毕后破除台座造成的资源浪费和环境污染，并通过计算验证了技术的可行性与合理性[10-11]。关于对路面加铺结构及力学响应的研究，Sarsby[12] 通过加铺土工织物来提高路基强度，从而达到提高路基上部结构物稳定性的目的；张艳红[13] 以某道路改扩建工程为研究对象，分析不同类型基层下半刚性基层沥青路面、复合式基层沥青路面及柔性基层沥青路面的破坏形式，并建立相关设计指标；V. George 和 A. Kumar 等人[14] 于 2016 年对印度某地区红土路基的回弹模量开展相关试验研究，通过 PFWD、CBR 和动态圆锥灌入仪 DCP 进行测试并建立三者间的回归关系，结果表明 PFWD 的检测回弹模量结果最为准确；肖川等人[15] 为探究沥青路面在动载作用下的动力响应，针对不同沥青路面结构组合开展 FWD 动载试验，根据弯沉盆结果建立沥青路面结构层纵、横向应变预估模型，研究沥青路面在动载下力学响应规律；朱洁[16] 在对沥青路面三层结构进行模量反算时，通过大量模量反算找到承载板中心的最佳反演点；宋小金[17] 基于对模量修正系数的研究，采用 FWD 实测实体工程沥青路面结构层模量，并结合沥青混合料室内 AMPT 动态模量，建立二者间回归关系以反算沥青层模量。

综上所述，国内外学者在路面加铺结构及其力学响应方面进行了大量研究，但对于填石路基梁场硬化层加铺路面结构缺乏理论经验，因此研究采用 PFWD 测试梁场硬化层动态弯沉并反算回弹模量对梁场硬化层结构刚度进行评估，提出不同标高情况下的含梁场硬化层利用方案。可用于解决含填石路基梁场钢筋混凝土硬化层利用问题以及填石路基路面结构设计问题，为公路建设中填石路基的设计和施工提供依据，对进一步提升我国山区高速公路建设技术水平、完善现行行业规范、节约工程造价等有重要意义。

2. 梁场硬化层利用方案及主要力学参数确定

研究主要通过检测梁场硬化层表面与填石路基碎石层表面的回弹模量与弯沉值对梁场硬化层刚度进行综合评价，并通过室内试验获取填石路基碎石层模量参数，从而在梁场硬化层上加铺路面结构，实现硬化层二次利用的技术目标。

2.1 梁场硬化层利用技术方案

梁场硬化层利用前，需先对梁场平面高程进行复测，再用 PFWD 收集、整理梁场硬化层表面弯沉值。根据实体工程现场测试结果提出 3 种处理原则以解决梁场硬化层利用问题：梁场硬化层顶面标高低于路床顶面标高时，在梁场硬化层上用碎石填料填筑到路床顶面标高，按有刚性夹层的填石路基进行验收和路面设计；梁场硬化层顶面标高达到路床顶面标高时，利用落锤式弯沉仪进行梁场硬化层表面的弯沉测试或开展劈裂试验，根据弯沉数据或试验结果，确定梁场硬化层的弹性模量或梁场硬化层上填石路堤顶面的当量回弹模量，用于填石路基上有梁场硬化层的路面结构设计；梁场硬化层表面的弯沉值大于填石路基顶面验收弯沉值时，对梁场硬化层进行注浆补强后再进行综合利用，如梁场硬化层损坏严重，则采取碎石化处理，按碎石化基层的路面结构进行设计。

（1）硬化层标高低于路床标高

K148+680～K149+060 段梁场硬化层实测标高在 66.3～71.7m 之间，此段梁场硬化层标高低于路床标高，可采用在梁场硬化层上用碎石填料填筑至路床顶面标高的方案，但由于碎石料和混凝土硬化层是两种不同性质的材料，直接填筑可能会导致路基发生不均匀沉降，需将标高相同的梁场硬化层顶面当量回弹模量与填石路基顶面当量回弹模量进行对比后才可决定是否能直接在梁场硬化层上填筑碎石填料。采用 PFWD 对硬化层与填石路基进行弯沉与回弹模量测试，测试结果见表 1。

<table>
<tr><td colspan="5" align="center">测试数据分析　　　　　　　　　　　　　　　　　　　　　表 1</td></tr>
<tr><td rowspan="2" align="center">指标</td><td colspan="2" align="center">填石路基测试结果</td><td colspan="2" align="center">硬化层测试结果</td></tr>
<tr><td align="center">弯沉值（0.01mm）</td><td align="center">回弹模量（MPa）</td><td align="center">弯沉值（0.01mm）</td><td align="center">回弹模量（MPa）</td></tr>
<tr><td align="center">平均值</td><td align="center">18.33</td><td align="center">116.50</td><td align="center">1.95</td><td align="center">1128.63</td></tr>
<tr><td align="center">标准差</td><td align="center">5.41</td><td align="center">31.03</td><td align="center">0.95</td><td align="center">359.29</td></tr>
<tr><td align="center">变异系数</td><td align="center">0.29</td><td align="center">0.27</td><td align="center">0.49</td><td align="center">0.32</td></tr>
</table>

由表 1 数据可知，梁场硬化层弯沉值为填石路基顶面弯沉值的 1/100，顶面当量回弹模量为填石路基的 100 倍，说明此时梁场硬化层可按有刚性夹层的填石路基进行验收和路面设计。待梁场硬化层填筑到路床顶面标高，再用 PFWD 测定路床顶面的回弹模量，测试方法按照《公路路基路面现场测试规程》JTG 3450—2019 中承载板法进行测试，测点布设在车道外侧轮迹带上，每层共计进行 3 次重复测量，最后剔除异常数据，计算出有梁

场硬化层夹层的填石路基顶面弯沉值为 7.39（0.01）mm，回弹模量为 314MPa，可作为有梁场硬化层夹层的填石路基顶面当量回弹模量，进行后续路面设计使用。

（2）硬化层达到路床标高

硬化层标高达到路床标高时，梁场硬化层和填石路基顶面的弯沉值与回弹模量测试结果见表 2。

测试数据对比 表 2

测点	梁场硬化层		填石路基	
	弯沉值（0.01mm）	回弹模量（MPa）	弯沉值（0.01mm）	回弹模量（MPa）
1	1.35	1476.91	14.70	137.32
2	1.83	1058.95	13.53	151.01
3	1.66	1187.60	13.71	150.90
4	1.87	1064.47	12.25	167.10
5	1.70	1169.39	14.71	134.41
6	1.51	1319.53	13.92	149.64
7	1.80	1083.77	13.23	153.81
8	1.52	1319.55	15.05	132.45
9	1.65	1190.63	13.71	144.93
10	1.63	1207.31	14.13	140.62

由表 2 数据可知，梁场硬化层表面实测弯沉值比填石路基顶面实测弯沉值小，梁场硬化层表面的当量回弹模量远大于同硬化层标高的填石路基碎石层的当量回弹模量，计算得到梁场硬化层弯沉测试均值为 1.71（0.01）mm，顶面回弹模量均值为 1173MPa，可作为路基顶面当量回弹模量使用，硬化层可直接利用，进行路面加铺结构设计。

2.2 填石路基填料动模量试验

室内大型动三轴试验可测定大粒径颗粒的抗剪强度及回弹模量，进行路面结构设计与模量反算时，参数的设定与调整与三轴试验密切相关，因此室内三轴试验对模型参数的确定至关重要。

室内大型动三轴试验步骤参考文献 [16]，路基结构层回弹模量由于层位的改变有所不同，位于过渡层时，其围压范围在 30～80kPa；位于基层时，其围压范围在 30～60kPa；位于底基层时，其围压范围在 10～30kPa。因此为测试路基不同结构层的回弹模量，本文选取围压分别为 15kPa、45kPa、60kPa 对试件进行加载，模拟填石路基填料在路基不同结构层的围压条件，并施加模拟车辆荷载。高等级公路设计速度为 80～120km/h，荷载作用时间为 0.05～0.07s，但由于公路上车速变化很大，低速车对于路面结构影响更大，因此一般采用 0.2s 的加载周期来测定，即设定加载频率为 5Hz。研究表明，级配碎石基层其偏应力水平为 150～300kPa，故选取最大应力 260kPa，应力-应变曲线如图 1 所示。

试样加载时在室内围压不断加大的作用下直至破坏，能较好反映路基在实际受荷下路基填料的受力情况。现场实测回弹模量、反算回弹模量、动三轴试验结果存在一定差异，这是因为室内试验材料经破碎后级配较均匀。填石路基填料之间不存在黏聚力，为使试样成型，在制样时添加适量胶凝材料，材料种类、级配、密实度、含水量及所受应力状态都会影响回弹模量结果。因此参考现场实测回弹模量数据，取加载 1000 次的轴向可恢复模量均值为动三轴试验回弹模量，结果为 308MPa，可供路面结构有限元模型碎石层模量参数使用。

2.3 PFWD 弯沉测试及模量反算

研究基于 FWD 测试结果的模量反算方法，将 PFWD 测试结果的模量反算技术应用到梁场硬化层的刚度性能检测当中，可为梁场硬化层的综合性能评价提供一种科学可靠的方法。PFWD 主要工作系统由加载系统、

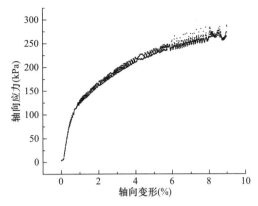

图 1 室内三轴试验应力-应变曲线

数据采集系统和数据传输系统构成，已有研究[20] 验证 PFWD 数据采集系统内的反算程序可根据弯沉测试结果自动计算出动态回弹模量值，其计算公式如式（1）所示：

$$E_p = \frac{\pi}{2} \cdot \frac{\delta_p p_p (1 - \mu^2)}{l_p} \tag{1}$$

式中：l_p 为位移峰值（0.01mm）；δ_p 为承载板半径（cm）；p_p 为承载板上压力荷载（MPa）；μ 为泊松比（按经验取值）。

根据两种梁场硬化层利用方案，分别在填石路基、梁场硬化层和有梁场硬化层夹层的填石路基三组路段选取 5 个断面，每个断面选取 5 个测点，共 25 个测点，进行动态弯沉的模量测试，剔除异常数据，三组试验结果见表 3。P 代表荷载峰值，kPa；F 代表压力峰值，kN；l 代表弯沉峰值，0.01mm，E_p 代表动模量，MPa。

测试数据对比 表3

测试路段	测试结果	P	F	l	E_p
填石路基	均值	97.1	6.9	15.8	116
	标准差	2.1	0.1	1.1	9.0
	变异系数	1.6	1.5	6.7	7.1
梁场硬化层	均值	98.8	6.9	1.7	1173
	标准差	1.0	0.1	0.1	75.5
	变异系数	1.1	1.1	6.2	6.2
含梁场硬化层填石路基	均值	97.7	6.9	6.8	314
	标准差	1.4	0.1	0.3	16.5
	变异系数	1.4	1.4	6.7	5.1

由表 3 数据可知，三组试验数据的压力峰值变异系数最大值为 1.5%，静态模量反算结果显示变异系数均未超过 10%。由统计学原理可知：变异系数在 0~15% 时，统计结果为弱变异，表明 PFWD 荷载传感器测试精度高。PFWD 实测动弯沉值的变异系数最大值为 7.1%，表明位移传感器同样具有较高的测试精度，可作为硬化层性能评价和填石路基压实质量的测试工具。表 3 中，$E_p = 116$MPa 为填石路基顶面当量回弹模量，$E_p = 1173$MPa 为梁场硬化层顶面当量回弹模量，$E_p = 314$MPa 为含梁场硬化层填石路基顶面当量回弹模量，可作为路面加铺结构或有限元模型参数使用。

3. 含梁场硬化层填石路基路面加铺结构优化设计

考虑有梁场硬化层夹层的填石路基为极其特殊的结构，故梁场硬化层上的碎石填料的模量会比实际偏小，这些都会导致加铺结构设计过于保守且造成不必要的浪费。因此研究提出几种不同的路面结构优化方案并对加铺结构进行结构验算分析。

3.1 路面结构优化设计

（1）原路面结构设计方案

研究对象为某高速公路，原设计方案为凿除梁场硬化层，路面结构设计方案及材料参数取值见表 4。

原路面结构设计方案及材料参数　　表 4

层位	材料	回弹模量（MPa）	泊松比	厚度（mm）
上面层	AC-16C 中粒式改性沥青混凝土	11000	0.25	45
中面层	AC-20C 中粒式改性沥青混凝土	10000	0.25	55
下面层	AC-25C 粗粒式沥青混凝土	9000	0.25	80
基层	4%～5%水泥稳定碎石	24000	0.20	400
底基层	3%～4%水泥稳定碎石	18000	0.20	200
功能层	级配碎石	210	0.35	160

考虑到有梁场硬化层夹层的填石路基为极其特殊的结构，梁场硬化层上的碎石填料会因梁场硬化层的存在而响应模量变大，如有梁场硬化层夹层的填石路基仍按普通填石路基来处理，梁场硬化层上的碎石填料的模量会比实际偏小，且梁场硬化层也按碎石填料来处理会导致其模量为实际模量的 1/100 左右，这些都会导致加铺结构设计过于保守且造成不必要的浪费。因此基于本文 1.1 节梁场硬化层利用技术方案，将回弹模量 314MPa 与 1173MPa 分别作为硬化层低于路床标高、达到路床标高的路基顶面当量回弹模量使用，提出几种不同的路面结构优化方案并对加铺结构进行结构验算分析。

（2）路面结构优化方案

当梁场硬化层低于路床标高时，在原设计方案基础上，减去功能层和底基层，提出 18cm 沥青层＋40cm 水稳层路面结构方案（以下简称"路面结构一"），材料参数见表 5。

路面结构优化方案一及材料参数　　表 5

层位	材料	回弹模量（MPa）	泊松比	厚度（mm）
上面层	AC-16C 中粒式改性沥青混凝土	11000	0.25	45
中面层	AC-20C 中粒式改性沥青混凝土	10000	0.25	55
下面层	AC-25C 粗粒式沥青混凝土	9000	0.25	80
基层	4%～5%水泥稳定碎石	24000	0.20	400

当梁场硬化层标高低于路床标高时，梁场硬化层实质是水泥混凝土，分别提出沥青路面结构方案与复合式路面加铺结构方案。方案一为 18cm 沥青面层＋20cm 水稳基层的路面结构（以下简称"路面结构二"），材料参数见表 6。

路面结构优化方案二及材料参数 表6

层位	材料	回弹模量（MPa）	泊松比	厚度（mm）
上面层	AC-16C 中粒式改性沥青混凝土	11000	0.25	45
中面层	AC-20C 中粒式改性沥青混凝土	10000	0.25	55
下面层	AC-25C 粗粒式沥青混凝土	9000	0.25	80
基层	4%～5%水泥稳定碎石	24000	0.20	200

方案二为直接加铺20cm沥青层（以下简称"路面结构三"），材料参数见表7。

路面结构优化方案三及材料参数 表7

层位	材料	回弹模量（MPa）	泊松比	厚度（mm）
上面层	AC-16C 中粒式改性沥青混凝土	11000	0.25	45
中面层	AC-20C 中粒式改性沥青混凝土	10000	0.25	55
下面层	AC-25C 粗粒式沥青混凝土	9000	0.25	100

梁场硬化层可看作旧水泥混凝土路面结构，根据硬化层的实际情况及修复后的功能需求，由《公路水泥混凝土路面设计规范》JTG D40—2018[18] 规定，初步拟定梁场硬化层上加铺复合式路面结构方案（以下简称"路面结构四"），见表8。

路面结构优化方案四 表8

结构层名称	厚度（mm）
改性沥青 SMA-13	40
改性沥青 AC-20C	60
连续配筋混凝土层（CRC）	180
沥青混凝土隔离层	40

3.2 路面结构优化设计验算

根据《公路沥青路面设计规范》JTG D50—2017 和《公路水泥混凝土路面设计规范》JTG D40—2011 分别对梁场硬化层加铺沥青路面结构和复合式路面结构进行验算，并参考设计文件与规范，获取交通数据参数与气象资料。

（1）沥青路面加铺结构验算

在硬化层上加铺沥青路面结构时，需要验算的设计指标为无机结合料稳定层层底拉应力、沥青混合料层永久变形量和沥青混合料综合贯入强度。项目处于非季节性冻土地区，所以不需要进行低温开裂指数验算和防冻厚度验算。

硬化层低于路床标高时，硬化层加铺填石路基顶面当量回弹模量为314MPa；硬化层达到路床标高时，硬化层顶面当量回弹模量为1173MPa。路面结构验算结果见表9。

路面结构验算结果 表9

优化设计方案	验算内容	计算值	对比值	是否满足
路面结构一	沥青车辙（mm）	11.813	15	是
	无机结合料层疲劳开裂累计当量轴次	5027780916	3548070000	是
	综合贯入强度（MPa）	0.989	0.716	是

续表

优化设计方案	验算内容	计算值	对比值	是否满足
路面结构二	沥青车辙（mm）	11.698	15	是
	无机结合料层疲劳开裂累计当量轴次	3832518176	3548070000	是
	综合贯入强度（MPa）	0.989	0.578	是
路面结构三	沥青车辙（mm）	9.357	10	是
	无机结合料层疲劳开裂累计当量轴次	102057432	14784395	是
	综合贯入强度（MPa）	0.953	0.915	是

经过验算无机结合料稳定层层底拉应力、沥青混合料层永久变形量以及沥青混合料综合贯入强度，沥青路面加铺结构验算均通过，满足设计要求。

（2）复合式路面加铺结构验算

根据水泥路面设计规范，对加铺复合式路面结构进行荷载应力、温度应力验算，并进行结构极限状态校核，所拟定路面结构的荷载应力、温度应力及结构极限状态验算均通过，能满足结构极限状态验算要求。

4. 含梁场硬化层填石路基路面加铺结构力学响应

4.1 路面结构有限元模型建立与验证

（1）有限元模型参数确定

原设计路面结构是在梁场硬化层凿除后，用碎石填料填至路床标高的路面结构，其结构为：18cm 沥青面层＋40cm 水稳基层＋20cm 水稳底基层＋16cm 级配碎石垫层＋土基，由于实体工程中梁场硬化层位于主线路基上，因此在建模时需要考虑硬化层标高情况，在硬化层上加铺相应厚度的结构层。硬化层标高低于路床标高时，在 C25 混凝土硬化层填筑 200cm 厚碎石层至路床标高；硬化层标高达到路床标高时，可直接进行路面结构加铺设计。路面结构主要参数根据第一章测试结果并结合文献 [19] 确定，见表10。

路面结构材料参数 表10

路面结构	材料类型	厚度（mm）	回弹模量（MPa）	泊松比	密度（kg/m³）	阻尼
原设计	AC-16C（改性沥青）	45	11000	0.25	2400	0.9
	AC-20C（改性沥青）	55	10000	0.25	2400	0.9
	AC-25C	80	9000	0.25	2400	0.9
	4%～5%水泥稳定级配碎石	400	24000	0.20	2300	0.4
	3%～4%水泥稳定级配碎石	200	18000	0.20	2300	0.4
	级配碎石	160	210	0.25	2300	0.3
	土基	—	40	0.40	1800	0.4
路面结构一	AC-16C（改性沥青）	45	11000	0.25	2400	0.9
	AC-20C（改性沥青）	55	10000	0.25	2400	0.9
	AC-25C	80	9000	0.25	2400	0.9
	4%～5%水泥稳定级配碎石	400	24000	0.20	2300	0.4
	碎石填料	2000	308	0.30	2500	0.3

续表

路面结构	材料类型	厚度（mm）	回弹模量（MPa）	泊松比	密度（kg/m³）	阻尼
路面结构一	梁场硬化层（C25 混凝土）	200	26000	0.30	2360	0.35
	填石路基	—	116	0.35	1800	0.4
路面结构二	AC-16C（改性沥青）	45	11000	0.25	2400	0.9
	AC-20C（改性沥青）	55	10000	0.25	2400	0.9
	AC-25C	80	9000	0.25	2400	0.9
	4%～5%水泥稳定级配碎石	200	24000	0.20	2300	0.9
	C25 混凝土	200	26000	0.30	2360	0.35
	填石路基	—	116.5	0.35	1800	0.4
路面结构三	AC-16C（改性沥青）	45	11000	0.25	2400	0.9
	AC-20C（改性沥青）	55	10000	0.25	2400	0.9
	AC-25C	100	9000	0.25	2400	0.9
	C25 混凝土	200	26000	0.30	2360	0.35
	填石路基	—	116	0.35	1800	0.4
路面结构四	SMA-13（改性沥青）	40	1500	0.35	2400	0.05
	AC-20C（改性沥青）	60	1200	0.35	2400	0.05
	连续配筋混凝土（CRC）	180	24000	0.16	2400	0.05
	沥青混凝土	40	15000	0.30	2300	0.3
	C25 混凝土	200	26000	0.30	2360	0.35
	填石路基	—	116	0.35	1800	0.4

通过建立三维有限元路面结构模型模拟 PFWD 荷载作用下优化路面结构的力学响应，PFWD 落锤作用在圆形刚性承载板上，由于承载板刚度很大，可将 PFWD 荷载作用近似看成在路表施加的一个圆形均布荷载，作用半径为 15cm，为使加载形式更接近半正弦波荷载，通过提取荷载大小为 $p=0.707$MPa 时的 PFWD 时程曲线，并基于面积等效替换原则，将 PFWD 圆形垂直荷载简化为矩形垂直均布荷载更加符合路面实际受力情况。模型的边界条件为约束 X 方向和 Y 方向的位移，Z 方向无固定约束，加载单元类型设为 Standard，单元控制属性为 C3D8R（八节点三维六面体单元）。为缩短处理时间，提升计算结果精确性，对荷载中心位置附近网格做加密处理，其他位置网格粗化处理。

（2）模型验证

为验证有限元模型计算结果的合理性，需将数值模拟与现场实测结果进行对比。由于现场实测数据均为路基顶面实测弯沉，因此根据路基结构重新建立路基有限元模型，选取原设计方案路基结构层材料参数与荷载参数对模型进行计算，将计算结果与路基顶面 PFWD 实测弯沉结果进行比较，结果如图 2 所示。

由图 2 可知，有限元模型计算得到的 PFWD 弯沉结果与路基顶面实测 PFWD 弯沉结果在时程曲线数值上有所差异，最大误差为 8.9%，

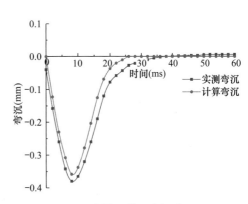

图 2　有限元模型弯沉验证

但趋势基本一致。这是由于有限元模型各结构层参数为材料参数，而现场路基结构参数往往比材料参数小，因此两种计算结果不完全相同，此差异可忽略不计，表明采用有限元法进行路面结构力学响应计算分析可行。

4.2 路面加铺结构力学响应计算与分析

为体现路面加铺结构的力学性能，突出优化设计方案的经济性，结合原设计方案和优化设计方案，对优化设计沥青路面结构选取路表弯沉、沥青面层最大剪应力及半刚性基层层底拉应力三大指标来分析沥青路面结构的力学响应特征，并通过对比分析路表弯沉值和车辙等指标综合评判加铺沥青面结构和加铺复合式路面结构的优劣。

4.2.1 路表弯沉计算分析

为直观比较不同路面结构模型在路面竖向位移的差异，在有限元软件可视化模块中，分别选择距荷载中心 0cm、30cm、60cm、90cm、120cm、160cm、190cm、210cm、240cm 的 9 个点位，计算路面结构有限元模型路表弯沉值。图 3 和图 4 分别为硬化层标高低于和达到路床标高的有限元模型路表弯沉计算结果。

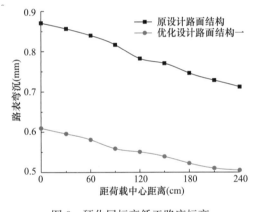

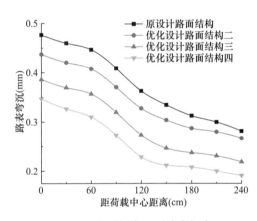

图 3　硬化层标高低于路床标高　　　　　图 4　硬化层标高达到路床标高

由图 3、图 4 可知，硬化层标高低于路床标高时，原设计路面结构是凿除梁场硬化层用碎石料填筑至路床标高后进行的路面加铺结构，而优化设计路面结构一为含梁场硬化层填石路基的路面结构，因碎石填料与水泥稳定碎石回弹变形较大，且硬化层回弹模量比碎石层大，导致优化设计路面结构一路表弯沉比原设计路面结构小。而硬化层达到路床标高时，路表弯沉结果为：优化设计路面结构四<优化设计路面结构三<优化设计路面结构二<原设计路面结构。C25 硬化层因刚度补强性能可承担一部分回弹变形，使优化设计路面结构二的路表弯沉较小。优化设计路面结构四的力学特点为 CRC 层刚度大，为沥青面层提供了可靠支撑，在重复车辆荷载作用下累积塑性变形小。

4.2.2 沥青面层最大剪应力计算分析

在有限元计算时，将原设计路面结构和优化设计路面结构上面层、中面层、下面层荷载中心位置的剪应力作为各面层剪应力计算值，并提取刚性承载板边缘及面层荷载中心位置剪应力最大值时程曲线作为计算值，计算结果如图 5、图 6 所示。

由图 5、图 6 可知，硬化层标高低于路床标高时，原设计路面结构沥青面层最大剪应

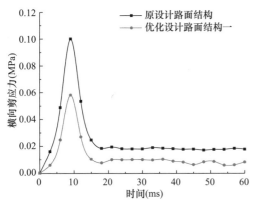

图 5　硬化层标高低于路床标高

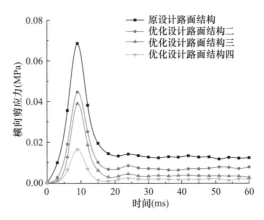

图 6　硬化层标高达到路床标高

力为 0.102MPa，优化设计路面结构一沥青面层最大剪应力为 0.058MPa，表明减薄半刚性基层厚度可有效减小路面结构剪应力。硬化层标高达到路床标高时，沥青面层最大剪应力大小为：原设计路面结构（0.069MPa）＞优化设计路面结构二（0.043MPa）＞优化设计路面结构三（0.041MPa）＞优化设计路面结构四（0.018MPa），优化设计路面结构二、三相比原设计路面结构减薄了半刚性基层，进一步表明减薄半刚性基层厚度可有效减小沥青面层剪应力，而优化设计路面结构三为柔性基层路面结构，其沥青面层厚度较优化结构二有所增加，剪应力比优化设计路面结构二小，表明增加沥青面层厚度可使沥青面层剪应力减小，同时也表明柔性基层路面结构沥青面层剪应力比半刚性基层路面结构沥青面层剪应力小；优化设计路面结构四剪应力最小，是因为沥青面层和 CRC 层层间接触良好，可更好地传递行车荷载水平作用力，有利于降低沥青面层最大剪应力，可减少路面车辙的发生，提供更安全的行车环境。

4.2.3　半刚性基层层底拉应力计算分析

通过有限元软件计算得到不同路面结构模型下半刚性基层层底拉应力时程曲线，如图 7、图 8 所示。

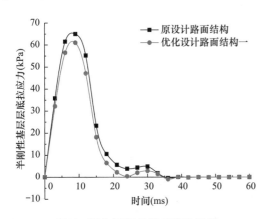

图 7　硬化层标高低于路床标高

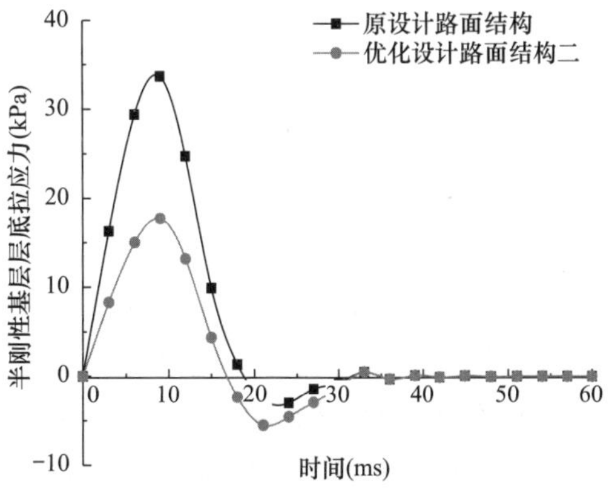

图 8　硬化层标高达到路床标高

由图 7、图 8 可知，硬化层标高低于路床标高时，原设计路面结构半刚性基层层底拉应力时程曲线峰值为 65.3kPa，优化设计路面结构一的半刚性基层层底拉应力时程曲线峰值为 61.1kPa，由此可知，优化设计路面结构虽减小半刚性基层厚度，但 C25 混凝土硬化层夹层刚度较大，可承受一部分拉应力，使半刚性基层整体强度和承载力增大，提升半刚性基层的疲劳寿命。硬化层标高达到路床标高时，优化设计路面结构二将半刚性基层厚度减少至 20cm，但由于 C25 硬化层与基层间层间接触，C25 硬化层回弹模量较大，刚度补强作用显著，可为半刚性基层分担一部分拉应力，导致优化设计路面结构二的半刚性层层底拉应力小于原设计路面结构。

4.2.4 车辙计算分析

为研究车辆荷载作用下路面结构优化设计方案的车辙变形情况，通过计算不同模型在累计轴载作用次数为 0、50、100、150、200、250、300、350、400 万次下的车辙变形 ($U2$)，$U2$ 为路表最大隆起量与最大凹陷量之差，沥青面层车辙变形云图如图 9 所示，车辙计算结果如图 10、图 11 所示。

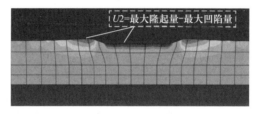

图 9　车辙变形云图

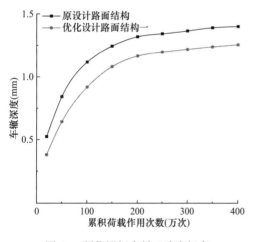

图 10　硬化层标高低于路床标高

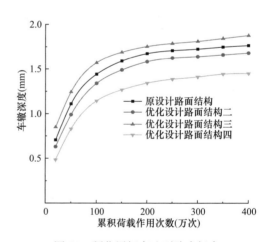

图 11　硬化层标高达到路床标高

由图 11、图 12 可知，硬化层标高低于路床标高时，减薄半刚性基层厚度导致优化设计路面结构一车辙深度减小，而原设计路面结构中碎石填料层回弹模量较大，在荷载作用下，沥青面层无法与之协调变形，因此沥青面层蠕变变形较大。硬化层标高达到路床标高时，优化设计路面结构二将半刚性基层厚度减薄至 20cm，其车辙深度相对减小，因 C25 硬化层与半刚性基层回弹模量较为接近，在荷载作用下，沥青面层能够与之协调变形，沥青面层变形比原设计路面结构小；而优化设计路面结构三为柔性路面结构，且沥青面层厚度增加至 20cm，优化设计路面结构三车辙深度较原设计路面结构有所增加，因此增加沥青面层厚度会导致车辙深度相应增加；优化设计路面结构四的 AC 层厚度比半刚性基层沥青面层厚度小，加上 CRC 层与 C25 硬化层回弹模量相差不大，其车辙深度比其他优化设计路面结构小，耐久性更好。

5. 结论

（1）硬化层标高未达路床顶面标高，且梁场硬化层顶面弯沉值大于同标高填石路基顶面弯沉值时，可在硬化层上直接填筑碎石填料至路床标高，按有刚性夹层的填石路基进行验收和路面设计；硬化层标高达到路床标高，且梁场硬化层顶面弯沉值大于填石路基顶面验收弯沉值时，梁场硬化层可直接利用。

（2）通过室内动三轴试验，确定了填石路基碎石试样材料的模量为 308MPa，可作为路面结构有限元模型碎石层模量参数使用；PFWD 实测填石路基顶面当量回弹模量 $E_p =$ 116MPa，梁场硬化层顶面当量回弹模量 $E_p = 1173$MPa，含梁场硬化层填石路基顶面当量回弹模量 $E_p = 314$MPa，可作为路面加铺结构或有限元模型参数使用。

（3）通过验算硬化层路面加铺结构优化方案的沥青混合料层永久变形量、无极结合料层疲劳开裂当量轴次、综合贯入强度、荷载应力、温度应力及结构极限状态等力学指标，结果发现验算指标均满足规范要求，表明梁场硬化层路面加铺结构优化设计具有可行性。

（4）硬化层低于路床标高时，优化设计路面结构的力学响应指标计算结果比原设计路面结构小，其路面结构力学性能较优；硬化层达到路床标高时，因保留了梁场硬化层，所以 CRC＋AC 路面结构具有较优的力学性能，可作为实体工程优选路面加铺结构方案。

参 考 文 献

[1] 沙爱民，贾侃. 填石路基施工技术［M］. 北京：人民交通出版社，2007.

[2] 郭庆国. 粗粒土的工程特性及应用［M］. 郑州：黄河水利出版社，1998.

[3] 黄少雄，郑治. 京珠高速公路坚硬石料填石路堤的修筑试验［J］. 公路交通技术，2000（2）：15-20.

[4] 杨建华，胡振南. 红砂岩填石路基强夯处理的试验研究［J］. 武汉理工大学学报，2008（3）：90-94.

[5] 张荣，腊润涛，牛云霞. 填石路基压实工艺与质量检测方法研究［J］. 公路，2020，65（10）：90-93.

[6] 石北啸，刘赛朝，吴鑫磊，等. 考虑颗粒破碎的堆石料剪胀特性研究［J］. 岩土工程学报，2021，27（6）：1-8.

[7] Berman O，Krass D，Drezner Z. The gradual covering decay location problem on a network［J］. European Journal of Operational Research，2003，151（3）：474-480.

[8] LiHaisen S，Romeijn H Edwin，Dempsey James F. A fourier analysis on the maximum acceptable grid size for discrete proton beam dose calculation［J］. Medical physics，2006，33（9）：3508-3518.

[9] 夏祥斗. 桥梁施工现场预制梁场选址与设计研究［D］. 合肥：合肥工业大学，2008.

[10] 王敬飞，吴文亮，李明汇. 高速公路桥梁预制场硬化层再利用技术研究［J］. 中外公路，2018，38（5）：140-143.

[11] 王菲菲. 高速公路桥梁预制场硬化层再利用技术的应用［J］. 黑龙江交通科技，2019，42（9）：112-113.

[12] Sarsby R W. Use of 'Limited Life Geotextiles' (LLGs) for basal reinforcement of embankments built on soft clay［J］. Geotextiles & Geomembranes，2007，25（4）：302-310.

[13] 张艳红，申爱琴，郭寅川，等. 不同类型基层沥青路面设计指标的控制［J］. 长安大学学报（自

然科学版），2011，31（1）：6-11.

[14] V. George, A. Kumar. Studies on modulus of resilience using cyclic tri-axial test and correlations to PFWD, DCP, and CBR [J]. International Journal of Pavement Engineering, 2016：1-10.

[15] 肖川，邱延峻，曾杰，等. FWD 荷载作用下的沥青路面实测动力响应研究 [J]. 公路交通科技，2014，31（2）：1-8.

[16] 朱洁，孙立军. 沥青路面三层结构模量反演最佳反演点的确定 [J]. 同济大学学报（自然科学版），2017，45（2）：203-208.

[17] 宋小金，樊亮. 基于 FWD 的沥青路面动态弯沉温度修正系数 [J]. 土木工程学报，2018，51（3）：123-128.

[18] 中交公路规划设计院有限公司. 公路水泥混凝土路面设计规范：JTG D40—2011 [S]. 北京：人民交通出版社，2011.

[19] 孙逊. 装配式基层沥青路面力学响应及结构优化研究 [D]. 吉林：吉林大学，2021.

[20] 李丹枫，杨广庆，刘伟超. PFWD 模量控制的路基承载力动力学指标评价方法 [J]. 土木工程学报，2021，54（6）：117-128.

基于矩法的高铁预应力箱梁抗弯时变可靠度研究

邹红，曾治国，周意，曹帅，付聪

（湖南省第二工程有限公司，湖南 长沙 410000）

摘　要：本文建立列车荷载与环境共同作用下高铁预应力箱梁抗弯承载力极限状态函数，在假定高铁预应力箱梁处于三种不同侵蚀环境下（低速退化、中等退化和严重退化），发展了基于四阶矩法的高铁预应力箱梁抗弯时变可靠度分析方法。计算结果表明：较蒙特卡洛与JC法，四阶矩法高效、准确。同时，当高铁预应力箱梁处于严重退化环境中，其可靠度值会低于设计规范要求，本文研究结果可为高铁预应力箱梁寿命预测与维养工作提供参考价值。

关键词：四阶矩法；高铁预应力箱梁；时变可靠度

Time-dependent reliability evaluation of flexural strength of high-speed rail way PSC box girder using method of moment

ZOU Hong，ZENG Zhiguo，ZHOU Yi，CAO Shuai，FU Cong

（Hunan No. 2 Engineering Co. ，Ltd. ，Hunan Changsha 410000）

Abstract：This paper proposed the limit state function of the transverse flexural strength of PSC box girder under the joint actions of train load and environment，a time-dependent reliability analysis of PSC box girder based on the fourth moment method was developed. The results of the comparisons on with montecarlo simulation and JC demonstrate that the reliability method developed in this paper greatly improves the computational efficiency without loss of accuracy，the results of time-dependent reliability index also show that reliability index of the PSC box girder will be lower than that of code requirement when the PSC box girder is served in severe erosion environment. The results of this study have shown significance for the prediction of the service life and maintenance of the PSC box girder.

Key words：fourth method moment；PSC box girder；time-dependent reliability

1. 前言

截至 2022 年底，我国高速铁路运营里程突破 40000km。为了践行工后"零沉降"建设理念，一般在土质不良地段采用以桥代路的方法控制工后沉降，箱梁结构在整个线路中占比 50％以上[1]。

箱梁是无砟轨道-桥梁结构体系的主要承重结构，设计使用寿命为 100 年，要求在使用寿命内具备预定适用性、耐久性、安全性的能力[2]。

在施工与运营过程中，箱梁抗弯承载力会受到材料自身强度、重力、列车荷载等随机不确定性因素的影响。文献［3］规定了箱梁结构使用期内其安全性与适用性等应当具备的可靠度水准；文献［4］考虑了列车在荷载、预应力、混凝土抗拉强度等随机不确定性条件下，基于 JC 验算点法的箱梁跨中正截面抗弯可靠度分析；姜英杰等人[5] 基于蒙特卡洛法，开展了箱梁跨中抗弯承载力可靠度研究。

而 JC 验算点法及蒙特卡洛等可靠度计算方法，存在反复迭代验算点与计算量大耗时之弊端，因而发展一种高效准确的箱梁跨中抗弯承载力可靠度计算方法有一定的必要性。

鉴此，本文发展了基于箱梁结构可靠度分析的四阶矩方法。首先介绍了矩法计算功能函数可靠度基本思想；发展了考虑荷载与环境共同作用下的箱梁跨中抗弯极限状态功能函数；假定箱梁结构处于三种不同服役环境下，分别用点估计一维减维求解了功能函数的前四阶矩；最后带入相关公式，求解箱梁结构在不同时刻，不同服役环境下的跨中抗弯承载力可靠度指标。同时，可靠计算结果也为桥梁结构维养加固等提供了一定参考价值。

2. 矩法计算功能函数可靠度基本思想

在功能函数已知的前提下，四阶矩法求解功能函数可靠度分为以下三个步骤：

（1）点估计一维减维求解单变量参数方程前四阶矩；

（2）求解功能函数前四阶矩；

（3）将前四阶矩带入可靠度计算公式求得功能函数可靠度。

2.1 点估计一维减维求解单变量参数方程前四阶矩

对于功能函数 $G(\boldsymbol{X})$，可以采用标准正态空间上的 m 点来估计其前四阶矩，如下列公式所示：

$$\mu_G = \sum \prod_{i=1}^{n} p_{c_i} \{ G[T^{-1}(u_{c_1}, \cdots, u_{c_i}, \cdots, u_{c_n})] \} \tag{1}$$

$$\sigma_G^2 = \sum \prod_{i=1}^{n} p_{c_i} \{ G[T^{-1}(u_{c_1}, \cdots, u_{c_i}, \cdots, u_{c_n})] - \mu_G \}^2 \tag{2}$$

$$\alpha_{3G} = \frac{1}{\sigma_G^3} \sum \prod_{i=1}^{n} p_{c_i} \{ G[T^{-1}(u_{c_1}, \cdots, u_{c_i}, \cdots, u_{c_n})] - \mu_G \}^3 \tag{3}$$

$$\alpha_{4G} = \frac{1}{\sigma_G^4} \sum \prod_{i=1}^{n} p_{c_i} \{ G[T^{-1}(u_{c_1}, \cdots, u_{c_i}, \cdots, u_{c_n})] - \mu_G \}^4 \tag{4}$$

式中：n 为随机变量个数；m 为点估计个数；$c_i (i=1,2,\cdots,n)$ 为组合系数 c 的第 i 项；u_{c_i} 为第 c_i 个估计点；p_{c_i} 为 u_{c_i} 对应的权重；$T^{-1}(\cdot)$ 表示逆正态转换[6]；μ_G、σ_G、α_{3G}、α_{4G} 为功能函数的前四阶矩（均值、方差、偏度、峰度）。

从式中可知，必须计算 m^n 方能确定功能函数前四阶矩，随着随机变量数 n 的增加，计算次数呈现出幂级增加，鉴此，文献［7］提出了基于 m 点估计一维减维的前四阶矩计算方法，以提高计算效率。

$$G(\boldsymbol{X}) \cong \sum_{i=1}^{n} (G_i - G_\mu) + G_\mu \tag{5}$$

$$G_\mu = G(\boldsymbol{\mu}) \tag{6}$$

$$G_i = G(\mu_1, \mu_2, \cdots, \mu_{i-1}, T^{-1}(u_i), \mu_{i+1}, \cdots, \mu_n) \tag{7}$$

其中：$\boldsymbol{\mu} = [\mu_1, \mu_2, \cdots, \mu_n]^{\mathrm{T}}$，$\mu_1$，$\mu_2$，$\cdots$，$\mu_n$ 为随机变量均值；$u_i (i=1, 2, \cdots, n)$ 为标准正态空间随机变量；G_i 为仅含有参数 u_i 的单变量参数方程。

同时，单变量函数 G_i 的前四阶矩 μ_{G_i} σ_{G_i} α_{3G_i} α_{4G_i}，分别如下式所示[7]：

$$\mu_{G_i} = \sum_{k=1}^{m} p_k G[\mu_1, \cdots, T^{-1}(u_{i_k}), \cdots, \mu_n] \tag{8}$$

$$\sigma_{G_i}^2 = \sum_{k=1}^{m} p_k [G(\mu_1, \cdots, T^{-1}(u_{i_k}), \cdots, \mu_n) - \mu_{G_i}]^2 \tag{9}$$

$$\alpha_{3G_i} = \frac{1}{\sigma_{G_i}^3} \sum_{k=1}^{m} p_k [G(\mu_1, \cdots, T^{-1}(u_{i_k}), \cdots, \mu_n) - \mu_{G_i}]^3 \tag{10}$$

$$\alpha_{4G_i} = \frac{1}{\sigma_{G_i}^4} \sum_{k=1}^{m} p_k [G(\mu_1, \cdots, T^{-1}(u_{i_k}), \cdots, \mu_n) - \mu_{G_i}]^4 \tag{11}$$

式中：$u_{i_k} (k=1,2,\cdots,m; i=1,2,\cdots,n)$ 是 u_i 的第 k 个估计点；$T^{-1}(u_{i_k})$ 是第 i 个随机变量的第 k 个逆正态转换值；p_k 是相应的权重。

若采取标准正态空间的 7 点估计，u_{i_k}、p_k 分别如下式所示[7]：

$$u_{i_1} = -3.750439, p_1 = 5.48269 \times 10^{-4} \tag{12}$$

$$u_{i_2} = -2.366759, p_2 = 3.07571 \times 10^{-2} \tag{13}$$

$$u_{i_3} = -1.154405, p_3 = 0.240123 \tag{14}$$

$$u_{i_4} = 0, p_4 = 0.4571427 \tag{15}$$

$$u_{i_5} = 1.154405, p_5 = 0.2401233 \tag{16}$$

$$u_{i_6} = 2.366759, p_5 = 3.07571 \times 10^{-2} \tag{17}$$

$$u_{i_7} = 3.750439, p_5 = 5.48269 \times 10^{-4} \tag{18}$$

2.2 求解功能函数前四阶

将单变量参数方程前四阶矩求解之后，代入以下公式，可以求得功能函数的前四阶矩：

$$\mu_G = \sum_{i=1}^{n} \mu_{G_i} - (n-1)G(\mu) \tag{19}$$

$$\sigma_G^2 = \sum_{i=1}^{n} \sigma_{G_i}^2 \tag{20}$$

$$\alpha_{3G} \sigma_G^3 = \sum_{i=1}^{n} \alpha_{3G_i} \sigma_{G_i}^3 \tag{21}$$

$$\alpha_{4G} \sigma_G^4 = \sum_{i=1}^{n} \alpha_{4G_i} \sigma_{G_i}^4 + 6 \sum_{i=1}^{n} \sum_{j>i}^{n} \sigma_{G_i}^2 \sigma_{G_j}^2 \tag{22}$$

2.3 四阶矩可靠度指标计算

将求得的功能函数前四阶矩分别带入以下公式[8]，即可求得其可靠度指标。

$$\beta_{4m} = D_0 P - \frac{1}{D_0} + l \tag{23}$$

$$D_0 - \sqrt[3]{2}\left(\sqrt{q_0^2 + 4p^4} - q_0\right)^{-\frac{1}{3}}, p = k_1/(3k_2) - l^2 \tag{24}$$

$$q_0 = l/(2l^2 - k_1/k_2 - 3) + \beta_{2m}/k_2, l = l_1/(3l_2) \tag{25}$$

$$\beta_{2m} = \frac{\mu_G}{\sigma_G}, l_1 = \frac{\alpha_{3G}}{6(1+6l_2)}, k_1 = \frac{1-3l_2}{1+l_1^2-l_2^2} \tag{26}$$

$$k_2 = \frac{l_2}{1+l_1^2+12l_2^2}, l_2 = \frac{1}{36}\left(\sqrt{6\alpha_{4G} - 8\alpha_{3G}^2 - 14} - 2\right) \tag{27}$$

为了保证 l_2 存在，必须满足：$\alpha_{4G} \geqslant (7 + 4\alpha_{3G}^2)/3$。

3. 实例分析

3.1 箱梁跨中正截面抗弯极限状态方程的建立

选取客运专线 CRTSⅡ型板式无砟轨道桥梁结构体系简支箱梁[9] 作为分析实例，设计时速为 250km/h，跨度为 32m，正线为双线形式，上下线间距为 4.6m，桥梁结构采用后张法工厂预制方式，混凝土强度等级为 C50，梁体密度为 26kg/m³，跨中截面底板和腹板预应力筋为 27 束。

类似的，根据文献 [10]，在混凝土构件截面抗弯承载能力可靠度分析中，考虑抗力衰减的箱梁跨中抗弯极限状态功能函数可写成：

$$G(\boldsymbol{X}, t) = r(t)M_{R_0} - M_S \tag{28}$$

式中：$\boldsymbol{X} = [x_1, x_2, \cdots, x_n]^T$ 为随机变量矩阵；$r(t)$ 为抗力衰减函数，t 为服役时间；M_{R_0} 为箱梁设计初始抗弯承载力；M_S 为外界荷载作用弯矩。

3.1.1 考虑抗力衰减的抗弯承载力计算

文献 [10] 认为：为了计算简化与实用性，将较难定量描述的随着时间变化抗力衰减非平稳随机过程，简化为随机过程平稳化，即将时变抗力 $r(t)$ 表示为：

$$r(t) = 1 - k_1 t + k_2 t^2 \tag{29}$$

式中：k_1、k_2 为服役环境系数。

为了体现高铁预应力箱梁"保守设计"理念，只考虑下翼缘板内的预应力筋对初始抗弯承载力的贡献。预应力布置如图 1~图 7 所示，预应力筋数量见表 1。初始抗弯承载力

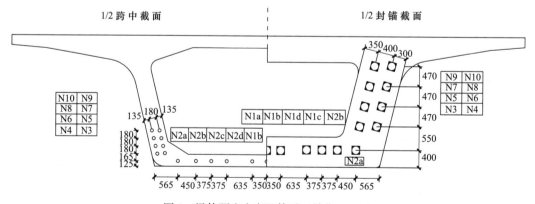

图 1　梁体预应力布置体系（单位：mm）

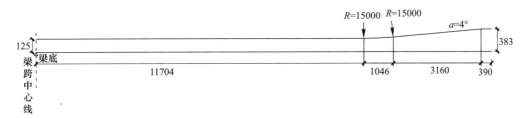

图 2　N1a、N1b 预应力筋立面大样图（单位：mm）

图 3　N2a、N2b、N2c、N2d 预应力筋立面大样图（单位：mm）

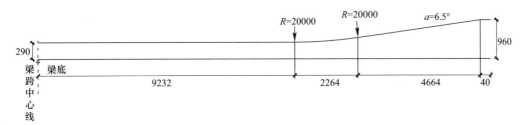

图 4　N3、N4 预应力筋立面大样图（单位：mm）

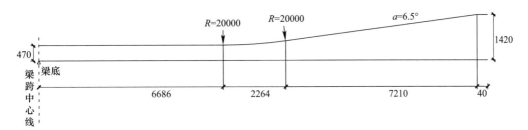

图 5　N5、N6 预应力筋立面大样图（单位：mm）

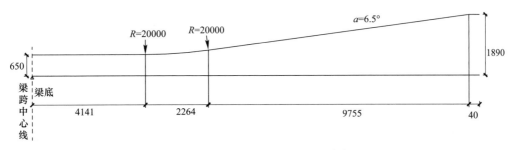

图 6　N7、N8 预应力筋立面大样图（单位：mm）

公式可以进一步写成如下形式：

$$M_{R_0} = K_{RC} A_p h - K_{RC} f_{pd}^2 A_p^2 / 2 b f_{cd} \qquad (30)$$

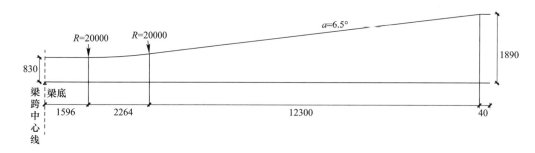

图 7 N9、N10 预应力筋立面大样图（单位：mm）

预应力筋数量表 表 1

编号	规格	工作长度（mm）	根数	编号	规格	工作长度（mm）	根数
N1a	12-ϕ15.2	33477	1	N5	9-ϕ15.2	34105	2
N1b	12-ϕ15.2	33477	2	N6	9-ϕ15.2	34074	2
N2a、N2c	9-ϕ15.2	33978	4	N7	9-ϕ15.2	34140	2
N2b、N2d	9-ϕ15.2	33978	4	N8	9-ϕ15.2	34109	2
N3	9-ϕ15.2	34070	2	N9	9-ϕ15.2	34175	2
N4	9-ϕ15.2	34039	2	N10	9-ϕ15.2	34144	2

3.1.2 外界荷载作用弯矩计算

对于同时存在两个或两个以上的可变荷载的情况来讲，可以通过组合系数对多荷载效应进行折减，使得多荷载效应折减后的结果与单个荷载效应结果相同。也就是说，在进行桥梁结构可靠性分析时，将恒载（包括一期恒载和二期恒载）和列车活载的效应组合作为主要组合进行分析计算，得到的可靠度指标水平与多荷载参与组合时结果是一致的。本章为简化计算，仅讨论包括一期恒载（梁体自重）、二期恒载（CRTS Ⅱ型轨道板、底座板、砂浆层等）和列车活载的基本组合。根据已有研究成果，同时考虑这三种荷载组合的梁体跨中外界荷载弯矩可以表示成下式[4]：

$$M_S = (K_{GC}q_{G_1}l^2/8 + K_{GC}q_{G_2}l^2/8 + K_{QC}K_bK_\mu K_sM_b) \tag{31}$$

式中：K_{GC} 为恒载计算模式不定性系数；K_{QC} 为活载计算模式不定性系数；q_{G_1} 为一期恒载产生的截面弯矩；q_{G_2} 为二期恒载产生的截面弯矩；K_b 为列车竖向静载模型不定性系数；K_μ 为动力系数；K_s 为偏载系数；M_b 为列车活载静力弯矩。

联立式（25）～式（28），箱梁跨中正截面时变抗弯承载力极限状态方程可以表示为：

$$G(\boldsymbol{X},t) = (1 - k_1t + k_2t^2)[K_{RC}f_{pd}A_p(h - a_p) - K_{RC}f_{pd}^2A_p^2/2bf_{cd}] - \\ (K_{GC}q_{G_1}l^2/8 + K_{GC}q_{G_2}l^2/8 + K_{QC}K_bK_\mu K_sM_b) \tag{32}$$

3.1.3 随机变量统计与转换

（1）变量分布特征统计

按照章节二所述，先将存在于高铁桥梁结构中的随机变量分布特征分别整理成如表 2 数据所示（K_{RC}、f_{pd}、A_p、h、a_p、b、f_{cd}、K_{GC}、K_{QC}、q_{G_1}、q_{G_2}、K_b、K_u、K_s、M_b 分别看做变量 x_1、x_2、$\cdots$、x_{15}，其中计算跨度 l 以及环境作用系数取值见表 3）。

随机变量分布特征统计[4]　　　　　　　　　　　　　　表 2

名称	对应变量名称	分布类型	均值	标准差
K_{RC}	x_1	正态	1.05	0.062
f_{pd}	x_2	正态	2×10^6	38502
A_p	x_3	正态	0.038	0.001
h	x_4	正态	2.635	0.007
a_p	x_5	正态	0.024	0.00303
b	x_6	正态	10.79	0.04
f_{cd}	x_7	正态	24400	3026
K_{GC}	x_8	正态	1	0.07
K_{QC}	x_9	正态	1	0.1
q_{G_1}	x_{10}	正态	218.3	4.688
q_{G_2}	x_{11}	正态	128.4	8.742
K_b	x_{12}	正态	0.962	0.037
K_u	x_{13}	三角	1.325	0.065
K_s	x_{14}	正态	1	0.013
M_b	x_{15}	正态	21417	1066.56

常 数 统 计　　　　　　　　　　　　　　表 3

常数名称	取值		
	低速退化	中等退化	严重退化
k_1	0	0.005	0.01
k_2	0	0	0.00005
l	31.5	31.5	31.5

（2）随机变量 7 点逆正态转换值

随机变量 7 点逆正态转换值见表 4。

随机变量 7 点逆正态转换值　　　　　　　　　　表 4

随机变量	第 1 点	第 2 点	第 3 点	第 4 点	第 5 点	第 6 点	第 7 点
x_1	0.8174	0.9032	0.9784	1.05	1.1215	1.1967	1.2825
x_2	1.855×10^6	1.9088×10^6	1.9555×10^6	2×10^6	2.0444×10^6	2.0911×10^6	2.1444×10^6
x_3	0.0342	0.0356	0.0368	0.038	0.0391	0.0403	0.0417
x_4	2.6087	2.6184	2.6269	2.635	2.6430	2.6515	2.6612
x_5	0.0126	0.0126	0.0205	0.024	0.0274	0.0311	0.0353
x_6	10.6400	10.6953	10.7438	10.79	10.8362	10.8362	10.9400
x_7	13051	17238	20906	24400	27893	31561	35748
x_8	0.7374	0.8343	0.9191	1	1.0808	1.1656	1.2625
x_9	0.6249	0.7633	0.8845	1	1.1154	1.2366	1.3750
x_{10}	200.718	207.205	212.888	218.3	223.712	229.395	235.882
x_{11}	95.6137	107.710	118.308	128.4	138.492	149.090	161.186
x_{12}	0.8232	0.8744	0.9192	0.962	1.0047	1.0495	1.1007

随机变量	第1点	第2点	第3点	第4点	第5点	第6点	第7点
x_{13}	1.0812	1.1711	1.2499	1.325	1.4000	1.4788	1.5687
x_{14}	0.9512	0.9692	0.9849	1	1.0150	1.0150	1.0487
x_{15}	17748	19013	20196	21390	22655	24064	25780

3.2 7点估计一维减维求解单变量参数方程前四阶矩

取结构初始状态（$t=0$）且桥梁结构处于低速退化服役环境中时（$k_1=0$、$k_2=0$），根据式（8），将 x_1 7点转换值（表4）代入式（32），每一个转换值所对应的权重［式（12）～式（18）］代入式（32），将 x_1，x_2，x_3，…，x_{15} 均值代入式（32），得单变量参数方程 G_1 计算式：

$$\mu_{G_1}=0.00000548269\times82934+0.0307571\times99018+0.240123\times113116+0.4571427\times126539+$$
$$0.240123\times139942+0.0307571\times154040+0.00000548269\times170125=126539 \quad (33)$$

将式（33）结果代入式（9），得到：

$$\sigma_{G_1}=11622$$

将式（33）结果代入式（10），得到：

$$\alpha_{3G_1}=-1.23198\times10^{-6}$$

将式（33）结果代入式（11），得到：

$$\alpha_{4G_1}=3$$

类似地，重复上述计算过程，将15个单变量参数方程前四阶矩进行汇总，整理见表5。

单变量参数方程的前四阶矩汇总（$t=0$） 表5

单变量函数	μ_{G_1}（一阶矩）	σ_{G_1}（二阶矩）	α_{3G_1}（三阶矩）	α_{4G_1}（四阶矩）
$G_{1,0}$	126539	11622	-1.23198×10^{-6}	3
$G_{2,0}$	126535	0	0	0
$G_{3,0}$	126531	4876	-0.00981621	3.00013
$G_{4,0}$	126539	0	0	0
$G_{5,0}$	126539	0	0	0
$G_{6,0}$	126539	0	0	0
$G_{7,0}$	126353	0	0	0
$G_{8,0}$	126539	0	0	0
$G_{9,0}$	126539	0	0	0
$G_{10,0}$	126539	0	0	0
$G_{11,0}$	126539	0	0	0
$G_{12,0}$	126539	0	0	0
$G_{13,0}$	126539	0	0	0
$G_{14,0}$	126539	0	0	0
$G_{15,0}$	126539	0	0	0

3.3 求解功能函数前四阶矩

将表 5 中单变量参数方程的均值代入式（19），得到功能函数式（32）的均值 μ_G，如下式所示：

$$\mu_G = (126539 + 126535 + 126531 + 126539 \times 12) - (15 - 1) \times 117512 = 126365$$

将表 5 中单变量参数方程的方差代入式（20），得到功能函数式（32）的方差 σ_G，如下式所示：

$$\sigma_G = 14066$$

将表 5 中单变量参数方程的方差代入式（21），得到功能函数式（32）的偏度 α_{3G}，如下式所示：

$$\alpha_{3G} = 0.0609$$

将表 5 中所有单变量参数方程的峰度跟方差代入式（22），得到功能函数式（32）的峰度 α_{4G}，如下式所示：

$$\alpha_{4G} = 2.9954$$

同时，用蒙特卡洛法抽样模拟 40000 次统计矩并进行了对比验证，如图 8～图 11 所示。

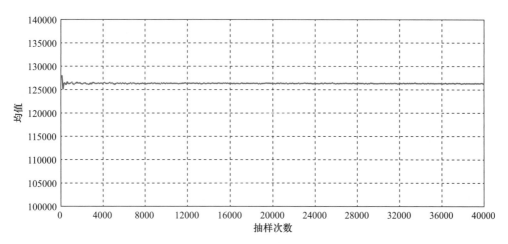

图 8　均值

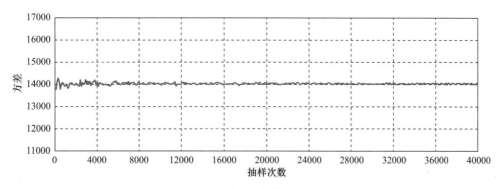

图 9　方差

从图 9 中可以看出，当抽样次数大于 20000 时，功能函数前四阶矩已经趋于稳定。本文采用 7 点估计一维减维方法只需计算 105 次。

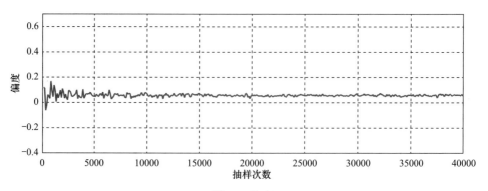

图 10　偏度

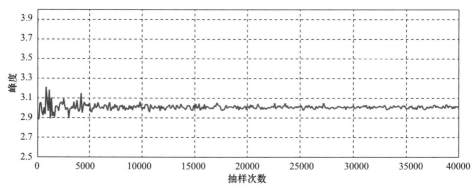

图 11　峰度

3.4　可靠度计算

3.4.1　初始可靠度值

依上述章节，当桥梁结构处于初始状态（$t=0$）且在低速退化环境中，将蒙特卡洛法抽样四万次统计前四阶矩与 7 点估计一维减维求解的前四阶矩分别代入式（23）~式（27），求解可靠度值，分别见表 6。

$G（X，0）$ 前四阶矩及可靠度结果对比　　　　表 6

计算模型	计算次数	μ_G	σ_G	α_{3G}	α_{4G}	b_{4M}	JC 法
本文算法	105	126365	14066	0.0609	2.995	10.023	—
蒙特卡洛法	4 万次	126369	14060	0.0600	2.980	10.026	—
文献［4］	—	—	—	—	—	—	10.029

从表 6 中知：本文算法与蒙特卡洛法结果非常接近，且较文献［4］而言，计算精度有所提升，无需反复迭代计算。

3.4.2　时变可靠度计算

取不同服役时间 t 以及不同抗力衰减函数，重复（二）（三）（四）计算章节，分别将不同服役环境中的时变可靠度结果整理成如图 12 所示。

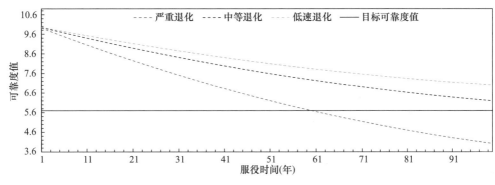

图 12　不同服役环境中梁体跨中正截面抗弯时变可靠度变化图

从图 12 可以看出：在抗力低速退化情况下，结构的可靠度指标变化很小；从结构开始投入使用的 10.02 下降到 100 年后的 7.10，失效概率非常小。可以认为，结构在整个服役年限内，梁体结构处于安全状态；在中速退化情况下，结构可靠度指标的衰减较快，可靠度指标最终还是大于目标可靠度 5.7[11]，梁体结构处于安全状态；在抗力严重退化的情况下，由于受到外界有害气体及盐雾（沿海地区等）等影响，使得混凝土强度退化较快、钢筋锈蚀加快，因而从结构一开始运营使用后，可靠度指标呈现较大下降趋势，到结构服役至第 61 年时，可靠度已经低于规范要求，处于严重腐蚀环境中的轨道板结构在受到外界恶劣环境的影响下，再加上养护的不足，结构很快进入破坏阶段，需要加强维护与管理。

4. 结论

（1）本文就建立了列车荷载与环境共同作用下高铁预应力简支箱梁跨中正截面抗弯极限状态方程，发展了基于高阶矩法的箱梁跨中抗弯承载力时变可靠度分析方法，采用 7 点估计一维减维法计算了功能函数的前四阶矩，最后代入四阶矩可靠度公式计算可靠度值。

（2）与蒙特卡洛法对比表明：7 点估计一维减维方法求解的可靠度在保证计算精度的前提下，大大缩减了计算次数（105 次），四阶矩法在高铁预应力箱梁结构可靠度分析中有了可喜的进步。

（3）拟定桥梁结构处于 3 种不同侵蚀环境中（低速退化、中速退化、严重退化），分析结果表明可靠度值下降的速率差异较大，在严重退化环境中，需要考虑对桥梁结构维修加固措施。

参 考 文 献

[1]　余志武. 高速铁路无砟轨道-桥梁结构体系经时行为研究 [R]. 长沙：中南大学高速铁路建造技术国家工程实验室，2016.

[2]　国家铁路局. 高速铁路设计规范：TB 1062—2014 [S]. 北京：中国铁道出版社，2015.

[3]　赵坪锐，章元爱，刘学毅，等. 无砟轨道弹性地基梁板模型 [J]. 中国铁道科学，2009，30（3）：1-4.

[4]　张勤. 高速铁路混凝土梁桥的梁结构可靠度分析 [D]. 成都：西南交通大学，2014.

[5]　姜英杰. 桥梁可靠度评估与剩余使用寿命预测 [D]. 辽宁：辽宁工程技术大学，2009.

［6］ HOHENBICHLER M，RACKWITZ R. Non-normal Dependent Vectors in Structural Safety ［J］. Journal of the Engineering Mechanics Division，1981，107（6）：1227-1238.

［7］ ZHAO Y G，ONO T. New Point Estimates for Probability Moments ［J］. Journal of Engineering Mechanics，2000，126（4）：433-436.

［8］ ZHAO Y G，LU Z H. A Fourth-moment Standardization for Structural Reliability Assessment ［J］. Journal of Structural Engineering，2007，133（7）：916-924.

［9］ 时速 250 公里高速铁路预制无砟轨道后张法预应力混凝土简支箱梁 31.5m（双线）［Z］. 北京：中铁工程设计咨询集团有限公司，2009.

［10］ 杜斌. 既有预应力混凝土桥梁结构可靠度与寿命预测研究 ［D］. 成都：西南交通大学，2010：83-84.

［11］ 中国铁路总公司. 铁路桥涵（极限状态法）设计暂行规范：Q/CR 9300—2018 ［S］. 北京：中国铁道出版社，2019.

基于小直径管道焊口集中热处理的方法

马俊恒[1]，毕家伟[1]，闫俊峰[1]，崔绍军[1]，马峥[2]

（1. 中化二建集团有限公司，山西 太原 030021；

2. 宁波工程学院，浙江 宁波 315211）

摘　要：石油化工装置中，一些金属管道焊口因为材质本身的特性要求进行焊后热处理，其中小口径管道焊口占比较大。传统的管道焊口采用逐一热处理的方法，热处理温度的控制不稳定、效率低，不能满足施工生产的要求。研发的小型热处理箱，可以一次性完成多道小直径焊口热处理的全部工作，实现预制管段焊口的集中热处理。同时热处理箱炉温恒定，在保证热处理质量的同时大大地提高效率。热处理箱结构简单，易于拆卸组装，整体可复制、可推广使用。

关键词：小直径管道；焊口；集中；热处理

Method of centralized heat treatment based on small diameter pipe welding joint

MA Junheng[1]，BI Jiawei[1]，YAN Junfeng[1]，CUI Shaojun[1]，MA Zheng[2]

（1. CCESCC，Shanxi Taiyuan 030021；2. Ningbo University of

Technology，Zhejiang Ningbo 315211）

Abstract：In petrochemical equipment，some metal pipe welded joints require post-welding heat treatment due to the characteristics of the material itself，among whichthe，small-caliber pipe joints account for a larger proportion. The traditional pipe joints use the method of one-by-one heat treatment，and the control of heat treatment temperature is unstable and low effcency，which cannot meet the requirements of construction and production. The developed small heat treatment box can complete all the work of multi-channel small-diameter weld heat treatment at one time，and realize the centralized heat treatment of prefabricated pipe sections welding joints. At the same time，the furnace temperature of the heat treatment box is constant，which greatly improves the efficiency while ensuring the quality of heat treatment. The heat treatment box is small in structure，easy to disassemble and assemble，and can be copied and promoted as a whole.

Key words：small diameter pipe；welding；concentration；heat treatment

1. 前言

　　石油化工装置的管道种类多，管道内多为易燃、易爆、有毒的介质。管道的焊接质量好坏直接影响到工程的安全运行和使用寿命[1]。一些金属管道因为材质本身的特性要求进行焊后热处理。焊缝焊后热处理可消除焊接残余应力，改善焊缝金相组织和延长使用寿命，是保证管道安装内在质量的关键工序之一，直接影响到工程投产后的长周期安全平稳运行[2]。

以恒逸（文莱）PMB 石油化工工程项目 100 万吨/年灵活焦化装置为例，其工艺管道约 87113m，需要热处理的焊口总数约 13000 个，其中直径小于 DN50 的需要热处理的焊口约有 8500 个。传统的热处理方法是逐道焊口进行热处理，工作量很大，用时长，对资源配置、人员组织、质量预控及施工工期都会有很大影响。同时管道焊口逐道包裹热处理技术，在室外施工效率低，且点多面广，受操作人员、天气环境等因素影响，热处理温度的控制不稳定，质量不易保证，一次合格率较低。为此项目部技术人员采用加大小直径管道预制深度，然后采用集中热处理方法很好地解决了这一难题。

2. 传统热处理方法

传统的管道焊缝热处理加热和保温方法为：将电加热带覆盖在焊缝位置，用铁丝将电加热带捆绑固定在管道上；将保温材料覆盖在电加热带上，再用铁丝将保温材料捆绑固定在管道上；接通电源和温控设备开始管道焊缝热处理[3]，如图 1 所示。传统的管道逐一采用热处理保温方法，工作效率低，工程成本高，保温材料重复使用率低，不符合绿色施工、健康环保要求。另外，传统的管道热处理方法，无法满足施工高峰期、预制焊口热处理效率的要求，影响管道安装进度。

图 1　管道焊口电加热带捆扎法局部热处理

3. 小直径管道焊口集中热处理方法设想

针对上述管道焊口逐道包裹热处理技术存在的缺点，项目部工程技术人员经过研讨，提出是否可以针对成批量的小直径管道进行集中热处理，进而提出研发小直径管道集中热处理施工技术，并成立了集中热处理施工技术研发小组，明确各小组成员的研发分工。通过对集中热处理方法的论证和分析，要实现小直径管道焊口集中热处理，首先需要加大小直径管道预制深度；其次需要提供焊口集中热处理的小型热处理箱，将预制完成的小直径管段放置到小型热处理箱中，从而实现对小直径预制管道焊口进行集中热处理。该技术能够对小直径预制管道焊口进行集中热处理，与传统方式中逐个焊口热处理相比，小型热处理箱可以一次性完成多道小直径焊口热处理的全部工作，有效节约人工成本、周转材料、用电量等，而且能够节约大量工时，操作方便，大大提高了焊口热处理质量和效率。同时，根据需要，该热处理简单实用，装置易于拆卸组装，制作使用的材料取自施工现场，整体可复制、可推广使用。

4. 小型热处理箱结构设计

小型热处理箱结构分为：箱体结构外壳、陶瓷加热器、保温层、热电偶及温控系统。箱体结构外壳利用施工现场的角钢、薄铁皮等材料制作，采用 30mm 角钢制作箱炉体骨架，保温层采用最高耐温 1200℃ 的硅酸铝纤维毯制作，加热装置采用履带式陶瓷加热器。箱体尺寸 1500mm×1000mm×700mm，箱炉膛尺寸 1200mm×700mm×500mm，如图 2 所示。箱体的结构形式简单，制作使用的材料取自施工现场，整体可复制、可推广使用。

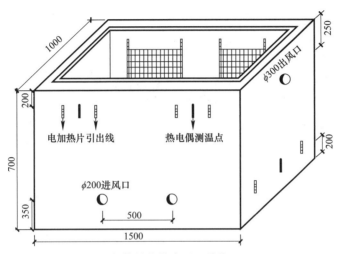

图 2　箱体结构外壳图（单位：mm）

箱体外壳侧墙中下部对称开 2 个 φ30cm 圆形孔，两面端墙中上部各开 1 个 φ20cm 圆形孔，用于调节炉温均衡。严格把控温度，记录热处理操作，保证热处理时间、温度和热处理指导书规定的一致。

加热器采用履带式陶瓷加热器，规格为 600mm×400mm，功率为 10kW/块，分别在两侧炉墙和炉底各布置两块，总计 6 块，设计总功率 60kW，最高加热温度 800℃。

为了便于放置构件，在箱体底部的加热带上，用高 20mm 的工字钢做两处支撑，上面铺设钢格板，用于将热处理的管件悬空放置，如图 3 所示。

图 3　热处理箱加热炉

温控系统采用便携式智能温控仪，如图4所示。分别在炉内上、中、下位置布置6个测温点，用于测定炉膛恒温区的温度，通过加热炉上的热电偶反馈信号进行自动控制加热温度及升降温速率。可实时记录加热炉内温度的变化，形成记录曲线图，如图5所示。

图4 便携式智能温控仪

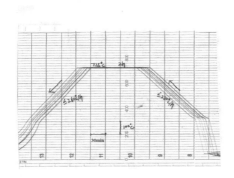

图5 热处理曲线及硬度报告

5. 小直径管道焊口集中热处理方法施工程序

（1）制定管道集中热处理方案，针对不同管道明确相应的热处理参数，并制定不同的材质所采用的热处理参数，并在预制区进行挂牌，并对相关焊接和分类人员进行技术交底，不同的材质划分不同的热处理堆放区。

（2）将需要热处理的小直径管道按照分装置、分区域、分管线的原则进行集中预制，预制完成后，进行编号挂牌（钢印），就地放于待热处理区。

（3）在待热处理区域组装热处理箱，并按照铺设硅酸铝纤维毯、铺设陶瓷加热器、支撑工字钢、安装钢格栅板、安装热电偶、连接加热器及热电偶外接电线、连接变频式智能温控仪的顺序进行。

（4）热处理箱内的硅酸铝纤维毯、陶瓷加热器、工字钢、钢格栅板逐层布置好后，将需要焊后热处理的构件全部放在炉腔内的钢格栅板上摆放整齐，用高温油漆标识管道焊口信息，再用铁丝绑在管件上。热处理的焊接件距离炉墙 100mm，保持炉内空气流通，温度恒定，如图 6 所示。

图 6　小直径管道在集中热处理箱放置

（5）需要热处理的构件摆放好后，将附有硅酸铝纤维毯的热处理箱盖覆盖于热处理箱上（图 7），并确认箱体的密封性。再将热电偶和加热器的线缆与智能变频温控仪连接。

图 7　热处理箱盖覆盖于热处理箱上

（6）按照热处理工艺参数卡，设定热处理需要参数，安排专人进行监管，过程中记录每炉的管段清单，保证操作完成后梳理管段并完成热处理验收。热处理完成后，开盖，准备出炉，然后进行管件的硬度检测，硬度值符合规范要求为合格。

（7）热处理箱在升温前，将用于调节温度均衡的进、出风口采用硅酸铝纤维毯封闭。当升温、保温和时长均达到热处理工艺参数时，进入降温阶段。降温过程中，将进风口、出风口的保温毡毯按照先出风后进风的顺序逐步少量地取下，同时根据观察时间阶段内温度的变化，调整进、出风口保温毡毯的取出量和取出顺序，使温度与热处理降温参数一致。

（8）该方法热处理效率高，直径 50mm 的预制管段可一次处理 60 道焊口。炉内温度均匀，温差控制在 10℃范围内，小于规范要求的 50℃偏差。经过硬度检测符合要求，热处理过程的曲线图记录的信息符合要求，有效地保证了施工质量。

6. 结论

随着科学技术的进步，产业工人技能的提高，石油化工工程、煤化工、电力行业中的管道安装工程工厂化预制的能力越来越高。管道的预制比例代表一个施工企业的综合管理能力和产业工人劳动技能水平。小直径管道焊口集中热处理施工技术，提高了工作效率和施工质量。热处理箱制作工艺简单，操作方便，重量轻，可拆卸，整体可复制，可广泛应用于施工现场和工厂，具有广阔的应用前景。本技术的成功运用，推进了科技创新和技术进步，在小直径管道集中热处理施工方面积累了经验，得到了业主高度的肯定，填补了相关领域技术空白，经济效益和社会效益显著。

参 考 文 献

[1] 朱镇军，朱顺聚，顾文彬，等. 厚壁焊口热处理工艺研究——热再热管道截止阀焊口热处理工艺 [J]. 城市建设理论研究（电子版），2015，5（24）：1865-1866.

[2] 范志忠，赵芳. 主蒸汽管道的焊接及焊口热处理 [J]. 山西建筑，2007，33（32）：143-144.

[3] 徐长明. 管道焊口的远红外热处理工艺 [C]. 第七届全国青年热处理会议论文集，2001：130-132.

落锤冲击下 CFRP 加固损伤 RC 梁试验研究

刘浪[1]，余文成[2]，谢品翰[1]，陈春生[1]

（1. 中建海峡建设发展有限公司，福建 福州 350000；

2. 桂林理工大学土木与建筑工程学院，广西 桂林 541004）

摘　要：为研究落锤冲击作用下 CFRP 加固修复损伤 RC 梁的动力性能，以落锤冲击高度为试验参数进行试验，分析其破坏模式、动态力时程曲线、时间滞后及惯性影响。结果表明：冲击作用下，试件破坏形态主要表现为顶部混凝土被压碎、底部混凝土呈块状掉落、CFRP 被撕裂；采用 CFRP 加固修复损伤试件后，冲击力峰值随着冲击能量增大呈线性增长，两者具有良好的线性关系；冲击试验中存在着明显的惯性效应，冲击力、惯性力与支座反力三者共同平衡。

关键词：落锤冲击；CFRP；修复加固；时间滞后；惯性效应

Experimental study on damaged RC beams reinforced with CFRP under drop hammer impact

LIU Lang[1]，YU Wencheng[2]，XIE Pinhan[1]，CHEN Chunsheng[1]

（1. CSCEC Strait Construction and Development Co.，Ltd.，Fujian Fuzhou 350000；

2. College of Civil and Architecture Engineering，Guilin University of Technology，Guangxi Guilin 541004）

Abstract：In order to study the dynamic performance of RC beams repaired by CFRP reinforcement under the impact of falling hammer, the impact height of falling hammer was taken as the test parameter, and the failure mode, dynamic force time-history curve, time lag and inertia influence were analyzed. The results show that under the impact, the main failure modes of the specimen are as follows：the top concrete is crushed, the bottom concrete falls off as a block, and the CFRP is torn. The peak impact force increases linearly with the increase of impact energy after repairing the damaged specimens with CFRP reinforcement, and there is a good linear relationship between them. There is obvious inertia effect in the impact test, and the impact force, inertia force and support reaction force are balanced together.

Key words：drop weight impact；CFRP；repair reinforcement；time lag；inertial effect

1. 引言

　　现今，混凝土加固修复技术成为城市防灾减灾领域研究的重点，对于出现病害或达到使用年限的建筑结构，采用 CFRP 加固修复在经济及时间上更具有可行性，也契合了我国"十三五"所提出的发展规划。经现有研究发现，建筑结构在静态、冲击、疲劳等荷载下会出现不同程度损伤病害，其很大程度上影响结构的安全性能，采用碳纤维布加固修复后可有效提升结构刚度，且因其加固修复范围广、施工方便迅速、修复后不增加结构自重的优点，在加固修复领域中广泛使用。

在建筑结构中，RC 梁作为重要受力试件在不同荷载长期加载作用下，例如冲击碰撞或自然灾害等，其力学或使用性能均会出现不同程度的退化。Jerome[1] 和 Ross[2] 对 88 根混凝土梁采用 CFRP 加固进行静载及落锤冲击试验发现落锤冲击高度越高，其抗弯承载力的峰值越大。张景峰[3] 等设计 6 根简支 RC 梁进行冲击试验，试验与模拟结果均表明，采用 CFRP 加固能否提升试件的抗冲击能力取决于混凝土与 CFRP 之间的粘结能力。许斌和曾翔[4] 共设计了 6 根 RC 梁，发现当冲击能量较高时导致试件冲击点附近发生剪切破坏。毛佳伟等[5] 共设计 4 根现浇梁与叠合梁进行落锤冲击试验，研究了两者在落锤冲击作用下的动力性能异同点。刘进通[6] 为研究 CFRP 三种锚固方式对加固性能的影响，共设计 17 根 CFRP 加固无腹筋 T 型截面混凝土梁，试验发现，其端部采用 CFRP 进行锚固，试件的抗冲击能力及耗能能力显著提升。综上可知，大多数学者主要集中于研究完好 RC 梁的抗冲击性能方面，关于冲击荷载下 CFRP 加固修复损伤结构的抗冲击性能研究尚为欠缺。因此，以不同落锤冲击高度进行量化，进行 CFRP 加固修复损伤 RC 梁进行动力性能研究，分析探讨 CFRP 在落锤加载下的动力性能，为深入分析 CFRP 加固修复损伤混凝土结构动力性能提供借鉴及依据。

2. 试验概况

2.1 试件设计

试验按照《混凝土结构设计规范》GB 50010—2010（2015 年版）[7] 制作了 5 根配筋率为 0.70% 的 RC 梁，混凝土强度为 C40，试件几何尺寸及详细配筋详见图 1。试件在浇筑时预留了标准立方体、棱柱体试块以及钢筋进行材料性能试验，其力学性能试验结果见表 1。

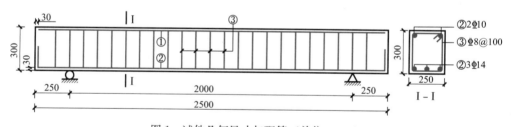

图 1 试件几何尺寸与配筋（单位：mm）

混凝土和钢筋的力学性能 表 1

材料类别	力学参数	数值/MPa
C40 混凝土	立方体抗压强度	41.5
	弹性模量	$3.30×10^4$
钢筋（Φ10）	屈服强度	450.2
	极限强度	592.3
	弹性模量	$2.04×10^5$
钢筋（Φ14）	屈服强度	446.3
	极限强度	597.4
	弹性模量	$2.07×10^5$

2.2 试验工况及修复方式

表 2 为试验设计方案，其中 JZ-0 为对比梁，根据静载试验得出试件极限荷载 F_u 为 133.1kN，故通过试件极限荷载与试件开裂损伤程度进行量化确定损伤系数为 $60\%F_u$。在进行落锤加载试验前，对试件进行预损伤；试件进行预损伤工作后，其最大裂缝宽度为 0.23mm，根据《公路桥梁加固设计规范》JTG/T J22—2008[8] 要求，采用砂浆对裂缝宽度大于 0.15mm 的试件进行填充后再抹平表面，对于细小裂缝则采取表面封闭处理，待砂浆达到养护周期采用砂轮机打磨表面后再进行 CFRP 粘贴。CFRP 布粘贴形式如图 2 所示，粘贴工序按照《纤维增强复合材料建设工程应用技术规范》GB 50608—2010[9] 进行，CFRP 材料力学性能见表 3。

试件设计参数   表 2

试件编号	加固层数	损伤程度	冲击高度/mm	冲击速度/(m·s⁻¹)	冲击能量/J
JZ-0	—	—	—	—	—
CJ-1	1	—	1500	5.42	8059.1
CJ-2	1	$0.6F_u$	1500	5.42	8059.1
CJ-3	1	$0.6F_u$	1625	5.64	8730.7
CJ-4	1	$0.6F_u$	1750	5.85	9402.3

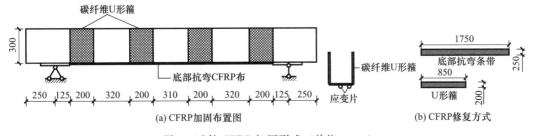

图 2 试件 CFRP 加固形式（单位：mm）

CFRP 材料参数   表 3

碳纤维布型号	单层厚度/mm	弹性模量/MPa	拉伸强度/MPa	断裂伸长率/%
CFS-I-300	0.167	24000	3512.7	1.7

2.3 试验加载装置及测量方案

落锤加载装置采用桂林理工大学 DHR-1909 型落锤冲击试验机，加载装置如图 3 所示，落锤锤重 548.24kg，锤头直径为 200mm，试验两端采用简支支座，支座顶端处设置压梁，以螺纹钢杆与支座锚固连接。

试验过程中，试件冲击力、支座反力、钢筋应变、CFRP 布应变及跨中位移由 DH8302 动态数据采集仪采集，采集频率为 1MHz。其冲击力及支座反力分别由设置的力传感器进行数据采集，梁底纵筋及 CFRP 应变由电阻应变片进行测量，试件加速度及位移变化分别由布置于试件底部的加速度计及位移计进行测量，落锤加载过程中采用 VIC-3D 高速摄像机对试件裂缝发展及破坏进行记录，其原理为通过捕捉散斑在试验过程中像素级别移动,结合相关数字图像运算法则进行分析,试件测点布置如图4所示。

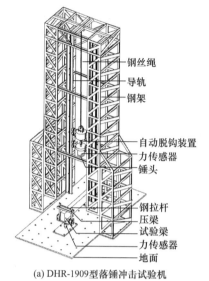

（a）DHR-1909型落锤冲击试验机

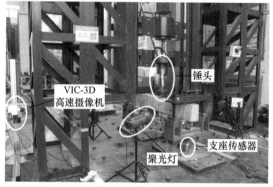

（b）冲击试验设置

图3 试验加载装置

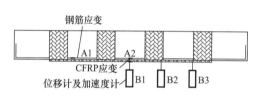

（a）冲击试验测点布置

（b）试验梁整体图

图4 试验测点布置

3. 试验结果及其分析

3.1 试件破坏形式

根据表3中的试件设计工况进行试验,各试件最终破坏形态如图5所示。

CJ-1:试件在冲击加载结束后,受压区域的保护层混凝土部分粉碎,底部受拉区混凝土小面积碎裂,底部CFRP与碳纤维布U形箍剥落,试件破坏时跨中位移为36.88mm。此现象表明,试件受压区域抗冲击能力达到极限,其机理是底部采用CFRP与U形条带加固,提高了梁体整体的刚度,且在落锤冲击时承担了部分冲击荷载,抑制了梁体的变形。

CJ-2:试件最终破坏时跨中位移为49.14mm,其底部混凝土呈块状掉落,受压区混凝土小面积掉落,跨中区域裂缝发展较为密集,初始损伤裂缝发展为主裂缝,其裂缝宽度及竖向长度均大于CJ-1,其原因为CJ-2在进行预损伤,试件刚度退化,抗冲击能力降低。

CJ-3:随着落锤高度增加,冲击能量增大,试件跨中位移逐渐增大,裂缝发展更为迅速。CJ-3破坏时底部受拉区混凝土破碎为多个小块,靠近支座处CFRP被撕裂,主裂缝发展更为集中,其破坏时跨中位移为52.86mm。

CJ-4：相较于其他试件，CJ-4 严重破坏，梁体底部混凝土脱落，受拉钢筋被拉断，且右侧 CFRP 成片整体剥落，说明梁体所承受的冲击能量过高，造成梁体部分应力集中现象，从而导致梁底右侧 CFRP 成片剥落。

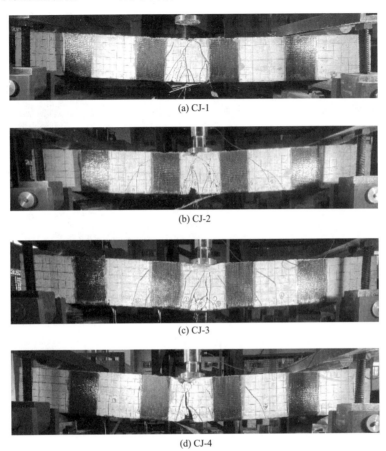

(a) CJ-1

(b) CJ-2

(c) CJ-3

(d) CJ-4

图 5　落锤加载后各试件最终破坏形态

3.2　冲击力、支座反力时程曲线

试件 CJ-1～CJ-4 的冲击力及支座反力时程曲线如图 6 所示，其冲击力、支座反力峰值汇总见表 4。试件 CJ-3、CJ-4 相较于 CJ-2 而言，随着冲击高度增加，冲击力峰值越大，其中 CJ-4、CJ-3 相较于 CJ-2，其冲击力分别提升 49.5%、28.2%，冲击力随冲击高度和冲击能量提高呈线性变化。

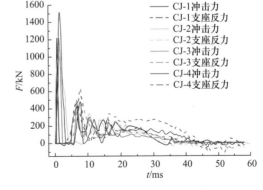

图 6　冲击力及支座反力时程曲线

3.3　时间滞后分析

由图 6 可看出，支座反力的响应时间不同于冲击力响应时间，存在滞后现象。此现象由于落锤最初作用于试件时，试件仅有跨中区域产生动态响应，而试件支座处由于存在惯性效应，短时间内未产生内力及变形。

冲击力、支座反力和跨中位移峰值汇总　　表4

试件编号	冲击力/kN	支座反力/kN	跨中位移/mm
CJ-1	1216.86	497.88	36.88
CJ-2	1012.62	474.10	49.14
CJ-3	1298.82	544.55	52.86
CJ-4	1514.10	634.51	65.11

图7为支座反力滞后图，从图中可以观察到试件的支座反力滞后时间在0.57~0.65ms，由于时间差值较小，因此取均值0.61ms作为应力波传递的时间。试件的冲击作用点距支座的水平距离为1000mm，则响应的应力波速度为1639.3m/s。根据Cotsovos[10]研究应力波在固体中理论传播速度计算公式：

$$V = \sqrt{\frac{E_c}{\rho_c}}$$

式中：V 为理论传播速度，m/s；E_c 为混凝土弹性模量（取33.0GPa）；ρ_c 为混凝土梁密度（取2400kg/m^3）。

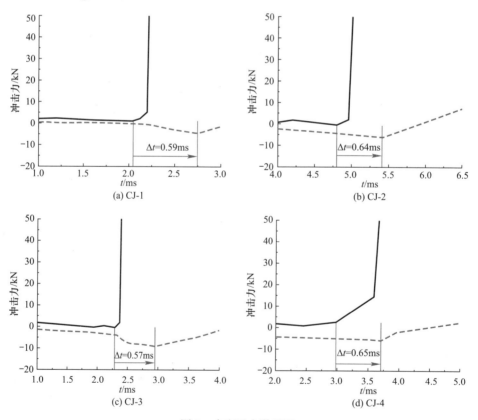

图7　支座反力滞后图

通过计算得出应力波在试件中传播理论速度为3708m/s，比较分析可知应力波实际与理论传播速度相差较大，这主要是由于试件在冲击作用下，落锤对冲击部位造成的混凝土损伤及产生的裂缝，降低了应力波的传播速度，此外由于试件并非无限大试件，传递到试件边缘后，反射至跨中部位的应力波与新产生的应力波相互作用，造成应力波传播速度降低，因此两者相差较大。

3.4 惯性影响分析

根据研究显示惯性效应会掩盖试件的真实力学行为，试件产生惯性力的原理是由于试件具有一定刚性。当试件在落锤接触向下加速运动时，跨中两侧至支座区域，由于惯性效应，抵抗试件向下运动，从而产生惯性力。落锤冲击试验梁初期惯性力未分布于试件整体，随冲击力增大沿跨中向梁端分布，且其峰值绝对值减小，其原因为落锤冲击初期试件上半部分加速度向上，试件下半部分加速度向下，经计算两者相互抵消。当传到支座端时，试件产生支座反力，两者相互抵抗冲击力，试件悬臂端的惯性力始终与支座内相反。

对比图 8 各试件的动态力曲线可知，在初始阶段及局部响应阶段，支座反力几乎为零，试件冲击力主要由惯性力所抵抗，此时试件加速向下运动；在试件整体响应阶段，支座反力开始增大，惯性力向相反的方向增加。随后继续增长至第二个峰值，其峰值小于支座反力，此时惯性力逐渐开始减弱。

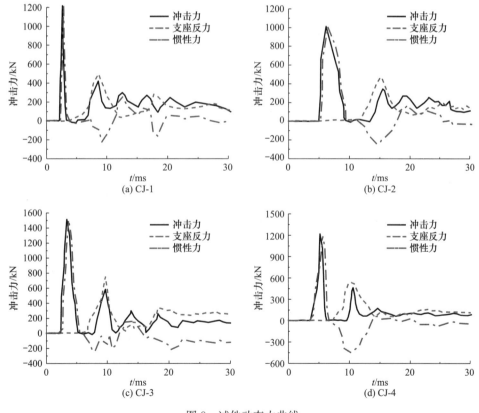

图 8 试件动态力曲线

4. 总结

本文以 CFRP 修复加固 RC 梁为研究对象进行落锤冲击试验，对比了试件在不同冲击高度下的破坏模式及动力性能，得到以下结论：

（1）冲击荷载下试件裂缝发展主要集中于跨中局部区域，对于加固已有损伤梁，梁体的裂缝发展及破坏形态随冲击高度提高更为严重，其主要破坏形态为顶部受压区混凝土被压碎、底部混凝土呈块状掉落、底部 CFRP 被撕裂。

（2）采用 CFRP 加固修复损伤试件后，冲击力峰值随着冲击能量增大呈线性增长，两者具有良好的线性关系。

（3）冲击力以应力波的形式向试件两端传递，惯性力随之增大，支座反力较小，此阶段冲击力由惯性力所平衡。随后冲击力、惯性力与支座反力三者共同平衡。

参 考 文 献

[1] Jerome D M. Dynamic Response of Concrete Beams Externally Reinforced with Carbon Fiber Reinforced Plastic：[Ph. D. dissertation]. Gainesville, Fla.：University of Florida, 1996, 1-170.

[2] Jerome D M, Ross C A. Simulation of the Dynamic Response of Concrete Beams Externally Reinforced with Carbon-Fiber Reinforced Plastic [J]. Computers & Structures, 1997, 64 (5/6)：1129-1153.

[3] 张景峰，仝朝康，张智超，等. CFRP 加固钢筋混凝土梁抗冲击性能试验 [J]. 中国公路学报，2022，35（2）：181-192.

[4] 许斌，曾翔. 冲击荷载作用下钢筋混凝土梁性能试验研究 [J]. 土木工程学报，2014，47（2）：41-51.

[5] 毛佳伟. CFRP 修复钢筋混凝土叠合梁抗冲击性能试验研究 [D]. 长沙：湖南大学，2019.

[6] 刘进通. 冲击荷载下 CFRP 加固无腹筋 T 型梁抗剪性能试验研究 [D]. 长沙：湖南大学，2016.

[7] 中华人民共和国住房和城乡建设部. 混凝土结构设计规范：GB 50010—2010 [S]. 北京：中国建筑工业出版社，2011.

[8] 中华人民共和国交通运输部. 公路桥梁加固设计规范：JTG/T J22—2008 [S]. 北京：人民交通出版社，2008.

[9] 中国冶金建设协会. 纤维增强复合材料建设工程应用技术规范：GB 50608—2010 [S]. 北京：中国计划出版社，2011.

[10] Cotsovos D M, Stathopoulos N D, Zeris C A. Behavior of RC Beams Subjected to High Rates of Concentrated Loading [J]. Journal of Structural Engineering, 2008, 134 (12)：1839-1851.

铁路小断面隧道直眼掏槽爆破方案优化及应用

李曙光，徐建平，冀胜利，冯振宁，王兴立，王青松，赵小飞

（中铁二十局集团有限公司，陕西 西安 710016）

摘　要：以某铁路隧道平行导洞为工程背景，在总结分析原爆破方案存在超欠挖严重、作业环境差及施工进度慢等问题的基础上，通过采用经验公式对爆破参数进行理论计算，并调整掏槽孔布置形式与装药结构，提出了合理可行的优化爆破方案。结果表明：采用优化后的爆破方案，可将平均线性超挖量由原来的 0.2～0.4m 降低到 0.15m 之内，围岩的超欠挖现象得到了有效控制。同时每循环可减少炸药使用量 49.2kg，节省施工作业时间 1.1h 以及成本约 0.08 万元，较原方案具有较为显著的技术效果和经济价值。

关键词：铁路隧道；直眼掏槽；参数设计；水压光面爆破；方案优化

Optimization and application of straight hole cut blasting scheme for railway small section tunnel

LI Shuguang，XU Jianping，JI Shengli，FENG Zhenning，WANG Xingli，WANG Qingsong，ZHAO Xiaofei

（China Railway 20th Bureau Group Co.，Ltd.，Shaanxi Xi'an 710016）

Abstract：In this study，based on the problems concerning serious overbreak and underbreak，poor working environment and slow construction progress from the original blasting scheme of a railway tunnel parallel pilot tunnel project，a reasonable and feasible blasting scheme is proposed by utilizing the empirical formula to calculate the blasting parameters，as well as adjusting the optimization scheme to the cutting hole layout and charge structure. The results show that after blasting，the average linear overbreak is reduced from 0.2～0.4m to 0.15m by using the optimization scheme. The overbreak and underbreak phenomenon of surrounding rock has been effectively controlled. At the same time，the optimization scheme can reduce the use of explosives by 49.2kg，save 1.1h of construction operation time and cost about 0.08 million yuan per cycle. Compared with the original scheme，the optimized scheme has significant technical effect and economic value.

Key words：railway tunnel；parallel hole cut；parameter design；hydraulic smooth blasting；scheme optimization

1. 引言

钻爆法具有高效、经济、适用性强的优点，是当前国内外隧道开挖的主要施工方法[1]。然而在施工过程中往往受到施工条件限制、工程地质影响以及多采用常规爆破方

法等原因，造成爆后超欠挖现象较为严重[2-4]，作业环境差等问题，既不利于施工安全和围岩稳定，又影响工程进度。因此，为改善爆破效果和作业环境，爆破方案的实时优化对铁路隧道钻爆法施工具有重要的现实意义。

对于爆破方案的优化，众多学者通过多种方法开展了大量的应用及技术探索。张万志等[5]依托寨山隧道全断面开挖，从不同的角度对掏槽参数进行优化设计，爆后掌子面光滑平整。于飞飞等[6]与徐帮树等[7]依托蟠龙山隧道工程，结合现场爆破试验和机理分析，优化了爆破参数与炮孔布置，发现采用爆破优化参数的洞室开挖成型效果更好。张继春等[8]在分析原常规爆破方案存在问题的基础上，对其爆破参数进行优化，提出了合理的爆破方案。刘国强等[9]采用有限元软件模拟不同爆破参数对爆破效果的影响，将得出的最优爆破方案用于工程，以提高爆后的成型质量。

由于复合式掏槽具有炮孔布设少、能充分利于自由面提高爆破效果的特点，其研究及应用较为广泛，但针对小断面铁路隧道爆破参数的选取及优化却仍需开展研究。论文依托某隧道工程，通过分析计算，对原方案的爆破参数进行调整与优化，总结得出适用于本工程的爆破方案，研究成果对今后小断面铁路隧道爆破设计及优化具有指导作用。

2. 工程概况

某铁路隧道进口平行导坑 PDK773＋255～320 段，设计围岩等级为Ⅳ级，整体较完整，取样测试岩石抗压强度为 97～142MPa。支护类型为喷锚衬砌，开挖断面尺寸为 6.5m（宽）×6.5m（高），断面面积 44.5m²，如图 1 所示。区域地质报告及现场调查显示该工程基岩地层主要为石灰岩、白云岩、砂岩、砾岩夹泥岩、白云岩夹泥岩、砂岩夹砾岩。同时在区域构造的影响下，测区分支构造极其发育。地下水较发育，并且补径排条件受地下含水系统物质结构、地形地貌及自然气候条件影响，控制隧址区各含水岩组内地下水形成、富集及循环特征。

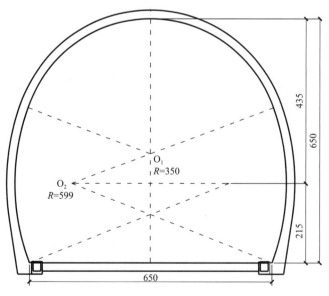

图 1　隧道断面示意图（单位：cm）

3. 原爆破方案及其效果分析

3.1 原爆破方案设计

原方案在 PDK773＋255～284 试验段按照全断面法爆破开挖，采用中空孔直眼掏槽方式，设计循环进尺 3m，每循环炮孔 158 个，其中直径 80mm 的空孔 8 个，其余炮孔共计 150 个，直径均为 42mm。合计装药量 216kg，炸药单耗 1.6kg/m³。各炮孔均采用连续装药形式，尾部采用锚固剂堵塞。所用炸药为 2 号岩石乳化炸药，药卷规格均为 ϕ32mm×300mm×0.3kg，使用孔内非电毫秒雷管延期起爆网络，起爆顺序从断面中心向外逐段起爆，原方案炮孔布置如图 2 所示。

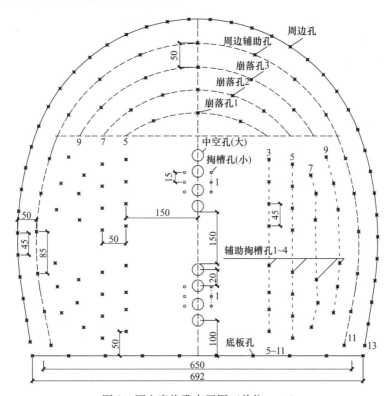

图 2　原方案炮孔布置图（单位：cm）

3.2 设计存在的问题

（1）现场爆破效果表明虽能达到预计进尺，但是爆后掌子面表面凹凸不平，超欠挖现象较为严重。经分析单循环爆破的超挖均值为 0.2～0.4m，最大达 0.5m 以上，同时也存在局部欠挖现象，最大欠挖在 0.3m 左右。爆后在开挖轮廓面上周边孔痕迹保存率不足 80%，爆后整体效果如图 3 所示。

（2）原方案沿用传统式保守设计，炸药用量大，单耗量较高。将断面中心部位设置 8 个大直径中空孔配合装药炮孔作为主掏槽区，不仅增加了工作量，而且对围岩的损伤较大。同时导致掌子面中间部位爆后岩石抛掷距离较大，且块度不均匀，爆堆较为分散，不利于清渣运输。

（3）由于炮孔采用传统的装药结构，孔口部位用锚固剂堵塞，使得爆破过程中产生大量的粉尘和有害气体，从而导致每循环的通风时间增加，不仅增加了施工费用，还会对施工进度产生影响。

(a) 拱顶   (b) 掌子面

图 3 原方案爆后效果图

4. 爆破方案优化

基于上述问题，为实现安全高效施工，亟须对原方案进行优化。下文将主要从参数设计、掏槽孔布置形式、装药结构三方面进行优化分析研究，确定出符合现场实际的爆破设计方案。

4.1 爆破参数设计

4.1.1 炸药单耗

依据 Pokrovsky 提出的经验公式计算炸药单耗 q[10]：

$$q = q_{a}kfe \tag{1}$$

式中：q_{a} 为未修正炸药单耗（kg/m³），取 0.1 倍的岩石坚固性系数；k 为自由面系数；f 为岩石结构系数；e 为炸药的换算系数。

计算得到 $q = 1.2\text{kg/m}^3$。

4.1.2 炮孔数量

工作面上的炮孔数量 N_1 用式（2）进行估算[11]：

$$N_1 = \frac{qS}{\alpha\gamma} \tag{2}$$

式中：S 为隧道断面面积（m²）；α 为装药系数；γ 为每米药卷的炸药质量（kg/m）。

计算得到 $N_1 = 118.4$ 个，取 $N_1 = 119$ 个。

4.1.3 崩落孔参数

崩落孔位于掏槽孔外围，周围岩体破坏是爆炸应力波和爆生气体共同作用的结果，其孔距 L_{bk} 及排距 L_{bp} 可取裂隙区半径。裂隙区半径 R 用经验公式计算[12]：

$$R = 0.2102d\rho_0^{0.75}D^{1.5}\sigma_c^{-0.25}\tau_c^{-0.5} \tag{3}$$

式中：d 为炮孔直径（m）；ρ_0 为炸药密度（kg/m^3）；D 为炸药爆速（m/s）；σ_c、τ_c 分别为岩石的极限抗压强度和抗剪强度（Pa）。

计算得到 $R=71.7$cm，为方便施工，取 $R=70$cm。因此，崩落孔孔距及排距为 70cm。

4.1.4 周边孔与底板孔参数

周边孔的线装药密度一般较低，布置在开挖边界上，其孔距 L_{zk} 可按式（4）确定：

$$L_{zk}=(8\sim18)d \tag{4}$$

经计算，$L_{zk}=50.4$cm，取 $L_{zk}=50$cm。同时周边孔还应按照 3.3% 的外插角向外进行设置，以期达到较好的超欠挖控制效果[13]。

底板孔位于开挖断面的底部，在爆破时有大量岩石覆盖，所受到的移动阻力较大，因此应较周边孔适当加大其装药量[14]。结合岩石爆破过程中形成的裂隙区半径 R，将底板孔孔距取 70cm。

4.2 掏槽孔参数与布置

原方案采用中空孔直眼掏槽技术，充分利用大直径中空孔的空孔效应[15]，但在实际应用中的爆破效果较差，现对掏槽孔的布置进行调整。根据 CYT15-3 型凿岩机和钻头直径情况，空孔直径仍选用 80mm，按式（5）计算中空孔的数量 N_2[16]：

$$N_2=\frac{(3.2L)^4}{d_k^2} \tag{5}$$

式中：L 为循环进尺（m）；d_k 为空孔直径（mm）。

经计算，1.3 个空孔方能满足 3m 循环进尺的需求。结合原方案的施工经验，在掌子面中部仍设两组掏槽孔，每组设一个中空孔。当隧道断面宽度较小时，装药最优抵抗线 b 可按经验公式（6）确定[17]：

$$b=\left(d_z\frac{1.95e}{\sqrt{\rho_s}}+2.3-0.027B\right)(0.1B+2.16) \tag{6}$$

式中：d_z 为装药直径（cm）；B 为自由面宽度（cm）；ρ_s 为岩石密度（g/cm^3）；e 为炸药爆力校正系数。

根据式（6）计算内圈掏槽孔与大直径中空孔间的距离 b_1，爆后为外圈掏槽孔爆破提供更好的自由面。本方案仍采用 2 号岩石乳化炸药，经计算，$b_1=20.1$cm，取 $b_1=20$cm。在内圈掏槽孔爆后形成的槽腔宽度 $B=2\times20+4.2=44.2$cm，将其作为外圈掏槽孔的自由面，同理代入式（6）计算，$b=36.2$cm，取 $b=36$cm。综合上述计算，经调整后掏槽孔布置与施工现场作业如图 4 所示。

4.3 装药结构

采用水压光面爆破技术，将原方案装药结构孔口部位的锚固剂改为水袋堵塞。在防止能量损失的同时，利用水的不可压缩性，水袋中的水在岩石中产生"水楔"效应，可进一步破碎岩石，提高炸药能量的利用率。同时在爆破过程中所产生的水雾起到很好的降尘作用，改善施工环境，减少通风时间[18]。另外，为避免周边孔装药集中于孔底，采用药卷与水袋间隔填装的结构形式，在一定程度上减弱孔底的爆破作用，达到控制超欠挖、减弱围岩破裂与损伤的目的。除周边孔之外的其他装药炮孔均采用连续装药形式，所有炮孔采用导爆管传爆，起爆雷管装在炸药底部反向起爆，装药结构如图 5 所示。

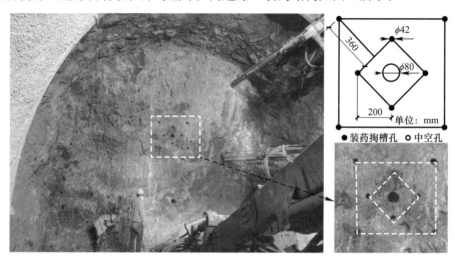

图 4　掏槽孔布置与现场作业图

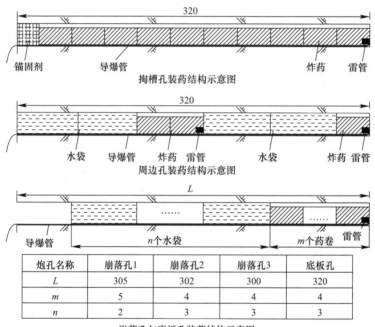

图 5　装药结构示意图（单位：cm）

基于上述初步设计计算，将计算得到的参数结合实际情况与施工经验对其进行微调后，进行具体的细化工作，形成爆破参数表与炮孔布置图，见表 1 和图 6、图 7。

					爆破参数表				表 1
序号	炮孔名称	孔深/m	数量/个	单孔药卷数量/条	单孔药量/kg	单段药量/kg	装药长度/m	装药系数/%	雷管段号
1	中空孔	3.20	2	—	—	—	—	—	—

序号	炮孔名称	孔深/m	数量/个	单孔药卷数量/条	单孔药量/kg	单段药量/kg	装药长度/m	装药系数/%	雷管段号
2	掏槽孔	3.20	16	10	3.0	48.0	3.0	94	1
3	崩落孔1	3.05	17	5	1.5	25.5	1.5	49	3
4	崩落孔2	3.02	20	4	1.2	24.0	1.2	40	5
5	崩落孔3	3.00	23	4	1.2	27.6	1.2	40	7
6	周边孔	3.00	33	3	0.9	29.7	0.9	30	9
7	底板孔	3.20	10	4	1.2	12.0	1.2	37	5～7
	合计	—	121	—	—	159.6	—	—	—

设计循环进尺 3.0m，断面面积 44.5m²，炮孔密度 2.7 个/m²，炸药单耗 1.2kg/m³，钻孔总延米 375.8m

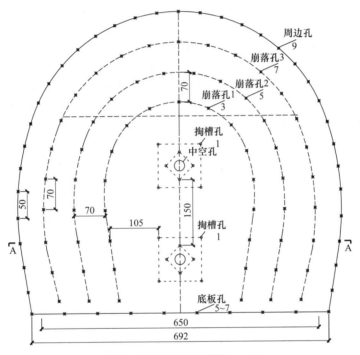

图 6　炮孔布置图（单位：cm）

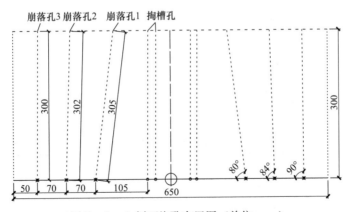

图 7　A—A 剖面炮孔布置图（单位：cm）

5. 应用效果分析

5.1 技术效果分析

采用上述方案在PDK773＋285～315段连续进行10个循环爆破试验，爆后效果如图8所示。根据统计数据，每循环进尺达2.8～2.9m，开挖轮廓面上周边孔痕迹保存率达85％以上。周边孔孔底大多位于开挖边界外0.1～0.25m，平均线性超挖均值由原来的0.2～0.4m降低到0.15m以内，基本没有出现欠挖部位，围岩超欠挖的现象得到了有效控制。爆后掌子面平整光滑，未出现"鼓肚"现象，且爆破循环之间未出现明显"错台"现象，减少了清理掌子面的时间，也为下一循环的爆破工作创造了较好的条件。同时爆出来的岩块较为均匀，有利于装渣运输，较原方案表现出了良好的技术效果。

(a) 出渣后整体效果图　　　　　　　　　(b) 爆后拱顶效果图

图8　爆破效果图

5.2 经济效果分析

根据现场统计数据，两方案每循环的技术参数、工序时间及费用对比表，见表2～表4。

技术参数对比表　　　　　　　　　　　表2

序号	项目	原方案	优化方案
1	设计循环进尺/m	3.0	3.0
2	炮孔数量/个	158.0	121.0
3	总装药量/kg	216.0	166.8
4	炸药单耗/ （kg·m^{-3}）	1.6	1.2

工序时间对比表　　　　　　　　　　　表3

序号	工序名称	原方案/h	优化方案/h
1	测量放样	0.5	0.4
2	炮孔凿钻	4.0	3.6
3	装药爆破	1.0	0.9

序号	工序名称	原方案/h	优化方案/h
4	通风	0.5	0.2
5	出渣	2.0	1.8
6	排险	0.5	0.5
	合计	8.5	7.4

费用对比表　　　　　　　　　　　　　　　　　　　　表 4

序号	项目名称	原方案/万元	优化方案/万元
1	台班折旧、保养费用	0.091	0.075
2	工人工资	0.260	0.230
3	炸药、雷管费用	0.080	0.060
4	水袋费用	0.024	0.020
5	耗电费用	0.040	0.030
	合计	0.495	0.415

根据以上数据可得出，在设计循环进尺相同的情况下，优化方案较原方案炮孔数量减少 37 个，炸药消耗量减少约 23%，从而使得每循环的施工作业用时与费用均有不同程度的降低。原方案每循环作业完成合计时长为 8.5h，优化方案合计时长为 7.4h，其中测量放样、排险及装药爆破的工序时间基本一致，炮孔凿钻与出渣的工序时间均有降低。另外，由于装药结构采用水袋堵塞，水袋中的水能很好地吸收爆轰产物中的有害气体和粉尘，从而保证施工作业人员的身体健康，对于小断面隧道施工尤为重要，同时也可减少通风时间 0.3h。在费用方面，原方案每循环作业合计成本约 0.495 万元，优化方案合计成本约 0.415 万元，较原方案每循环可减少费用约 0.08 万元。可见，优化方案在提升工效、节约成本方面较原方案有着明显的优势。

6. 结论

结合某铁路隧道平行导坑工程，对原方案进行优化分析，经现场应用表明采用优化后的爆破施工方案后，取得了较好的爆破效果。具体结论如下：

（1）运用经验公式对爆破参数与掏槽孔的布置进行优化调整，使其更能合理利用自由面，提高炸药能量的利用率。爆后掌子面平整光滑，未出现"鼓肚"现象，且爆破循环间未出现明显"错台"现象，平均线性超挖均值由原来的 0.2～0.4m 降低到 0.15m 以内，基本没有出现欠挖部位，有效控制了围岩超欠挖的现象。

（2）结合水压光面爆破技术，装药炮孔孔口部位用水袋堵塞，周边孔采用药卷与水袋间隔填装的结构形式，施工工艺较为简单。在保证围岩稳定的同时，使得隧道内的施工环境得到大大改善，从而保证了施工作业人员的身体健康，也可减少通风时间 0.3h。

（3）对比原爆破方案，优化后的方案炮孔数量、炸药用量以及炸药单耗均有所减少。统计数据表明，每循环可减少施工用时 1.1h，节约成本约 0.08 万元，有着明显的技术效果与经济优势。

（4）基于现有的优化方案，可根据现场机械设备及工程地质情况对空孔进行灵活调整，通过空孔的数量、直径与循环进尺的匹配，建立动态的爆破参数，从而达到进一步提升工效，节约成本的目的。

参 考 文 献

[1] 方俊波，刘洪震，翟进营. 山岭隧道爆破施工技术的发展与展望 [J]. 隧道建设（中英文），2021，41（11）：1980-1991.

[2] 丁祥. 互层岩体隧道爆破超欠挖控制技术研究 [J]. 铁道工程学报，2022，39（3）：75-80.

[3] 谢飞鸿，余朝阳，董建辉，等. 基于数值模拟的隧道超挖围岩力学响应分析 [J]. 公路，2021，66（7）：332-337.

[4] 李启月，赵新浩，魏新傲，等. 大断面隧道轮廓控制爆破技术研究与应用 [J]. 黄金科学技术，2019，27（3）：350-357.

[5] 张万志，徐帮树，葛颜慧，等. 硬岩隧道全断面开挖掏槽爆破参数优化 [J]. 爆破，2022，39（2）：94-99.

[6] 于飞飞，张娜，张宪堂，等. 水平层状岩隧道炮孔参数优化及爆破成形研究 [J]. 爆破，2019，36（1）：63-69.

[7] 徐帮树，张万志，石伟航，等. 节理裂隙层状岩体隧道掘进爆破参数试验研究 [J]. 中国矿业大学学报，2019，48（6）：1248-1255.

[8] 张继春，潘强，郑爽英，等. 特大断面公路隧道的光面爆破技术研究 [J]. 爆破，2018，35（4）：52-57.

[9] 刘国强，刘彬，张庆明，等. 岩溶隧道光面爆破参数优化及其应用研究 [J]. 隧道建设（中英文），2021，41（S2）：50-57.

[10] KONONENKO M, KHOMENKO O, SAVCHENKO M, et al. Method for calculation of drilling-and-blasting operations parameters for emulsion explosives [J]. Mining of Mineral Deposits，2019，13（3）：22-30.

[11] 朱永全，宋玉香. 隧道工程：第四版 [M]. 北京：中国铁道出版社，2021.

[12] Zou Ding-xiang. Theory and technology of rock excavation for civil engineering [M]. Singapore：Springer Singapore，2017.

[13] 巩中江，柴敬尧，杨长庚. 铁路隧道光面爆破施工技术与管理实例 [J]. 隧道建设（中英文），2017，37（12）：1593-1599.

[14] 王振浩. 黄柏山隧道光面爆破技术 [J]. 爆破，2022，39（2）：100-106.

[15] 张召冉，陈华义，矫伟刚，等. 含空孔直眼掏槽空孔效应及爆破参数研究 [J]. 煤炭学报，2020，45（S2）：791-800.

[16] ALLEN M R. An analysis of burn cut pull optimization through varying relief hole depths [D]. Missouri University of Science and Technology，2014.

[17] 王文龙. 钻眼爆破 [M]. 北京：煤炭工业出版社，1984.

[18] 何广沂. 隧道掘进水压爆破技术发展 [J]. 工程爆破，2021，27（5）：53-58.

面向建筑钢构件加工的自动化离线编程技术

张乾坤[1]，金睿[3]，李毅[2]，尤可坚[2]，丁宏亮[2]

（1. 浙江建投创新科技有限公司，浙江 杭州 310000；

2. 浙江省建工集团有限责任公司，浙江 杭州 310000；

3. 浙江省建设投资集团股份有限公司，浙江 杭州 310000）

摘　要：本文针对钢构件小批量、非标准的现状，提出了一种面向建筑钢构件加工的自动化离线编程技术，打通了现实构件与加工设备的数据链接，开发了基于 PQArt 机器人离线编程软件的多模块接口函数，形成了"轨迹与指令数据预生成""加工数据自动导入"及"加工程序自动编译与后置"于一体的自动化离线编程技术，为实现建筑钢构件的智能化加工提供了一种新的技术方案。

关键词：建筑钢构件；工业机器人；轨迹规划；自动化离线编程

Automatic off-line programming technology for processing of building steel components

Zhang Qiankun，Jin Rui, Li Yi, You Kejian, Ding Hongliang

（1. Zhejiang construction Investment Innovation Technology Co. ，Ltd. ，Zhejiang Hangzhou，310000；2. Zhejiang Construction Engineering Group Co. ，Ltd. ，Zhejiang Hangzhou，310000；3. Zhejiang Construction Investment Group Co. ，Ltd. ，Zhejiang Hangzhou，310000）

Abstract：In view of the current situation of small batch and non-standard steel components，an automatic offline programming technology for the processing of building steel components is proposed，which opens the data link between the real components and processing equipment，and develops a multi-module interface function based on the PQArt robot offline programming software，forming a "trajectory and instruction data pre-generation" The automatic off-line programming technology integrating "automatic import of processing data" and "automatic compilation and postprocessing of processing program"，provides a new technical solution for the intelligent processing of building steel components.

Key words：building steel members；industrial robot；track planning；automatic off-line programming

1. 引言

工业机器人离线编程是指在编程软件中建立机器人工作应用场景的三维虚拟环境，通过一些规划算法获取工作轨迹，进行仿真与调整轨迹，最终生成机器人可执行程序[1]。离线编程方法具有可减少机器人停机时间，在加工工序运行同时进行新工序编程；针对复杂任务，优化加工方案，生成运动轨迹；有效进行仿真模拟，观察机器人工作过程；并且改善编程环境，提高操作安全性等优点[2]。

目前，我国建筑钢结构多是非标准、品种多、小批量，上前道工序下料、组装精度不高等现象[3]，造成焊接效率低、自动化程度不高、焊接质量不稳定等问题。针对上述难题，不少学者进行了一定的研究，斐杰等[4]采用焊接机器人运用传统离线编程、焊缝跟踪等技术，对钢柱进行现场焊接；李海周[5]研发了基于BIM的免示教焊接机器人，采用BIM软件平台搭建三维虚拟工作场景，进行焊缝位置、数量等判定，手动进行焊接路径规划；Bentley公司开发的ProStructures软件与奥地利之门（Zeman）的SBA数控加工装备结合，实现标准钢构件的模型数据读取与导入，并加载到加工设备。这些离线编程方案仍存在人工编程效率低、程序需经常调整等问题，极大限制和降低了机器人应用于钢结构加工的生产效率。

自动化离线编程技术是机器人在建筑钢结构领域发挥关键作用的前提。因此，本研究针对建筑钢构件小批量、非标准的现状，提出了一种高效的离线编程技术方案，开发了离线编程软件的加工数据传递接口、轨迹指令调整、后置处理输出等功能模块，自定义了数字化加工工艺参数，有效地提高了离线编程的操作效率，为实现建筑钢构件加工的智能化提供了新的技术方案。

2. 技术方案

基于PQArt工业机器人离线编程软件为平台进行二次开发，通过加工数据预生成、自动导入及自动后置输出程序等来实现面向建筑钢构件加工应用的自动化离线编程。

2.1 数据预生成

数据获取：通过3D相机对构件进行拍摄，获取构件三维点云数据，确定构件端部以及加工区域的截面点云图像；并通过智能化算法进行滤波处理，剔除无效数据点，形成有效点云图像；按照一定步长进行分段，通过自动归并、迭代计算等方式，最终形成加工截面形状以及角点坐标。

轨迹规划：根据焊接理论值确定相应加工截面的焊缝道数、相应的工艺参数包，以及加工截面的焊接轨迹点坐标和焊接姿态，将轨迹点数据文件自动分发给对应的机器人，结合相应的事件信号，生成完整的加工数据文件。

2.2 数据自动导入

PQArt是我国拥有自主知识产权的工业机器人离线编程软件，该软件支持多品牌机器人，具有复杂零件轨迹快速生成、海量云端资源、支持深度自定义，以及拥有后置代码集成开发环境等特点，可实现3D平台、几何拓扑、特征驱动、自适应求解算法、开放后置、碰撞检测、代码仿真等功能，广泛应用于方案设计、设备选型、集成调试等机器人集成案例。

2.3 自动后置输出

本研究在打通数据运行逻辑和PQArt软件的接口函数的基础上，开发了数据自动化读取Python脚本，可直接对接PQArt离线编程软件接口函数，PQArt软件支持

Python2.7 版本开发，适配了对应的 Python 脚本，实现逻辑数据的翻译和传输，完成数据对接。可通过运行 Python 脚本，导入轨迹点、轨迹段、发送等待信号、工艺参数包等，自动分配至对应机器人执行作业，进行编译、仿真，实现数据准确流转。

2.4 自动化流程

该自动化通用离线编程系统包括：加工数据预生成、数据自动导入、PQArt 工业机器人离线编程软件三大部分。解决传统离线编程方法中轨迹规划和指令建立低效、外部数据导入接口功能不全、操作过程非自动化等问题，打通虚拟工作环境与真实构件的数据链接，实现"轨迹与控制指令预生成""加工数据自动导入"与"加工程序自动编译与后置"集成的自动化离线编程操作。

自动化离线编程采用命令行形式进行执行，将模型文件和后置格式文件保存在指定目录下，隐藏模式打开 PQArt 工业机器人离线编程软件平台，运行 Python 数据读取脚本，主动编译，排除不可达、轴超限、奇异点、碰撞等情况。当存在运行问题时，软件自动弹出提示框，人工进行排查问题，当问题解决后，再次进入"自动化"模式；当运行无报错时，后置输出各机器人程序文件，指导装备实际运行，具体运行流程如图 1 所示。

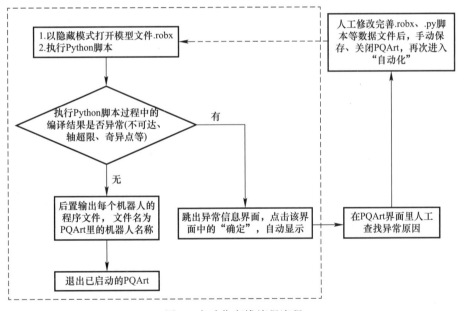

图 1　自动化离线编程流程

3. 应用实例

以钢构件长焊缝机器人焊接工作站为例（图 2），根据建筑钢结构的钢构件形式和特点，选择焊接工作量大、作业时间长、劳动强度高的箱型构件作为目标构件。该智能装备硬件主要包括：焊接机器人、3D 相机、焊机、行走轨道和工控机等；软件主要包括：自主开发的加工数据生成、数据自动化读取脚本、机器人运动程序生成，以及 PQArt 工业机器人离线编程软件等，实现了机器人自动化离线编程。

图2　钢构件长焊缝机器人焊接工作站

3.1　场景搭建

搭建 1∶1 虚拟仿真工作环境（图 3），导入机器人、行走导轨、基座以及 3D 相机等模型，PQArt 软件自带各品牌多型号机器人，同时支持.obj、.robx、.ply 等多种格式文件导入。

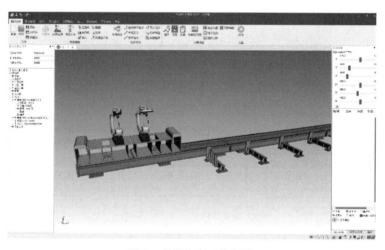

图3　虚拟仿真工作环境

针对机器人，设置六轴运动范围，在法兰上安装工具（包括 3D 相机以及焊枪）；确定世界坐标系与机器人局部坐标系的位置关系；输入工具 TCP 数值，进行三点校准，以及可达性、碰撞检测分析，并根据现场实际作业环境进行模型修正。

3.2　自动化编程

根据加工数据预生成程序，实现构件相关信息的自动生成功能，包括生成焊接点坐标、端部定位、加工端面坡口形状、三维坐标、焊缝轨迹、工艺参数包等加工数据，焊接轨迹数据生成程序如图 4 所示。

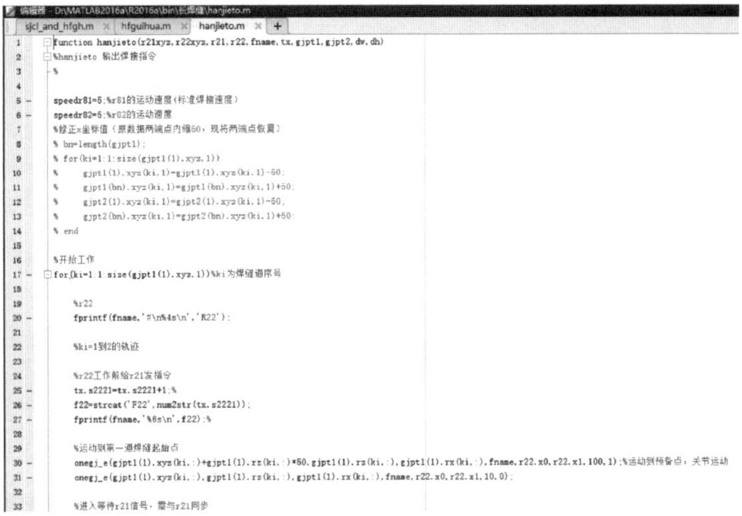

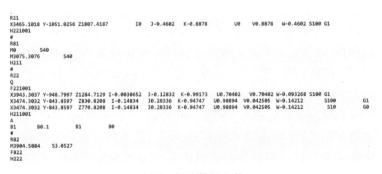

图 4　焊接轨迹数据生成程序

为实现数据一致性，便于数据流转，对轨迹数据格式进行定义，包括机器人编号：R21，R22；动作模式：G0，G1；机器人行走距离：M100；运动速度：S10；工艺事件：A 起弧，B 工艺包，Q 清枪命令等。

对整体坐标系和局部坐标系数据进行转换，自动划分工作面、加工轨迹、装配以及焊接顺序，将数据分配至各机器人单元，包括轨迹点、事件、运动模式等。形成相应的作业代码格式，包括轨迹、信号、指令等数据定义，最终形成焊接数据文件如图 5 所示。

```
R21
X3465.1018 Y-1051.0256 Z1807.4187      I0   J-0.4602 K-0.8878      U0   V0.8878  W-0.4602 S100 G1
H221001
#
R81
M0      S40
M3075.3076      S40
H211
#
R22
Q
F221001
X3943.3037 Y-948.7997 Z1284.7129 I-0.0030652  J-0.12832 K-0.99173  U0.70402  V0.70402 W-0.093268 S100 G1
X3474.3032 Y-843.8597 Z830.8208  I-0.14834  J0.28336 K-0.94747  U0.98894  V0.042505 W-0.14212      S100    G1
X3474.3032 Y-843.8597 Z770.8208  I-0.14834  J0.28336 K-0.94747  U0.98894  V0.042505 W-0.14212      S10     G0
H211001
A
B1      B0.1      B1      B0
#
R82
M3904.5884      S3.0527
F822
H222
```

图 5　焊接数据文件

基于 PQArt 工业机器人离线编程软件平台，开发了适用于建筑钢结构行业的函数接口，可实现针对建筑钢构件的智能装配焊接加工，包括设备运行、轨迹导入、信号传递等，进行全过程仿真模拟。主要形成多个接口函数板块，包括：CEngineInterpreter 解释器模块——用于零件，机构的仿真；CRoPythonEngine 设备模块——修改设备轨迹的速度等参数，模拟虚拟 PLC；CRoPythonPointColl 轨迹特征模块——根据已有的轨迹点再生成一些轨迹点；以及 PQArtSystem 外部运行模块等，部分接口函数如图 6 所示。

运行命令行，执行 Python 脚本自动读取指定目录下的焊接数据文件，分配至各工业机器人，导入轨迹点、轨迹段、信号事件以及工艺包等。

void MoveLine(double x, double y, double z, double Rx, double Ry, double Rz, double Zspeed)

该机构直线运动，x,y,z,Rx,Ry,Rz为欧拉角表示的空间坐标系，Zspeed为运动速度。

void MoveJoint(double dJoint)

该机构关节运动，为一轴设备，dJoint为关节弧度，dSpeed为运动速度。

void MoveJoint2Axis(double dJoint1, double dJoint2)

该机构关节运动，为二轴设备，dJoint1，dJoint2为关节弧度，dSpeed为运动速度。

图 6　二次开发接口函数

在离线编程软件中自动进行校核，通过编译、仿真，对碰撞、不可达、轴超限、奇异点等情况进行检测，并且检查运行过程中的机器人作业和信号传输的准确性，Python 运行脚本如图 7 所示。

```
import UPPython
Engine = UPPython.CRoPythonEngine()
df = open("D:\\c2.txt", "r")
data = df.readlines()  # 读取每行
datas = []  # 创建空list
for dfs in data:
    dfs = dfs.strip()  # 去掉头尾的空格
    dfs = dfs.strip("[]")  # 去掉头尾空格头尾的[]
    datas.append(dfs)  # 将调整过的每一行作为一个元素，加入到datas
i = 0
a = [0, 0, 0, 0, 0, 0, 0, 0, 0, 0, 0]
b = [a] * 5000
number = len(datas)  # 列表datas的元素个数
c = [a] * 5000
while i < number:
    if len(datas[i]) > 0:  # 每行元素的个数
        b[i] = datas[i].split()  # 多空格转化为1个空格
    i = i + 1
while j < number:  # 按首字母读取文件
    if b[j][0][0] == 'A':
        Engine.AddDefineEvent('arcon', 'starting point of welding')
    elif b[j][0] == 'L':
        Engine.AddDefineEvent('release', 'release the stiffener')
    elif b[j][0][0] == 'X':
        for u in range(0, 11):
            c[j][u] = float(b[j][u][1:])  # 遍历数据，[1:]去掉第一位字母，显示数值
        Engine.AddPointByVecXVecZ(c[j][0], c[j][1], c[j][2], c[j][6], c[j][7], c[j][8], c[j][3], c[j][4], c[j][5],c[j][9], int(c[j][10]))
```

图 7　Python 运行脚本

通过 Python 脚本导入数据，在离线编程软件中实现机器人运动路径规划，自动形成机器人可执行程序。可执行文件需工业机器人开放接口进行对接，该环节各品牌机器人仅支持本品牌机器人的数据格式接口，兼容性较差。本项目开发通用后置格式定义，进行后置数据输出，实现了对各品牌机器人数据发送和传输。

采用离线编程方法对焊接机器人作业运动路径进行离线仿真，根据后置格式定义生成机器人等作业代码（图 8），同时该作业代码作为预设运动程序的模板直接嵌入运动控制系统中。

3.3　程序使用

建筑钢构件的自动化加工生产主要包括拍照定位、焊缝焊接、钢板搬运等操作。本项目针对不同的操作步骤，创建了对应的运动程序模板，实现智能柔性化加工。针对不同需求，可自动调度机器人运动控制系统选择相应的运动程序模板，实现机器人运动控制及作业执行，如图 9 所示为焊接程序模板。

主要通过上位机进行数据读取及下发，包括读取各机器人后置文件，其中包括：轨迹点、运动轨迹、事件信号、工艺参数包等信息；通过 PLC 控制进行数据发送，存储至寄存器，进行轨迹点位、运动参数的执行；并调用相应的机器人运动控制程序模板，实现机

器人实际作业运行。

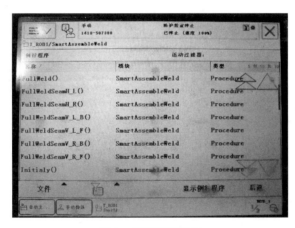

图 8　焊接机器人离线程序代码

图 9　焊接程序模板

4. 结语

面向建筑钢构件加工的机器人自动化离线编程技术彻底打通了现实构件与加工设备之间的数据链接，创造性将"轨迹与指令数据预生成""加工数据自动导入"及"加工程序自动编译与后置"集成于一体，解决了传统离线编程方法中轨迹规划和指令建立低效、外部数据导入接口功能不全、编程操作过程非自动化等问题，为实现建筑钢构件的智能化加工提供了一种新的技术方案，推动了工业机器人在建筑钢结构制造领域中的应用。

参 考 文 献

[1]　李静铮. 工业机器人辅助抛磨叶片离线编程与力控研究 [D]. 太原：太原理工大学，2022.

［2］　陈世超. 六自由度工业机器人离线编程系统的设计与实现［D］. 北京：北京交通大学，2018.

［3］　周军红，高如国，栾公峰，等. 智能化焊接机器人在建筑钢结构行业中的应用［J］. 焊接技术，2020，49（2）：73-75.

［4］　斐杰，李彪，刘立松，等. 焊接机器人在钢结构工程中的应用［C］. 2022年工业建筑学术交流会论文集（下册），2022：473-474＋338.

［5］　李海周. 基于BIM的免示教焊接机器人在钢结构智能建造中的应用［J］. 施工技术（中英文），2023：1-6.

海上风电 PHC 群桩高桩承台基础施工技术研究

葛帆

（中国电建集团核电工程有限公司，山东 济南 250102）

摘　要：海上风能资源丰富，海上风电场不占用宝贵的土地资源，同时海上风力发电具有不需要消耗任何化石燃料、不受地形地貌影响、风速高、单机容量大、年可利用小时数多等优点，发展海上风电已成为全球性趋势。但同时海上风电工程施工难度较大，对工程技术要求更为严苛。本文首先指出了海上风电 PHC 群桩高桩承台基础施工难点，并对海上 PHC 群桩定位及斜桩沉桩、基础支撑体系设计等施工技术进行了研究，使其能够为类似的海上风电工程施工提供一定的参考。

关键词：海上风电；PHC 群桩；高桩承台；施工难点；施工技术

Study on construction technology of PHC pile group high pile cap foundation for offshore wind power

GE Fan

（PowerChina Nuclear Engineering Company Limited，Shandong　Jinan，250102）

Abstract：Offshore wind energy resources are rich，and offshore wind farms do not occupy valuable land resources. Meanwhile，offshore wind power generation offshore wind power generation has advantages such as not requiring the consumption of any fossil fuels，being unaffected by terrain and geography，having high wind speeds，large individual capuaity，and a high number of annual operating hours. The development of offshore wind power has become a global trend. But at the same time，the construction of offshore wind power projects is more difficult，and the requirements for engineering technology are more stringent. This paper first points out the difficulties in the foundation construction of PHC group high pile cap，and research the construction technologies of offshore PHC group pile positioning，inclined batter pile sinking and foundation support system design，so as to provide some reference for similar offshore wind power project construction.

Key words：offshore wind power；PHC group；high pile cap；construction difficulties；construction technology

1. 引言

　　PHC 群桩高桩承台基础主要由 PHC 群桩桩基和承台组成，根据地质条件和施工复杂程度，采用直桩与斜桩组合支护来承受水平荷载。承台与桩顶之间的连接是刚性的，以发挥土与桩之间的相互作用。其优点是刚度较大，稳定性高，结构规整；缺点是工程量大，施工周期长，施工工序多。因此应深入分析 PHC 群桩高桩承台基础施工难点，以总结出更好的施工方案、技术，以提高 PHC 群桩高桩承台基础建设效果。

2. PHC 群桩高桩承台基础施工难点分析

2.1 自然环境复杂

海上自然环境恶劣，常年受大风、海浪、洋流和潮汐的影响。在季风期，海域风力普遍在 6~7 级，某些情况下甚至可达 9~10 级，浪高在 1.5~1.7m 之间，此类自然环境显然无法正常开展海上风电工程施工。另外由于自然环境变化极快，往往在较短的时间内即出现大型灾害，对海上风电工程施工带来了巨大挑战[1-2]。

2.2 施工作业平台狭小

海上施工与陆地施工相比，具有较多的不利因素。由于海上施工地位置位于海面上，仅依靠船只构建起一个狭窄的工作面，缺乏必要的支撑及施工空间。因此，若要在海上开展大规模工程施工，具有极大的难度。

2.3 PHC 群桩准确定位、斜桩沉桩难度大

受潮汐变化影响，海水深度变化幅度较大，造成施工船航行困难和可通行时间短，且受季风、海浪、涌浪影响，常规船桩架导向沉桩不适合海上风电 PHC 群桩施工，而仅能通过桩锤吊打，PHC 群桩分布较为分散，部分桩身位于海水面以下，无法采用传统方法进行桩体定位及沉桩过程中的垂直度观测，PHC 沉桩施工过程中存在 PHC 群桩需准确定位、斜桩沉桩困难等问题。

2.4 施工工序多且复杂

PHC 群桩高桩承台基础施工包含群桩沉桩、基础支撑体系施工、J 型管安装、锚栓笼安装、基础内部各类埋管、接地扁铁安装、钢筋安装、混凝土浇筑、靠泊装置安装等多道工序，各工序间相互关联，受海上自然恶劣环境影响，施工窗口期短，为避免错误施工，返工显得尤为重要，如何保证各工序在施工窗口期有效衔接较为困难。

2.5 基础支撑体系设计难度大

海洋环境耐蚀性高，海上施工环境复杂多变，还面临着台风、巨浪等极端条件的威胁，基础支撑结构的安全、可靠、耐久是保证基础安全施工的关键环节。与陆地上不同，海上风电基础支撑体系设计必须考虑全面，无薄弱支撑节点，施工中必须一次成型，保障支撑体系的安全可靠。

2.6 锚栓笼海上组装周期长，风险性高

海上风电的锚栓笼尺寸较陆上风电庞大，常见海上风电配套锚栓笼的水平方向直径超过 8m，由两百余组锚栓组件，上、下锚板，调平结构组成。为了保证施工精度，施工相对复杂，在施工中会耗费大量工时进行锚栓笼组对。通常做法是锚栓笼按部件分别运输到机位点进行组装。在海上风电高桩承台基础施工过程中，通常会遇到两个问题，一是由于施工工艺或措施不得当，造成锚板的水平度、标高等超标；二是组装费时，海上施工受天

气影响很大，窗口期短，天气恶劣时，按相关安全制度要求停工，海上施工作业环境复杂，且安装人员在锚盘工作面上高空作业，危险性较大[3]。

3. PHC 群桩高桩承台基础施工技术研究

3.1 基于 BIM 的承台施工动态模拟技术

海上风电高桩承台基础施工工序多且复杂，基础底部支撑结构必须准确布置避开 J 型管，靠泊装置斜撑位置基础内预埋管多，锚栓笼处钢筋密集，易产生位置冲突，传统的二维平面施工管理手段目前已不能满足精细化管理的要求。

3.1.1 实施过程

根据设计图纸及相关方案资料，利用 BIM 技术完成 PHC 群桩高桩承台基础施工三维建模，包括基础支撑体系、底部模板安装、J 型管安装等三维模拟，建立 PHC 群桩高桩承台基础施工过程动态模拟模型。

3.1.2 实施效果

BIM 技术能生动形象地展现基础底部支撑体系的桩头抱箍、型钢分布布置细节，展现 J 型管、锚栓笼及钢筋安装细节，解决施工过程中底部支撑体系桩头抱箍、型钢准确布置、J 型管与底部模板预留孔位置确定、锚栓笼与钢筋、基础埋管位置冲突的技术问题，加强对复杂工序的可控性，梳理了作业逻辑关系、推演窗口期作业时间，提高了施工方案的可行性、工作衔接效率，解决了海上风电施工作业效率低的难题，降低了海上施工作业风险。BIM 三维模拟关键工序如图 1～图 4 所示。

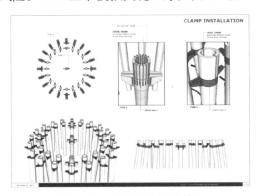

图 1　桩头抱箍分布三维模拟

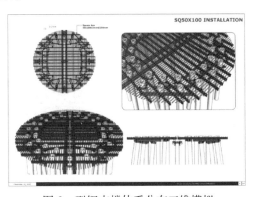

图 2　型钢支撑体系分布三维模拟

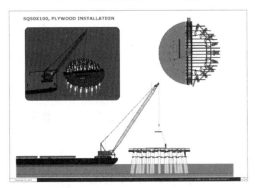

图 3　底部模板安装三维模拟

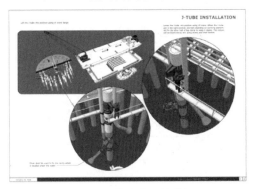

图 4　J 型管安装三维模拟

3.2 PHC 群桩定位及斜桩沉桩技术

3.2.1 实施过程

群桩专用定位导向架及斜桩沉桩辅助装置，主要包括 4 根钢管桩定位桩、上、下两层型钢组成的定位架和桩体定位限位架。定位桩包括 4 根长度 30～35m D660mm 钢管桩，定位架包括上、下两层操作平台，采用 H400mm×400mm×18mm 型钢焊接在定位桩上，限位架由 H300mm×300mm 型钢及 H200mm×200mm 型钢组成，与上、下定位架之间通过螺栓连接。对于直桩，利用 GPS-RTK 卫星定位系统调整限位架位置与 PHC 桩位重合；对于斜桩，根据斜率调整上、下层限位架的相对位置，起吊 PHC 桩插入导向架内，进行锤击沉桩，以此依次进行群桩沉桩施工。

（1）施工准备

准备 4 根长度 30～35m D660mm 的钢管，H400mm×400mm×18mm 型钢，H300mm×300mm 型钢及 H200mm×200mm 型钢若干。

（2）PHC 群桩专用导向架设计、施工

首先在四角沉入 4 根长度 30～35m D660mm 钢管桩作为定位桩；其次施工上、下两层定位架，采用 H400mm×400mm×18mm 型钢焊接在定位桩上；最后施工限位架，限位架由 H300mm×300mm 型钢及 H200mm×200mm 型钢组成，与上、下定位架之间通过螺栓连接，导向架示意图如图 5 所示。

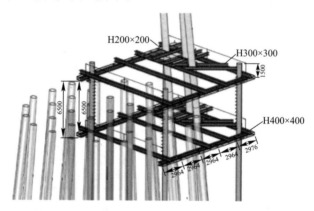

图 5　导向架示意图（单位：mm）

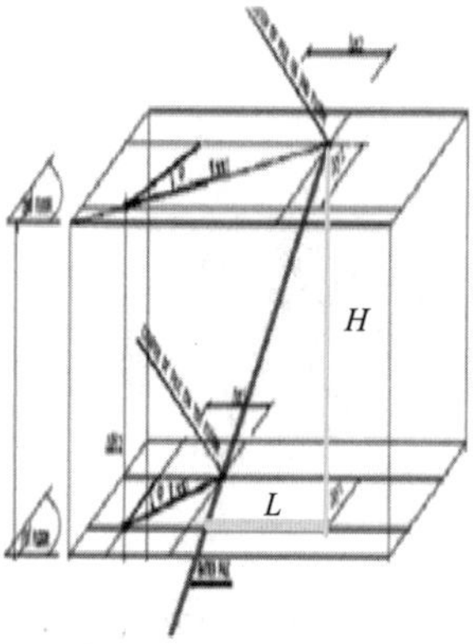

（3）直桩、斜桩定位施工

对于直桩，利用 GPS-RTK 卫星定位系统调整限位架位置与 PHC 桩位重合进行直桩定位。对于斜桩，根据斜桩斜率利用 GPS-RTK 卫星定位系统调整上、下层限位架的相对位置，使上、下层限位架相对水平距离 L 与定位架上、下层垂直距离 H 的比值等于斜率比值，进行斜桩定位，斜桩定位示意图如图 6 所示。

（4）锤击沉桩施工

沉桩按照先内后外、相邻内外圈桩交替沉桩的顺序进行。起吊第一节 PHC 桩插入导向架内，调整锤头与桩头始终保持

图 6　斜桩定位示意图

直线，第一节桩沉桩至下层定位架上方 1m 高度时，起吊第二节 PHC 桩插入导向架内与第一节桩进行接桩焊接。焊接接头采用 SMAW 和 GMAW 工艺，接头采用 V 形坡口对接焊缝，V 形倒角在进行焊接前要用钢刷进行清理，接桩时上下节桩应对中，保持顺直。坡口内多层满焊，每层焊接接头要错开，桩接头焊接好后进行外观及 MT 检测合格后经自然冷却，方可继续沉桩，达到设计桩顶标高或设计要求贯入度后停止沉桩。

3.2.2 实施效果

通过 PHC 群桩专用定位导向架及斜桩沉桩辅助装置并结合 GPS 定位系统，对 PHC 群桩的垂直桩、斜桩精确布设，同时稳固沉桩期间桩体的垂直度。该装置操作简单、实用性强，有效保证了沉桩质量、桩体位置及标高准确性，提高了沉桩质量和施工效率。

3.3 基于有限元模拟的承台支撑结构体系设计模型技术

3.3.1 实施过程

根据既往施工经验总结，海上风电 PHC 群桩高桩承台基础底部支撑结构由桩头抱箍和型钢支撑组成，两片桩头抱箍与 PHC 工程桩通过连接螺栓及 U 形钢筋加固牢靠，型钢结构搭设在抱箍两侧，底部模板铺设在型钢结构上，构成整个基础底部支撑结构体系平台。形成承台基础荷载传递至型钢支撑结构、型钢支撑结构传递至桩头抱箍、桩头抱箍传递至 PHC 桩基的受力体系，从而进行高桩承台基础施工。

（1）通过 Midas Civil 有限元软件，建立有限元模型

模拟分析不同布置方案，选用不同型号型钢等参数下底部支撑结构的受力状态，通过比较相关参数，优化设计底部支撑结构体系方案，满足安全、可靠、耐久的同时更具实用性。

（2）不同方案有限元受力状态模拟

建立不同参数选用下底部支撑结构体系的有限元模拟分析模型。不同方案下桩头抱箍有限元受力状态模拟图如图 7 所示，不同方案下型钢支撑有限元受力状态模拟图如图 8 所示。

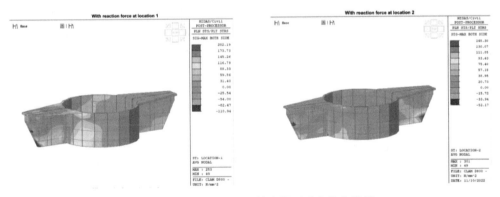

图 7　不同方案下桩头抱箍有限元受力状态模拟

（3）对比分析，确定优化方案后加工制作支撑结构

根据设计图加工制作桩头抱箍，桩头抱箍设计如图 9 所示。根据设计方案采购 I400、I350 型钢，$50mm \times 100mm \times 2mm$ 钢方管。

（4）底部支撑结构安装

首先确定基础底面标高并定位底部支撑结构安装标高，然后在定位的水平处安装抱

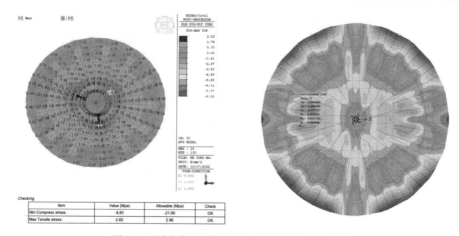

图8 不同方案下型钢支撑有限元受力状态模拟

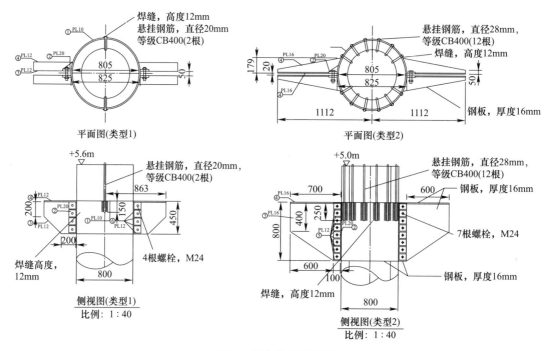

图9 桩头抱箍设计图

箍。将两片环形抱箍紧固在直径800mm的桩上，用M24螺栓紧固两片抱箍。将抱箍固定在PHC桩上后，将I400型钢吊装到抱箍上，并将I400型钢焊接在环形抱箍两侧支撑上。将I350型钢安装到I400型钢上，通过焊接固定。固定好I350型钢支撑骨架系统后，将50mm×100mm×2mm钢方管按间距250mm均匀布置于I350型钢上。最终将木模板固定在50mm×100mm×2mm钢方管上，形成"桩头抱箍＋型钢支撑"的基础底部支撑结构平台。"桩头抱箍＋型钢支撑"底部支撑结构如图10所示。

3.3.2 实施效果

通过有限元软件模拟分析，优化设计了高桩承台风机基础模板支撑体系，该支撑结构体系施工简便，工艺成熟可靠，保障了支撑体系安全、可靠、耐久的同时更具实用性。

图 10　"桩头抱箍＋型钢支撑"底部支撑结构

3.4　锚栓笼组合件预组装及快速精准就位技术

3.4.1　实施过程

（1）研制锚栓笼快速就位装置

井字梁框架结构的锚栓笼快速就位装置包括搬运吊具、连接装置、固定支撑结构。搬运吊具：用于配合吊车起吊锚栓笼，将锚栓笼从码头搬运到运输船上，同时还可以将锚栓笼从运输船只卸货到机位准确位置；连接装置：用于连接搬运吊具和锚栓笼的连接部件；固定支撑结构：用于对锚栓笼全方面固定、限位，以防止变形，通过在码头预组装锚栓笼再船运到机位点，直接起吊至指定基础位置，极大缩短整个施工周期。

（2）锚栓笼快速就位装置制作

锚栓笼快速就位装置如图 11 所示。

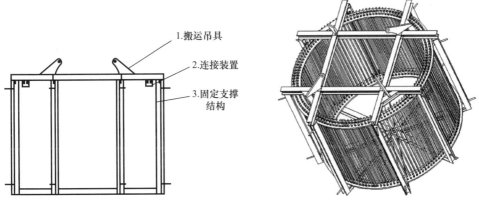

1.搬运吊具

2.连接装置

3.固定支撑结构

图 11　锚栓笼快速就位装置

（3）锚栓笼整体预组装及快速就位施工

将固定支撑结构安置于码头，直接在其上组装锚栓笼；在码头整体预组装锚栓笼后，采用吊车将搬运吊具移动到锚栓笼上方，用螺栓与连接装置相连接，每个连接装置下方有 2 个孔，用于连接到锚栓笼的锚杆上。组装完毕后，用吊带连接吊车吊钩及搬运吊具吊点，整体起吊到运输船只上，运输至机位点后直接起吊至基础锚栓笼定位位置。

3.4.2 实施效果

采用本方案与常规现场施工方案工期对比见表1。

工 期 对 比　　　　　　　　　　　　　　表 1

锚栓笼组装方案类别	常规方案	预组装整体吊装方案
施工地点	全程在机位点施工	码头组装，机位点固定即可
施工工时	3d	1d

码头预组装后通过专用组合工装固定，满足运输及吊装要求，通过固定支撑结构对锚栓笼全方面固定、限位，防止变形，实现了锚栓笼的整体快速准确就位。

4. 结语

由于海上风电施工普遍具有较高的难度，所以在工程中应对施工海域的自然状况进行深入了解，分析施工中的技术难点，根据施工海域的自然状况，选择最为合适的沉桩方法、基础支撑体系、锚栓笼施工工艺，并应学习应用先进的施工管理手段，提高海上作业的安全性、工程质量及施工效率，从而为类似的海上风电工程施工提供宝贵的参考资料。

参 考 文 献

[1] 韩宁宁. 海上风电施工方案及难点问题探讨 [J]. 工程经济，2018，28（12）：33-36.

[2] 姜浩杰. 浅谈海上风电施工管理 [J]. 建筑技术研究，2021，4（3）：121-122.

[3] 刘晋超. 海上风电施工窗口期对施工的重要性 [J]. 南方能源建设，2019，6（2）：16-18.

垃圾电厂垃圾池耐腐蚀型环氧树脂混凝土关键技术研究

郝宏军，刘双，周元庆，孙贺

（1. 中国电建集团核电工程有限公司，山东 济南 250100；

2. 山东电建建设集团有限公司，山东 济南 250100）

摘 要：垃圾池是垃圾电厂的重要组成部分，所接触的环境恶劣，池内垃圾腐蚀性很强。池体混凝土经常因垃圾腐蚀遭到破坏，严重污染周围环境。为了加强垃圾池耐腐蚀能力，我们针对目前的防腐工艺进行了分析，提出研究一种新型耐腐蚀混凝土，满足垃圾池耐腐蚀需求，为今后同类工程提供参考。

关键词：垃圾池；耐腐蚀；环氧树脂混凝土

Study on the key technology of corrosion-resistant epoxy concrete for the rubbish bin pond of refuse power plant

HAO Hongjun，LIU Shuang，ZHOU Yuanqing，SUN He

（1. China Power Construction Group Nuclear Power Engineering Co. ，Ltd. ，
Shandong Jinan 250100；2. Shandong Electric Power Construction Group
Co. ，Ltd. ，Shandong Jinan 250100）

Abstract：Garbage pond is an important part of garbage power plant，its environment is bad，the garbage in the pond is very corrosive. In order to strengthen the anti-corrosion ability of the garbage pond, we analyzed the current anti-corrosion technology, a new type of corrosion-resistant concrete is put forward to meet the need of corrosion-resistant garbage pond, which can provide reference for similar projects in the future.

Key words：The rubbish bin；corrosion resistance；epoxy concrete

1. 现状分析

生活垃圾在垃圾池中发酵、分解，对垃圾池体产生了氯离子腐蚀、硫酸盐腐蚀等多种腐蚀，腐蚀机理涉及物理、化学多个领域。

目前，对垃圾池的防腐措施多数为对混凝土表面进行防护，阻止酸、盐等腐蚀介质向混凝土内部渗入，延缓和防止混凝土的碳化与钢筋锈蚀，防腐材料主要有渗透剂、涂料、混凝土阻锈剂三大类。下面对这三种防腐蚀措施的优缺点进行分析。

1.1 渗透剂防腐蚀

优点：渗透剂有极好的附着力，渗透力极强，干燥快，耐磨性强，并有很好的抗化学

性及耐水性。渗透剂通过有效渗透，与混凝土中的钙离子、镁离子发生化学作用，使混凝土固化成一个坚固实体，反应后生成的晶体有效填补混凝土中各大小细孔，使混凝土形成一个密实的整体，从而提高混凝土的耐磨性、抗压性、密实性和抗渗性。

缺点：混凝土渗透剂种类众多，按应用pH值范围分类，有耐强碱性渗透剂、耐弱碱性渗透剂、近中性用渗透剂、弱酸性用渗透剂、耐强酸性渗透剂等多个品种。其自身就有腐蚀性，不利于混凝土的耐久性。

渗透剂在混凝土表面使用，渗透厚度仅为8～10mm，经过垃圾长期侵蚀，防腐蚀系数下降，渗透剂防护层失去了防腐蚀作用，池体遭受破坏，环境造成污染。

1.2 涂料防腐蚀

优点：防腐层所用涂料品种众多，有聚脲涂料、环氧树脂涂料、聚氨酯涂料、丙烯酸树脂涂料等等。防腐涂料有极好的附着力，具有耐湿气、耐碱、耐酸、耐磨、抗碳化等作用。

缺点：涂料喷涂工艺要求高，涂料层厚度不均匀，影响混凝土的防腐蚀效果。涂料层经常出现针孔、起泡、粉化等现象，导致涂料层脱落，造成环境污染。防腐层在垃圾运输车卸料、机械翻堆，垃圾抓斗操作过程中，受到机械撞击与摩擦，致使池体表面的防腐层磨损严重，造成垃圾池池体破坏，环境污染。

1.3 混凝土阻锈剂

优点：阻锈剂直接与界面发生化学反应，使钢筋表面形成氧化铁的钝化膜，或者吸附在钢筋表面形成阻碍层，有效地防止了混凝土中钢筋的锈蚀。

缺点：仅在钢筋表面形成阻碍层，无法阻止氯离子、酸碱盐等腐蚀介质对混凝土的破坏。

通过以上分析，得出结论，必须加强混凝土自身的耐腐蚀能力，不能单靠防腐层的防护。

2. 耐腐蚀型环氧树脂混凝土原材料的选择

2.1 水泥

进行硫酸盐侵蚀试验，择优选择水泥品种，见表1。

各种水泥硫酸盐侵蚀试验数据对比分析表 表1

水泥品种	标养/d	容器内水温度/7d	硫酸盐侵蚀液温度/水温	pH值	水中试件抗折强度/MPa	侵蚀液中试件抗折强度/MPa	耐腐蚀系数
标准值	28	50±1℃	20±1℃	7.0左右	—	—	—
		20±1℃					
普通硅酸盐水泥42.5	28	50.2/7d	20.4/20.1	7.3	6.92	5.91	85
	28	50.5/7d	20.6/20.3	6.9	7.25	6.55	90
	28	49.9/7d	20.8/20.2	7.6	6.83	5.72	84
抗硫酸盐水泥42.5	28	50.7/7d	20.5/20.3	7.4	7.90	6.87	87
	28	49.5/7d	20.8/20.5	7.3	8.41	7.74	92
	28	50.3/7d	20.1/20.4	7.1	8.25	7.76	94

续表

水泥品种	标养/d	容器内水温度/7d	硫酸盐侵蚀液温度/水温	pH 值	水中试件抗折强度/MPa	侵蚀液中试件抗折强度/MPa	耐腐蚀系数
铝酸盐水泥 CA50	28	20.4/7d	20.6/20.2	7.6	14.22	12.80	90
	28	20.6/7d	20.2/20.5	7.5	13.86	13.17	95
	28	20.1/7d	20.7/20.2	7.2	14.05	11.66	83
依据标准	《水泥抗硫酸盐侵蚀试验方法》GB/T 749—2008[1]						

结论：经检验对比，三种水泥耐腐蚀系数均满足标准要求，但是《混凝土结构耐久性设计标准》GB/T 50476—2019[2] 中 B.1.5 规定，氯化物环境下不宜使用抗硫酸盐水泥，又因为铝酸盐水泥价格昂贵，因此选择普通硅酸盐水泥。

普通硅酸盐水泥进行常规检测，水泥试验数据分析见表2。

水泥试验数据分析表　　　　　　　　　　　　表 2

水泥品种	抗压强度/MPa		抗折强度/MPa		凝结时间/min		安定性	比表面积/（m²/kg）	烧失量
	3d	28d	3d	28d	初凝	终凝	沸煮法	≥280	≤3%
标准值	≥17	≥42.5	≥3.5	≥6.5	≥45	≤600	合格		
实测值 1	24.7	46.9	4.9	8.0	225	302	合格	350	2.1
实测值 2	22.4	45.1	5.1	8.4	215	293	合格	375	2.5
实测值 3	23.8	46.7	5.5	8.3	204	277	合格	365	2.0
实测值 4	25.5	47.3	4.7	8.8	230	315	合格	370	1.8
依据标准	《通用硅酸盐水泥》GB 175—2007[3]《水泥胶砂强度检验方法（ISO 法）》GB/T 17671—2021[4]《水泥标准稠度用水量、凝结时间、安定性检验方法》GB 1346—2011[5]《水泥比表面积测定方法　勃氏法》GB/T 8074—2008[6]								

结论：经试验，该普通硅酸盐水泥所检项目均符合标准技术要求。

2.2　砂

根据砂的特性，对以下三个品种的砂进行分析，择优选择，见表3。

各种砂优缺点分析表　　　　　　　　　　　　表 3

砂名称	适用性	缺点
河砂	颗粒均匀、耐磨、耐腐蚀、成本低	暂无
金刚砂	耐磨、耐腐蚀、环保、耐高温	抗渗性差、价格高
石英砂	密度大、耐腐蚀、耐火、膨胀系数低	长期侵蚀强度降低、磨损率高、价格高

结论：通过分析，虽然金刚砂、石英砂耐磨、耐腐蚀，但是价格较高、抗渗性差。因此，选择颗粒均匀、耐腐蚀、成本低的河砂。

河砂进行常规检测，河砂试验数据分析见表4。

结论：经检验，所检项目均符合标准技术要求，符合二区中砂的技术要求。

2.3　碎石

根据碎石的特性，对以下三个品种的碎石优缺点进行分析，择优选择，见表5。

河砂试验数据分析表 表4

公称粒径		5mm	2.5mm	1.25mm	630μm	315μm	160μm
累计筛余/%	一区	0~10	5~35	35~65	71~85	80~95	90~100
	二区	0~10	0~25	10~50	41~70	70~92	90~100
	三区	0~10	0~15	0~25	16~40	55~85	90~100
实际累计筛余/%		3	19	31	52	85	99
含泥量/%			泥块含量/%			细度模数	
标准值	≤3.0		标准值	≤1.0		2.8	
实测值	2.1		实测值	0.2			
依据标准		《普通混凝土用砂、石质量及检验方法标准（附条文说明）》JGJ 52—2006[7]					

各种碎石优缺点分析表 表5

碎石名称	适用性	缺点	成本
花岗岩碎石	花岗岩质地坚硬致密、强度高、抗风化、耐腐蚀、耐磨损、吸水性差	价格昂贵、脆性大、压碎值偏高、针片状多	120元/t
玄武岩碎石	抗压性强、压碎值低、抗腐蚀性强、粘附性高、耐磨、隔声隔热	表面有气孔	110元/t
沉积岩碎石	耐风化、吸水性好、价格低、	易侵蚀、脆性大	100元/t

结论：通过分析，虽然花岗岩强度高、耐腐蚀，沉积岩耐风化，但是它们脆性大，压碎值偏高。因此，选用耐磨、耐腐蚀、强度高的玄武岩碎石。

碎石进行常规检测，碎石试验数据分析见表6。

碎石试验数据分析表 表6

方孔筛筛孔边长尺寸		37.5mm	31.5mm	19.0mm	9.50mm	4.75mm	2.36mm
累计筛余/%		0	0~5	15~45	70~90	90~100	95~100
实际累计筛余/%		0	3	38	79	93	99
含泥量/%			泥块含量/%		压碎指标/%		针片状含量/%
标准值	≤1.0		标准值	≤0.5	标准值	≤25	标准值	≤15
实测值	0.5		实测值	0.2	实测值	12	实测值	4
依据标准		《普通混凝土用砂、石质量及检验方法标准（附条文说明）》JGJ 52—2006[7]					

结论：玄武岩碎石所检项目符合标准技术要求，颗粒级配符合5~31.5mm连续粒级要求。

2.4 掺合料

根据掺合料的特性，对以下三种的掺合料优缺点进行分析，择优选择，见表7。

结论：通过对比分析，虽然矿粉具有耐磨、耐腐蚀性，但是容易导致混凝土离析、泌水，不宜泵送。而硅粉耐磨、耐腐蚀、抗渗性强，粉煤灰具有改善混凝土和易性、提高混凝土耐久性、强度等优点。因此，初步设定进行粉煤灰与硅粉双掺。

粉煤灰进行常规检测，粉煤灰试验数据分析见表8。

掺合料优缺点对比分析表 表7

名称	适用性	缺点
粉煤灰	1. 代替部分水泥； 2. 减少了用水量； 3. 改善了混凝土拌合物的和易性； 4. 增强混凝土的可泵性； 5. 减少了混凝土的徐变； 6. 减少水化热、热能膨胀性； 7. 提高混凝土的耐久性	劣质粉煤灰易导致混凝土强度不足，劣质粉煤灰需水量大、易泌水
硅粉	提高水泥浆与骨料的粘结性，降低水化热，提高混凝土强度、抗渗性、耐磨性、耐腐蚀性、抗冻性	吸水率大、黏稠
矿粉	1. 密实混凝土； 2. 提高混凝土强度； 3. 减少水化热； 4. 提高混凝土抗冻性、抗渗性、耐腐蚀性	1. 掺加过多，会导致混凝土黏稠，不宜泵送； 2. 易导致混凝土离析、泌水，凝结时间延长

粉煤灰试验数据分析表 表8

技术要求 批次	细度/%		需水量比/%		烧失量/%		密度/(g/cm³)		含水量/%	
	Ⅰ级	Ⅱ级	Ⅰ级	Ⅱ级	Ⅰ级	Ⅱ级	Ⅰ级	Ⅱ级	Ⅰ级	Ⅱ级
	≤12	≤30	≤95	≤105	≤5.0	≤8.0	≤2.6		≤1.0	
实测值1	22.5		101		7.2		2.2		0.2	
实测值2	20.5		100		6.5		2.0		0.2	
依据标准	《用于水泥和混凝土中的粉煤灰》GB/T 1596—2017[8] 《水泥密度测定方法》GB/T 208—2014[9] 《水泥化学分析方法》GB/T 176—2017[10]									

结论：经检验，所检项目均符合Ⅱ级粉煤灰标准要求。

硅粉进行常规检测，硅粉试验分析见表9。

硅粉试验分析表 表9

试验项目	标准值/%	硅粉实测值/%
含水率	≤3.0	1.1
烧失量/%	≤4.0	2.8
需水量比	≤125	120
依据标准	《砂浆与混凝土用硅灰》GB/T 27690—2011[11] 《水泥化学分析方法》GB/T 176—2017[10] 《高强高性能混凝土用矿物外加剂》GB/T 18736—2017[12]	

结论：经检验，所检项目符合标准技术要求。

2.5 外加剂

对比分析各种外加剂的优缺点，择优选择，见表10。

外加剂优缺点对比分析表 表 10

名称	优点	缺点
奈系减水剂	适应性强、改善混凝土和易性、提高混凝土强度、价格便宜	减水率一般、坍落度损失快、易结晶
复合型聚羧酸减水剂	掺量低、减水率高、耐腐蚀、保持坍落度性能好、改善混凝土和易性，复合性能好	对机制砂敏感、保质期短
阻锈减水剂	掺量低、减水率高、保持坍落度性能好、改善混凝土和易性、阻止锈蚀	仅在钢筋表层产生膜，阻止钢筋锈蚀，对混凝土本身耐腐蚀无意义，性能单一

结论：通过对比分析，奈系外加剂坍落度损失快、阻锈剂性能单一。因此选择复合型聚羧酸减水剂作为耐腐蚀混凝土的材料。

复合型聚羧酸减水剂进行常规检测，外加剂试验数据对比分析见表 11。

外加剂试验数据对比分析表 表 11

名称		减水率	凝结时间差	坍落度 1h 经时变化量	抗压强度比/%			密度		pH 值	含固量
					3d	7d	28d	>1.1	≤1.1		
复合型聚羧酸	标准值	≥25%	−90～+120min	≤60mm	90	90	100	±0.03	±0.02	—	—
	测试值	31%	105min	30mm	92	110	140	1.07		6	1.04
依据标准	《混凝土外加剂》GB 8076—2008[13]《普通混凝土拌合物性能试验方法标准》GB/T 50080—2016[14]										

结论：经检验，所检项目符合标准技术要求。

2.6 胶结材料

分析油性、水性环氧树脂的优缺点，择优选择，见表 12。

胶结材料优缺点对比分析表 表 12

名称	优点	缺点
油性环氧树脂	附着力强、强度高、耐候性好、耐腐蚀性好	不溶于水，环保性、柔韧性差，对工作面质量要求高
水性环氧树脂	适应性强，黏聚性、耐腐蚀性好，提高拌合物的强度、抗渗性、抗冻性	喷涂时易产生锁孔

结论：油性环氧树脂与水性环氧树脂都具有较好的耐腐蚀性与抗渗性，但是油性环氧树脂不溶于水、柔韧性差，对工作面质量要求高。因此我们选择水性环氧树脂。

3. 最佳混凝土配合比确定

3.1 配合比设计

利用正交法，从胶凝材料总量、砂率、外加剂用量、掺合料掺量四个要素中找到最优水平组合，见表 13。

配合比参数设计表　　　　表 13

依据标准公式及规范数据	水胶比计算公式	标准 B.2.4	标准 3.0.5	标准 2.1.7	标准 B.2.10
	$W/B=\alpha_a f_b / f_{cu.0} + \alpha_a \alpha_a f_b$	坍落度 70～90mm，用水量 205kg 左右	粉煤灰替代水泥最大限量为 30%	硅粉最大掺量 10%	选取砂率 42% 左右
序号	胶凝材料总量	砂率	外加剂用量	掺合料掺量	
1	A1：410kg	B1：40%	C1：2.0%	D1：26%	
2	A2：430kg	B2：42%	C2：2.2%	D2：28%	
3	A3：450kg	B3：44%	C3：2.4%	D3：30%	
依据标准	《普通混凝土配合比设计规程》JGJ 55—2011[15]				

3.2　经过试配，获得最佳配合比

通过试配，新拌混凝土出现抓底、速凝、离析、保水性差等现象，我们利用提高砂率和掺合料用量、调整外加剂成分和胶结材料比例、降低水胶比等方法，最终获得最佳配合比，见表14。

调整配合比后混凝土试拌结果分析统计表　　　　表 14

编号	水胶比/%	砂率/%	水泥用量/kg	粉煤灰/kg	硅粉/kg	外加剂/kg	胶结材料/kg	和易性
2	0.44	40	344	69	17	9.5	17	一般
3	0.42	40	346	83	21	10.1	18	差
4	0.42	42	316	75	19	9.8	18	离析
5	0.44	42	318	90	22	8.6	16	离析
6	0.40	42	360	72	18	9.9	17	良好
7	0.44	44	328	66	16	9.0	17	较好
8	0.40	44	331	79	20	10.3	18	黏稠
9	0.42	44	333	94	23	9.0	16	离析
依据标准	《普通混凝土配合比设计规程》JGJ 55—2011[15]							

结论：通过试配数据分析得出，6号配合比和易性良好，确定为最佳配合比。

4. 实施验证

4.1　混凝土强度试验

标准养护28d进行抗压试验，对抗压强度值进行统计，见表15。

混凝土抗压强度数据表　　　　表 15

计量单位：N/mm²									数量：$n=54$	
42.5	43.6	41.2	40.9	39.3	40.1	41.8	41.9	41.6	40.3	41.5
42.8	42.6	43.7	41.3	41.5	39.5	42.6	41.7	41.8	43.5	44.5
40.2	40.8	40.7	41.9	40.3	41.4	39.9	38.8	42.3	40.4	42.9
42.7	39.6	42.2	44.6	42.4	40.2	42.3	42.1	44.7	43.1	41.2
41.3	42.8	39.7	41.7	40.3	38.5	41.5	43.4	41.1	44.2	
平均值：$X=41.8$						标准偏差值=1.7				

结论：所检强度均满足 C35 设计强度要求，依据标准为《混凝土强度检验评定标准》GB 50107—2010[16] 的规定。

4.2 混凝土抗渗试验

4.2.1 试验

混凝土抗渗试验数据统计见表 16。

混凝土抗渗试验数据统计表　　　　　　　　　　表 16

序号	标养/d	密封	开始水压 /MPa	逐渐升压 0.1MPa/8h	停止水压 /MPa	渗水情况	结论
标准值	28−1	石蜡密封	0.1	72h	0.9	≤2 个	等级
1	晾干	密封	0.1	72h	0.9	0 个	满足 P8 级
2	晾干	密封	0.1	72h	0.9	0 个	满足 P8 级
3	晾干	密封	0.1	72h	0.9	0 个	满足 P8 级
4	晾干	密封	0.1	72h	0.9	0 个	满足 P8 级
5	晾干	密封	0.1	72h	0.9	0 个	满足 P8 级
6	晾干	密封	0.1	72h	0.9	0 个	满足 P8 级
依据标准	《普通混凝土长期性能和耐久性试验方法标准》GB/T 50082—2009[17]						

4.2.2 分析

依据标准《地下工程防水技术规范》GB 50108—2008[18] 中第 4.1.4 条规定：工程深度 10m≤H<20m，设计抗渗等级（表 17）为 P8 级，本次研究的混凝土抗渗等级达到 P9 级，具有良好的抗渗性能，适用于当前环境中。

混凝土设计抗渗等级　　　　　　　　　　表 17

工程深度 H/m	$H<10$	$10≤H<20$	$20≤H<30$	$H≥30$
设计抗渗等级	P6	P8	P10	P12
参考标准	《地下工程防水技术规范》GB 50108—2008[18]			

4.3 混凝土抗硫酸盐侵蚀试验

4.3.1 试验

根据浸泡后试块的强度与同龄期标准养护的试块强度之比，计算出耐腐蚀系数，做好统计，见表 18。

混凝土抗硫酸盐侵蚀试验数据统计表　　　　　　　　　　表 18

序号	标养/d	48h 烘箱温度 /℃	浸泡时间 /h	溶液温度 /℃	6h 烘箱温度 /℃	2h 温度降至 /℃	次数	耐腐蚀 系数
标准值	28−2	80±5	15±0.5	25～30	80±5	25～30	120	≥75%
1	26	82	15	27	83	27	120	94%
2	26	82	15	27	83	26	120	93%
3	26	82	15	27	83	27	120	95%

续表

序号	标养/d	48h烘箱温度/℃	浸泡时间/h	溶液温度/℃	6h烘箱温度/℃	2h温度降至/℃	次数	耐腐蚀系数
4	26	83	15	26	80	28	120	95%
5	26	83	15	26	80	27	120	93%
6	26	83	15	26	81	26	120	95%
依据标准	《普通混凝土长期性能和耐久性试验方法标准》GB/T 50082—2009[17]							

结论：经检验，所检项目符合HS120等级标准技术要求。

4.3.2 分析

依据标准《混凝土质量控制标准》GB 50164—2011[19] 中第3.3.2条规定"一般而言，抗硫酸盐等级为KS120的混凝土具有较好的抗硫酸盐侵蚀性能，抗硫酸盐等级为KS150的混凝土具有优异的抗硫酸盐侵蚀性能"，得出结论：本次研究的混凝土达到KS120级，具有好的耐久性，适用于腐蚀环境中。

4.4 混凝土抗氯离子渗透试验

4.4.1 试验

混凝土抗氯离子渗透试验数据统计见表19。

混凝土抗氯离子渗透试验数据统计表　　表 19

序号	标养/d	试件尺寸/mm	试验温度/℃	真空泵常压后时间/h	电通量值/C	评定
标准值	28	100×50	20～25	18±2	<1000	等级
1	28	100.6×50.2	22	19	927	Q—Ⅳ
2	28	100.2×50.4	22	19	965	Q—Ⅳ
3	28	100.1×50.0	22	19	949	Q—Ⅳ
4	28	99.9×50.5	21	18	912	Q—Ⅳ
5	28	100.3×50.7	21	18	936	Q—Ⅳ
6	28	100.0×50.3	21	18	921	Q—Ⅳ
依据标准	《普通混凝土长期性能和耐久性试验方法标准》GB/T 50082—2009[17]《混凝土耐久性检验评定标准》JGJ/T 193—2009[20]					

结论：经检验，所检项目符合Q—Ⅳ等级标准要求。

4.4.2 分析

依据标准《混凝土耐久性检验评定标准》JGJ/T 193—2009[20] 中第3.0.2条规定"等级代号与混凝土耐久性水平推荐意见（表20）"，得出结论：本次研究的混凝土达到电通量值Q—Ⅳ等级，具有良好的耐久性，适用于腐蚀环境中。

等级代号与混凝土耐久性水平推荐意见　　表 20

等级代号	Ⅰ	Ⅱ	Ⅲ	Ⅳ	Ⅴ
混凝土耐久性水平推荐意见	差	较差	较好	好	很好
参考标准	《混凝土耐久性检验评定标准》JGJ/T 193—2009[20]				

5. 总结

伴随着我国城市化的深入发展和环境保护的政策推动，垃圾作为新型能源用来发电，实现了变废为宝。但是垃圾池遭受侵蚀、破坏，会污染环境，引起了国家高度重视与关注。本次研究的耐腐蚀型环氧树脂混凝土，从砂、石、掺合料的耐腐蚀性进行了选择，然后将水性环氧树脂按照一定比例掺入混凝土，利用水性环氧树脂的耐腐蚀机理与粘结力，密实混凝土，提高混凝土的抗裂性、抗渗性、耐磨性、耐腐蚀性能。经过精心试配，确定了最佳配合比。又通过混凝土的强度检测与抗渗性能、抗硫酸盐侵蚀性能、抗氯离子渗透性能等多方面试验，获得了验证，证实了水性环氧树脂混凝土的耐腐蚀能力，有效地避免了垃圾池因腐蚀进行的多次翻修，降低了垃圾对环境的二次污染，为以后耐腐蚀工程提供了数据资料。

参 考 文 献

[1] 中华人民共和国国家质量监督检验检疫总局、中国国家标准化管理委员会. 水泥抗硫酸盐侵蚀试验方法：GB/T 749—2008 [S]. 北京：中国标准出版社，2008.

[2] 中华人民共和国住房和城乡建设部、国家市场监督管理总局. 混凝土结构耐久性设计标准：GB/T 50476—2019 [S]. 北京：中国建筑工业出版社，2019.

[3] 中华人民共和国国家质量监督检验检疫总局、中国国家标准化管理委员会. 通用硅酸盐水泥：GB 175—2007 [S]. 北京：中国标准出版社，2008.

[4] 中华人民共和国国家市场监督管理总局、中国国家标准化管理委员会. 水泥胶砂强度检验方法（ISO 法）：GB/T 17671—2021 [S]. 北京：中国标准出版社，2021.

[5] 中华人民共和国国家质量监督检验检疫总局、中国国家标准化管理委员会. 水泥标准稠度用水量、凝结时间、安定性检验方法：GB/T 1346—2011 [S]. 北京：中国标准出版社，2012.

[6] 中华人民共和国国家质量监督检验检疫总局、中国国家标准化管理委员会. 水泥比表面积测定方法：GB/T 8074—2008 [S]. 北京：中国标准出版社，2008.

[7] 中华人民共和国建设部. 普通混凝土用砂、石质量及检验方法标准：JGJ 52—2006 [S]. 北京：中国建筑工业出版社，2007.

[8] 中华人民共和国国家质量监督检验检疫总局、中国国家标准化管理委员会. 用于水泥和混凝土中的粉煤灰：GB/T 1596—2017 [S]. 北京：中国标准出版社，2017.

[9] 中华人民共和国国家质量监督检验检疫总局、中国国家标准化管理委员会. 水泥密度测定方法：GB/T 208—2014 [S]. 北京：中国标准出版社，2014.

[10] 中华人民共和国国家质量监督检验检疫总局、中国国家标准化管理委员会. 水泥化学分析方法：GB/T 176—2017 [S]. 北京：中国标准出版社，2017.

[11] 中华人民共和国国家质量监督检验检疫总局、中国国家标准化管理委员会. 砂浆与混凝土用硅灰：GB/T 27690—2023 [S]. 北京：中国标准出版社，2023.

[12] 中华人民共和国国家质量监督检验检疫总局、中国国家标准化管理委员会. 高强高性能混凝土用矿物外加剂：GB/T 18736—2017 [S]. 北京：中国标准出版社，2018.

[13] 中华人民共和国国家质量监督检验检疫总局、中国国家标准化管理委员会. 混凝土外加剂：GB 8076—2008 [S]. 北京：中国标准出版社，2009.

[14] 中华人民共和国住房和城乡建设部、国家市场监督管理总局. 普通混凝土拌合物性能试验方法标准：GB/T 50080—2016 [S]. 北京：中国建筑工业出版社，2017.

[15] 中华人民共和国住房和城乡建设部. 普通混凝土配合比设计规程：JGJ 55—2011 [S]. 北京：中国建筑工业出版社，2011.

[16] 中华人民共和国住房和城乡建设部、国家市场监督管理总局. 混凝土强度检验评定标准：GB 50107—2010 [S]. 北京：中国建筑工业出版社，2010.

[17] 中华人民共和国住房和城乡建设部、国家市场监督管理总局. 普通混凝土长期性能和耐久性能试验方法标准：GB/T 50082—2009 [S]. 北京：中国建筑工业出版社，2010.

[18] 中华人民共和国住房和城乡建设部、国家市场监督管理总局. 地下工程防水技术规范：GB 50108—2008 [S]. 北京：中国计划出版社，2009.

[19] 中华人民共和国住房和城乡建设部、国家市场监督管理总局. 混凝土质量控制标准：GB 50164—2011 [S]. 北京：中国建筑工业出版社，2012.

[20] 中华人民共和国住房和城乡建设部. 混凝土耐久性检验评定标准：JGJ/T 193—2009 [S]. 北京：中国建筑工业出版社，2010.

浅谈少数民族地区新能源建设的协调问题

杜雪峰

（中国电建集团核电工程有限公司，山东 济南 250000）

摘　要： 近年来，我国以风电、光伏发电为代表的新能源发展成效显著，装机规模稳居全球首位，发电量占比稳步提升，成本快速下降，已基本进入平价无补贴发展的新阶段。截至 2023 年 4 月底，新能源发电装机规模约 7 亿 kW，占全国发电总装机的 29％。近期，中华人民共和国国务院办公厅转发国家发展和改革委员会、国家能源局《关于促进新时代新能源高质量发展的实施方案》（以下简称《实施方案》），方案中提出旨在锚定到 2030 年，我国风电、太阳能发电总装机容量达到 12 亿 kW 以上的目标，加快构建清洁低碳、安全高效的能源体系。在创新新能源开发利用模式方面，《实施方案》提出，加快推进以沙漠、戈壁、荒漠地区为重点的大型风电、光伏发电基地建设，这给新能源建设市场增添了很多机遇。其中各大发电集团也纷纷在我国西北部地区跑马圈地，建设大型风光储多能互补一体化产业基地。作为工程建设施工企业，研究探讨新能源工程的施工建设过程显得极其重要，而施工过程中的民事协调又在整个建设周期内占有举足轻重的地位，民事协调的成败或间接影响施工工期的长短，所以搞好施工过程中的民事关系协调无疑是重中之重。

关键词： 新能源工程；少数民族；民事关系；协调

Discuss the coordination of new energy construction in ethnic minority areas

DU Xuefeng

（PowerChina Nuclear Engineering Company Limited，Shandong JiNan 250000）

Abstract： In recent years，China's new energy development represented by wind power and photovoltaic power generation has achieved remarkable results，the installed capacity ranks first in the world，the proportion of power generation has steadily increased，the cost has decreased rapidly，and it has basically entered a new stage of affordable and subsidy-free development. As of the end of April 2023，the installed capacity of new energy power generation was about 700 million kilowatts，accounting for 29％ of the country's total installed power generation. Recently，the General Office of the State Council forwarded the National Development and Reform Commission and the National Energy Administration "Implementation Plan on Promoting the High-quality Development of New Energy in the New Era"，which proposed to anchor the goal of China's total installed capacity of wind power and solar power generation reaching more than 1.2 billion kilowatts by 2030，and accelerate the construction of a clean，low-carbon，safe and efficient energy system. In terms of innovating new energy development and utilization models，the Implementation Plan proposes to accelerate the construction of large-scale wind power photovoltaic power generation bases focusing on deserts，Gobi and desert areas. This has added a lot of opportunities to the new energy construction market. Among them，major power generation groups have also scrambled in the northwest region to build a large-scale wind, solar storage and multi-energy complementary integrated industrial base, as an engineering construction enterprise, it is extremely important to study and discuss the construction process of new energy projects, and civil coordination in the construction process occupies a pivotal position in the entire construction cycle. The success or failure of civil coordination may indirectly affect the length of the construction period. Therefore, doing a good job in the coordination of civil relations in the construction process is undoubtedly the top priority.

Key words: new energy engineering; Minority; civil relations; harmonize

1. 引言

我公司参建的大型风光储一体化产业基地项目大多位于我国西北部地区，这里幅员辽阔，人口密度低，多为高寒高海拔地区，空气稀薄，自然条件恶劣。长期以来，这里多为少数民族聚集地域，部分在高原腹地、大漠深处的少数民族不会讲汉语，沟通困难，给我们的工程建设造成了巨大的阻力。作为新能源的项目建设，场址多为敞开式，与牧民的草场纵横交错，融为一体。这就要求我们在新能源项目建设前，首先对该项目所在地的居住民族实际情况进行研究和分析，并对项目的协调准备工作进行调研和策划，针对当前产生的实际问题，制订科学有效的协调处理方案，从而使各种问题能够通过协调工作全面解决，使项目能够顺利进行。本文以我公司在西北部地区参建的风、光发电场为例进行阐述，为后续少数民族地区新能源建设中民事协调提供参考和借鉴。

随着我国新能源在西北部地区进行大规模的产业化布局，我公司也参建了很多新能源的大基地项目。在青海这个传统的新能源大省，我公司承建了国家电网、黄河上游、鲁能集团及华润集团等公司的几十座风电场、太阳能光伏电站、光热电站、储能电站等项目。在内蒙古区域，我公司承建了大唐集团、华润集团、华能集团、明阳智慧集团等公司的十几座风电场、风电供热等项目。在工程建设中，我公司积累了大量的施工经验和前期征地及施工过程民事协调方案的总结。在少数民族地区项目建设中，前期重点工作是解决征地补偿问题，因涉及自然村、组多且占地交叉纵横，直接导致工程建设过程中地下及地上赔付工程量增大。在施工过程中民情复杂、阻工情况严重，需抽调专人协调各类民事关系，因此整个建设期间的民事协调工作是一个整体、复杂的系统工作。针对此类少数民族地区新能源项目建设期间的整体民事协调问题，本文列出以下协调方案仅供参考。

2. 前期项目建设民事协调准备工作

2.1 成立项目前期协调管理小组

项目开始进行前期施工准备期间，为确保项目能够顺利开展，提升民事协调工作的有效性，公司应组织项目部成立民事协调小组，协调小组组长要由项目经理担任。进驻项目后要深入研究当地少数民族的组成、民族信仰、风俗习惯以及项目所在地区涉及牧户的分布情况。确保在尊重其信仰和入乡随俗的前提下开展协调工作，得到当地牧民和政府的信任与支持。同时把面对的各种问题和困难做出充分调研并做出相应的预案，涉及一次或二次补偿的要有统一标准，由政府下发的相关文件[1]。本着具体问题具体分析原则开展相应的民事协调管理工作。协调管理小组的组建，使得征地协调工作能够有序开展，及时有效地解决项目存在的各种民事问题，确保项目建设能够顺利推进。

2.2 统一项目所在地的征地补偿标准

在项目正式开工前，应派专人对接当地相关行政管理部门，了解设计我们项目建设用地、用物的相关补偿标准及行政部门的相关要求。首先对发展改革委、自然局、草原局、环保局、乡镇政府等多个部门展开走访工作，并进行相应的材料收集。在走访过程中，如发现该项目的地域跨度较大，不同地区补偿标准也存在一定的差异，而不同用地、用物的相关补偿标准往往会对项目的协调工作造成一定的难度。项目部应该积极采取相应措施，联系上级主管部门，召开项目联合协调会，根据政府相应的文件出具本项目统一的书面补偿文件。有了统一补偿标准，为我们项目的协调工作奠定了坚实的基础。

3. 项目建设期间民事协调解决方案

3.1 加强宣传，深入牧民家中与牧民沟通协调

密切联系群众，了解群众，深入群众，走到群众中去。在项目开工前，协调人员要提前介入，以问题为导向，进一步了解工程施工过程中存在问题隐患。通过与政府部门交谈，了解到牧民的利益意愿，采用进村入户、政策宣讲的方式，深入牧民家中与牧民面对面地了解沟通，做好解释和安抚工作，争取取得牧民们的最大支持[1]。同时对牧民们提出的生活困难，能解决和帮助的尽量给予解决，深入牧区给牧民解决生活困难，能拉近与牧民的感情，对后续工作开展也能提供相关帮助。对解决施工征占地、草原（林地）赔偿等问题提前作出判断，同时使牧民能够意识到新能源项目建设带来的好处，使其从根本上支持项目的施工建设。最后，配合相应的法律宣传活动和思想教育活动，使牧民清楚征地补偿方案和相关政策法规，从而最大限度争取当地牧民的配合，减少征地纠纷的发生概率。对已经确定的占地数量补偿务必做好付款解释工作，在规定期限内按时支付，能减少后续阻工的风险[1]。

3.2 牧企共建，积极推动地方政府参与民事协调工作

项目部积极联系当地党委政府，开展一系列的牧企共建活动，推动项目的有效开展。譬如在海西州鲁能风电项目中，项目部联合业主单位、监理单位和其他兄弟单位与当地政府成立了联合党支部，并选举产生了支部书记和支部委员，定期召开组织生活会，按期组织全体党员学习，开展一系列的党支部活动，并将项目上遇到的困难和问题带到支部会议上商议解决，在融合了地方和企业关系的同时极大地推进了项目的进展。

我公司施工的华能乌拉莱风电项目，在项目进驻现场后及时通过业主方联系苏木人民政府，了解到2014年1月27日习近平总书记曾经来内蒙古自治区锡林浩特市宝力根苏木视察工作，而宝力根苏木正是项目建设所在地的一部分，苏木人民政府想在2022年1月份通过一场文艺演出给习近平总书记汇报。为体现出央企风范和承担的社会责任，我公司主动捐出部分费用用于赞助文艺汇演，也表现出牧企共建的态度。通过此举，苏木人民政府在项目建设中给予了更大力度的支持，主动承担民事协调工作，解决施工中存在的疑难

杂症。通过政府的大力支持确保了项目按期投产发电,并赢得了业主方一致好评。外地企业通过采取一系列利民政策,联合政府共同推进项目的民事协调或许能达到事半功倍的效果。

结合公司和集团要求,项目部积极开展捐资助教工作,先后在海西州格尔木市大格勒乡、海南州共和县切吉乡、哇玉香卡等地与当地政府联合开展捐资助教、扶贫帮困、义务医疗等活动,提升了企业形象,拉近了牧企关系,进一步促进了项目的有序推进。通过与当地政府的有效衔接,项目部切实实现了依靠党委政府为项目工程保驾护航的目标。

3.3 尊重信仰,入乡随俗,通过信仰沟通解决问题

青海省是多个少数民族的聚集地,世居少数民族有藏族、回族、土族、撒拉族。项目所在地海西州是藏族蒙古族自治州,海南州是藏族自治州。民族自治程度高,由于历史原因,藏族和蒙古族人民大多信仰藏传佛教,十分虔诚,有些偏远散居牧民不懂汉语,但是由于信仰的关系对于寺庙的宗教人士十分信任。海西州项目部利用这一关系,在项目前期就积极与寺庙有威信和影响力的仁波切、喇嘛大师们取得联系,获得大师们的理解和支持,利用宗教影响力来解决一些难题和矛盾,取得了事半功倍的效果。

内蒙古杭锦旗项目所在地巴拉贡苏木大多为蒙古族人民,因语言不通,在部分民事问题沟通协调中显得尤为困难。杭锦旗项目部通过走访得知,嘎查内有威信的喇嘛大师,牧民对喇嘛非常尊重。经过苏木人民政府的引荐,项目部到庙宇进行膜拜并对喇嘛大师进行了拜访。通过入乡随俗,尊重信仰,赢得了喇嘛大师的信任,最终解决了一系列民事纠纷问题。

3.4 响应政策,精准扶贫,多种帮扶推进项目协调工作

青海省地处青藏高原,项目所在地多属高原荒漠,经济相对较为落后,牧民生活水平不高。项目部进点以来联合当地政府对个别生活困难的牧户进行了走访慰问,并安排了一些有能力的牧民到项目部或工地从事看护、清洁、运输等辅助工作,与牧民建立工作联系,同时让牧民参与到我们的民事协调中,解决了很多难题[2]。青海的草原多属高原荒漠,草原生态较为脆弱,环境保护工作尤为重要[2]。项目开工前,我们结合当地的相关要求,针对施工中的环境保护措施做了详细策划,在施工中加强落实,取得了良好效果。对于牧民最为关心的因道路运输产生的扬尘问题,项目部也采用多方举措,联合地方政府,专款专用,划片包干,把洒水抑尘工作分配到属地牧民,不但解决了道路扬尘的老问题,同时还为牧民增加了收入,为项目建设打下坚实基础[2]。

3.5 主动出击,因事制宜地开展民事协调工作

民事协调工作本身存在着政策性强、敏感度高、涉及面广、利益关系复杂等特征,这就需要协调人员能够不断发挥自身主观能动性,主动出击,果断决策,多措并举,一步一步向有利于本项目的方向发展。譬如,在黄河上游青海共和风电项目有10台风机地处莫合村和夫旦村的交界处,属于河谷地带,水草丰美,也是两村历时已久的争议地带,且两村牧民态度都很坚决,项目的征地协调工作一开始就进入困境,迟迟未能解决。针对这个现象,项目部采取了暂时搁置的措施,到县里寻求解决途径,通过不懈努力,项目部拜访

了海南州里一位原籍是该村里的老领导，邀请其出面，为双方村里解决了争议已久的边界问题，项目的民事问题也迎刃而解，最终使整个风机机位布置满足海南州风电项目施工的基本要求，为工程的顺利推进奠定了稳固的基础。

3.6 针对不同性格当事人"对症下药"

"知彼知己、百战不殆"在项目施工过程中可能会遇到个别不明事理之人，在进行民事协调之前要收集好当事人相关信息、涉及民事纠纷的性质和起因经过。了解当事人的性格、脾气，找准当事人的认知误区和问题纠结点，掌握当事人心理活动，根据民事纠纷的性质、难易程度和当事人的文化素养、脾气性格等制定专项解决方案。如有当事人对协调很不配合、漫天要价、蛮不讲理，协调人员要学会拿出法律武器捍卫我们的利益，摆出阻工产生的严重后果和利害关系。对脾气暴躁、容易冲动的当事人要用温和态度去平息当事人的怒火，学会保持克制，而不是相互激怒，学会利用当地政府执法部门进行调解和帮助。对为人冷静、通情达理的当事人要晓之以理，只要不厌其烦，多次进行沟通一定会产生意想不到的结果。

在西北地区新能源工程建设中，由于少数民族群众对于土地的看法、对于草原的感情、对于相关政策的解读、彼此的生活习惯与文化差异性等，导致不同地区的牧民对于工程施工存在不同的看法。因此，需要我们项目部在进行民事协调过程中，要求协调人员与当地居民一定保持密切联系，多关注牧民的基本要求和期望值，及时进行多方面问题的答复并要多沟通、多交流，有针对性地提出了我们的解决方案，在保证企业利益的原则下尽量因事制宜地解决各项具体问题，进而确保民事协调工作能够顺利展开[3]。

4. 结语

总而言之，随着在西北部少数民族地区的新能源工程建设的开展，民事协调问题将是建设工程中的一个很重要的环节，不但影响工程建设的工期、成本等，还直接影响企业形象和牧企关系，更甚会上升到民族政治高度。因此本文从我公司在西北区域新能源工程建设中总结的协调工作情况入手，从前期成立项目协调管理小组，统一项目所在地的地物补偿标准的准备工作，到施工过程中我们实施加强宣传，深入牧民家中与牧民沟通协调；牧企共建，积极推动地方政府参与的民事协调工作；尊重信仰，入乡随俗，通过信仰沟通解决问题；响应政策，精准扶贫，多种帮扶推进项目协调工作；主动出击，因事制宜地开展民事协调工作；针对不同性格当事人"对症下药"等几项强有力的协调措施和方法，减少多种不确定因素对工程建设造成的不利影响，从而使我们在西北部少数民族地区的新能源工程建设工作能够顺利展开，也推动了我国新能源事业在西北地区的蓬勃发展。

参 考 文 献

[1] 戎华. 用制度破解电网建设征地拆迁难题 [J]. 国家电网，2009 (5)：76-77.

[2] 孙佑海. 物权法与环境保护 [J]. 环境保护，2007 (10)：14-21.

[3] 田峰. 城镇土地整理过程中的土地权利冲突与解决 [J]. 行政与法，2008 (2)：119-121.

西南某水电站库区 BT3 堆积体地质成因、变形模式及稳定性分析

李剑武

（中国电建集团贵阳勘测设计研究院有限公司，贵州 贵阳 550081）

摘 要：象鼻岭水电站水库蓄水引起库区 BT3 堆积体前缘塌岸、变形开裂等现象，通过地质调查、勘探、试验等手段，查明堆积体地层结构特征，分析了堆积体成因、变形特征、破坏模式。堆积体是由早期卸荷岩体滑塌及后期崩塌堆积而成的滑塌堆积体，在暴雨作用下堆积体后缘曾出现过轻微开裂、下错等变形现象，整体处于极限平衡状态。在水库蓄水及后续水库运行过程中，堆积体仍将处于这种变形调整、重新稳定平衡的循环过程。堆积体结构及边界条件决定了其不存在整体的高速滑动，堆积体变形破坏模式以塌岸、蠕滑、后缘局部滑坡为主，仅需对其上居民搬迁安置，对水库及水电站运行基本无影响，可不进行处理。

关键词：滑塌堆积体；地质成因；变形破坏模式；稳定性分析

Geological origin，deformation mode and stability analysis of BT3 accumulation slope in the reservoir area of a hydropower station in Southwest China

LI Jianwu

（PowerChina GuiYang Engineering Corporation Limited，Guizhou Guiyang 550081）

Abstract：Because of reservoir impoundment by Xiangbiling hydropower station. The rear edge of collapse deposit slope BT3 was distortion and cracking，and bank collapse at the front edge. Through geological survey，exploration，test and other means，the stratigraphic structure characteristics of the collapse deposit，and the formation cause，deformation characteristics and failure mode of the collapse deposit are analyzed. The collapse deposit is formed by the early unloading rockmass collapse and the later collapse accumulation，its limit equilibrium state before reservoir impoundment. In the process of reservoir impoundment and subsequent reservoir operation，the collapse deposit will still be in this cycle of deformation adjustment and re-stabilization and balance. Its structure and boundary conditions determine that there is no overall high-speed sliding. The deformation and failure has no impact on the operation of the reservoir and hydropower station，it doesn't need for landslide treatment and only need to relocate its residents.

Key words：collapse deposit；geological origin；deformation failure mode；stability analysis

1. 引言

库岸边坡的稳定性问题是水利水电工程建设中无法规避的问题，地震、水位变化是导

致边坡失稳的最常见和最直接的触发因素之一[1]。水是诱发各种地质灾害最活跃、最主要的因素[2]，部分水库蓄水及水库运行过程中水位变幅巨大，对水位变幅区堆积体边坡的稳定性将产生重大影响。边坡地质模式是反映边坡稳定状态各种因素的综合体现，而边坡的变形破坏方式集中反映地质模式的主要特点[3]，因此研究蓄水引起的库岸边坡地质模式的变形、破坏规律在某种程度上具有一定的普遍意义。

象鼻岭水电站位于云贵交界处的牛栏江上，BT3堆积体位于电站水库右岸支流玉龙小河的左岸，堆积体距离大坝5.7km（沿河道轴线支流0.8km+干流4.9km）。象鼻岭水电站自2017年4月开始下闸蓄水，至2017年8月水库蓄水至1383m高程后，堆积体前缘局部存在塌岸现象，8月底在堆积体上游侧部分房屋及堆积体顶部部分房屋出现裂缝。水库蓄水及运行过程中堆积体的稳定性直接影响堆积体上居民安全及水库运行安全[4]。因此查清堆积体结构、成因、变形特征、破坏模式，进行稳定性分析，可为水库蓄水及水库运行、堆积体处理及居民安置措施提供依据。

2. 堆积体边坡结构特征

2.1 工程地质概况

BT3堆积体前缘玉龙小河河床高程1349～1371m，堆积体中部为一平缓台地，宽约200m，高程1430～1440m，靠外侧地形隆起，最高高程1452m。堆积体后部为陡坡，覆盖层后缘边界分布高程为1508～1548m。堆积体上下游长约600m，顶部宽180～220m，最大厚度约80m，体积约$1300×10^4 m^3$。

堆积体主要由坡积层（Q^{dl}）黏土、黏土夹碎石、崩坡积层（Q^{dl+col}）碎石土、崩塌堆积层（Q^{col}）块石、碎石土及残积层（Q^{el}）火山碎屑泥岩风化残积土组成，基岩为二叠系玄武岩组第三段（$P_2\beta^3$）玄武岩、拉斑玄武岩、凝灰质玄武岩及凝灰质泥岩，流层理产状：N30°～40°E/NW∠8°～16°，走向与河流走向基本一致，倾向玉龙小河偏下游。

BT3堆积体前沿为玉龙小河，勘察期间河水面高程约1370m（水库蓄水位）；堆积体上、下游侧发育冲沟为季节性冲沟，勘察期间基本无地表水流。

2.2 堆积体结构特征及分区

根据堆积体物质组成，将堆积体分为3个区（Ⅰ区、Ⅱ区、Ⅲ区），平面分区示意如图1所示。各分区物质组成特征分述如下：

Ⅰ区主要分布于堆积体后缘陡坡基覆界线至坡脚地带，地表高程1430～1550m，地形最大高差约120m，为斜坡地形，坡度为35°～45°。堆积物主要为崩坡积层（Q^{dl+col}），为碎块石土，局部有块石、巨石分布。下伏基岩面坡度较陡，坡度40°～60°，接触带多为崩坡积碎石土，基岩为致密状玄武岩，多呈弱风化。

Ⅱ区主要分布于堆积体宽缓平台，地表高程1400～1450m，地形平缓，呈中部低、两侧稍高的凹槽地形。该区上部为坡积层（Q^{dl}）黏土夹碎石，下部为早期的崩塌堆积层（Q^{col}）碎块石，夹黏土、碎石，局部有细砂、淤泥质土分布，形成二元物质结构，钻孔揭露厚度最大约75m。Ⅱ区范围内基岩面缓倾河床，倾角2°～8°，接触带物质为早期残积土（Q^{el}），呈红色、紫红色黏土状，局部夹碎石颗粒，原岩为凝灰质泥岩，残积层厚度

0~2.0m。基岩顶部为紫红色凝灰质泥岩，厚度 3~5m，下部为致密状玄武岩。

图 1　堆积体物质分区图

Ⅲ区主要分布于堆积体前缘靠下游侧，地表高程 1350~1452m，为斜坡地形，坡度为 20°~35°，局部可达 70°。堆积物主要为早期的滑塌堆积层（Q^{del}）碎裂岩体，岩体裂隙较发育，岩芯多呈短柱状、块状，钻孔揭露最大厚度约 80m。在河流切割侵蚀作用下，在Ⅲ区前缘斜坡上形成崩坡积层（Q^{dl+col}）碎块石土，钻孔揭露厚度 3~8m。堆积体底部接触带及下伏基岩条件与Ⅱ区相同。

2.3　接触带物质成分及试验参数

堆积体覆盖层与基岩接触带分为两类，一是堆积体后部斜坡段（Ⅰ区）的堆积层与基岩直接接触，接触带物质主要为碎石夹黏土，天然状况下多处于非饱和状态，雨季期间处于饱和状态；二是堆积体底部凝灰质泥岩残积黏土与基岩接触（Ⅱ区和Ⅲ区），物质组成主要为红色、紫红色残积黏土，接触面平缓，坡度为 2°~8°，位于水位线以下、处于饱和状态。

现场共采取了坡积层（Q^{dl}）黏土夹少量碎石 3 组原状土样，堆积体底部接触带残积土（Q^{el}）4 组扰动土样进行室内物理力学试验。试验成果表明：坡积层（Q^{dl}）含水率 17.6%~19.5%；密度 2.09~2.12g/cm³；孔隙比 0.525~0.582；液性指数 0.21~0.30，为低液限黏土；直剪试验 c 值 47.7~57.1kPa，均值 53.8kPa；变异系数 0.099；标准值 45.8kPa；φ 值 21.7°~27.2°，均值 25.3°；变异系数 0.123；标准值 20.6°。

接触带残积土（Q^{el}）为重塑土，试验含水率 25%；密度 2.03g/cm³；直剪试验饱和状态 c 值 8.9~13.8kPa，均值 11.83kPa；变异系数 0.179；标准值 9.4kPa；φ 值 5.4°~7.6°，均值 6.48°；变异系数 0.142；标准值 5.42°。

3.　蓄水后堆积体变形特征

3.1　表面变形、裂缝分布特征

水电站自 2017 年 4 月下闸蓄水，至 2017 年 8 月蓄水至 1383m 高程，8 月底在堆积体上游侧①号冲沟左岸部分房屋院坝出现裂缝。9月份水位由1383m降至1371m左右并维持在小范围内变动。水位下降后堆积体上裂缝有一段加速发展期，其后裂缝发展较缓。在2017年10月初，对堆积体裂缝分布进行了详细的调查，裂缝分布图见图2。根据调查情况，堆积体开裂变形主要分为以下三个方面：

（1）前缘塌岸开裂

堆积体前缘开裂多属于库岸崩塌造成，由于库水的浸泡和水位变动的影响，沿岸地带有缓慢变形、解体、垮塌现象。前缘塌岸形成的地表裂缝总体为顺河向发育，后缘可见圆弧形的裂隙展布。水库蓄水至1383m高程时部分库岸再造范围房屋已经受到塌岸影响。

（2）堆积体平台地表房屋开裂

平台上裂缝与库岸近于平行，断续延伸，地表裂缝宽1~4cm，局部下错2~3cm，多为靠山侧下错。裂缝导致部分民房墙体开裂，开裂房屋多为土坯房，严重的墙体裂缝宽度达3~5cm。裂缝发展过程为蓄水到1383m高程后开始逐渐出现，水位下降后有一段加速发展期，其后裂缝发展较缓。堆积体平台上的裂缝多平行于堆积体前缘的玉龙小河展布，可能是由于堆积体前缘产生蠕滑变形后，平台凹槽地带产生沉降变形及往河侧水平变形导致。

图2　堆积体地表裂缝分布图

（3）堆积体后缘开裂下错情况

堆积体后缘边界发育贯通裂缝，下游延伸至②号冲沟，沿覆盖层与基岩接触带分布，后缘裂缝分布高程为1508~1548m，沿基岩陡坎普遍下错20~50cm，最大达60cm。裂缝分布高程与平台居民区最大高差约110m。

3.2　监测数据情况

堆积体变形观测系统尚未完成，无系统监测数据。为监测堆积体变形发展情况，在堆积体中部平台区域设立了6个裂缝的简易观测点（J1~J6）进行人工观测裂缝发展情况。监测日期从10月22日至11月27日，其间水库水位维持在1370~1373m之间小幅波动，天气情况良好，无降雨天气。

从监测数据发展趋势看，平台上居民区裂缝观测期间的 10 月下旬至 11 月底累计变化量为 1～4mm，裂缝发展基本处于稳定状态。堆积体后缘顶部裂缝观测点 J1 观测期间的累计变化量为 1.9cm，日均变形速率为 0.45mm/d，其中 11 月日均变形速率为 0.27mm/d，有逐渐趋于稳定的趋势。堆积体后缘裂缝发展与堆积体平台裂缝发展存在差异，说明堆积体后缘裂缝的发展相比堆积平台裂缝滞后。

4. 堆积体成因及变形模式

4.1 堆积体成因

从区域构造环境来看，堆积体区域玄武岩流层理产状 N30°～40°E/NW∠8°～16°，倾向于玉龙小河右岸偏下游，即堆积体的岩石边坡为顺向坡。堆积体地层结构简图如图 3 所示。

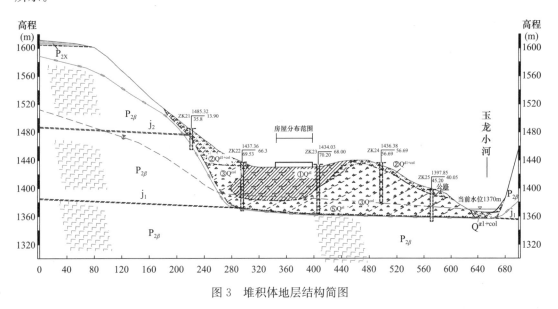

图 3　堆积体地层结构简图

从区域地层岩性来看，工程区分布的玄武岩可根据其喷发韵律特征分为多层，常发育凝灰质泥岩软弱夹层。堆积体底部夹层 j_1 为紫红色的凝灰质泥岩，为相对软弱的岩层。夹层 j_1 与 j_2 之间为深灰色块状玄武岩。夹层 j_2 以上地形坡度为 40°～50°。夹层 j_2 以下地形更陡，多形成陡坎或陡崖。

从区域地形上来看，在堆积体后缘 1600m 高程以上分布有规模巨大的宽缓平台，平台后侧有区域断层切割。宽缓平台最大宽度约 1km 以上，地形坡度在 10°左右，推测其形成原因可能是由于区域断层的影响，在地壳抬升和河谷切割侵蚀作用下，沿宣威组（P_{2x}）页岩、泥质粉砂岩夹岩屑砂岩产生风化侵蚀、滑塌而形成。

4.2 堆积体演变过程

（1）河谷原始地形地质

堆积体及其下游的玉龙小河河谷较开阔，两岸的玄武岩岩体内分布有多层凝灰质泥岩软弱夹层。早期地形的形成主要是地壳上升及河谷下切的结果，在左岸1600m高程的宽缓平台形成后，牛栏江河谷进一步下切，玉龙小河河谷下切相对较慢，在与牛栏江汇合口形成高差后，玉龙小河产生逆源侵蚀，由于汇合口附近1360m高程左右的软弱凝灰质泥岩的存在，在汇合口附近的玉龙小河左岸形成缓坡。在1360m河谷与1600m平台之间为高约200m的陡坡，陡坡中上部有卸荷岩体分布。河谷原始地形反演图如图4所示。

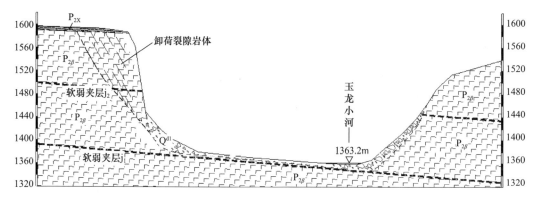

图4 堆积体处玉龙小河原始地形反演图

（2）左岸岸坡滑塌

左岸陡坡中上部的卸荷碎裂岩体在极端地质环境（如地震加暴雨）条件下，卸荷岩体产生整体崩塌下滑，在巨大的塌滑作用下，将下部缓坡地带的覆盖层沿岸坡中部的软弱夹层j2推移至右岸，造成玉龙小河短期阻塞，并在左岸靠山内侧形成凹槽。由于左岸岸坡中上部卸荷岩体完整性差异较大，靠②号冲沟侧的卸荷岩体相对较完整，形成目前堆积体Ⅲ区的碎裂岩体（图5）。

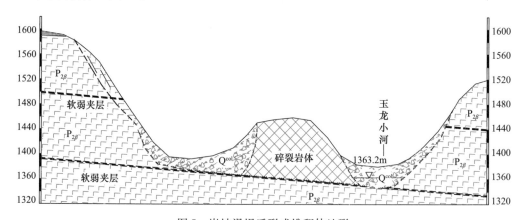

图5 岸坡滑塌后形成堆积体地形

（3）堆积与侵蚀过程

滑塌过程完成后，在玉龙小河的冲刷及侵蚀作用下，堵塞玉龙小河的覆盖层逐渐被冲开，形成现有河道；后坡坡面上的岩体继续风化，卸荷塌落，将滑塌形成的凹槽逐渐充填，形成现在的堆积体平台（图6）。由于堵塞玉龙小河的覆盖层以崩坡积块碎石为主，渗透性较好，具有一定的过流能力，只是在洪水季节可能形成短期堰塞湖，这一点在局部钻孔内发现有淤泥质土等物质得到证实。

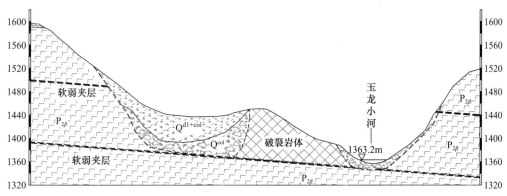

图 6　堆积形成现状地形地质结构

综上所述，堆积体是由于早期卸荷碎裂岩体滑塌及后期崩塌堆积而成的滑塌堆积体。

碎裂岩体滑塌有三个方面的成因：一是早期玉龙小河河床左岸的宽缓地形为后缘卸荷碎裂岩体提供了滑塌的空间；二是堆积体后缘早期陡坡中上部的卸荷碎裂岩体为滑塌形成了物质来源和势能；三是玄武岩内倾向玉龙小河的缓倾角软弱夹层为碎裂岩体崩塌后的滑动提供了滑面，其 8°左右的倾角及右岸的地形限制了滑动距离。

在玉龙小河冲刷、凹槽充填及暴雨、地震等不良地质环境作用下，堆积体的稳定状态不断调整，在水库蓄水前，整体上处于一种极限平衡状态。

5. 堆积体变形破坏模式分析

堆积体分为Ⅰ区、Ⅱ区、Ⅲ区，Ⅰ区的覆盖层与基岩面接触带物质为碎石土，Ⅱ区和Ⅲ区的覆盖层与基岩接触带物质以残积黏土为主。根据初期蓄水时堆积体变形裂缝分布情况、各区覆盖层及接触带物质组成的差异，在水库蓄水导致地下水位线抬升的条件下，堆积体变形破坏主要存在前缘塌岸、整体蠕滑变形、沉降变形及后缘局部塌滑失稳四种形式，各种变形模式示意如图 7 所示，具体分析如下：

（1）前缘塌岸模式

塌岸失稳模式主要是由于覆盖层物质受库水的浸泡，物理力学强度降低而产生的失稳现象。前缘均受到水库蓄水影响可能产生塌岸失稳现象。

（2）整体蠕滑变形模式

整体蠕滑变形失稳主要是在水库蓄水及运行过程中，堆积体靠前缘部分沿底滑面产生蠕滑变形，牵引后缘整体蠕滑。从目前的堆积体中部裂缝分布及变形速率均说明存在整体蠕滑变形。堆积体底滑面为残积黏土，滑面坡度为 2°～8°，整体倾向玉龙小河，在水库蓄水及运行过程中，在动水压力及库水浮托力的交互作用下，堆积体整体往玉龙小河方向产生蠕滑变形。

（3）沉降变形模式

堆积体的沉降变形是由于堆积体蠕滑变形引起的堆积体平台（Ⅱ区凹槽地带），是由前期地形凹槽被充填堆积而成。堆积体产生整体蠕滑变形时，凹槽地形的空间增大，堆积体下部物质受水位抬升、消落，堆积体外侧向外蠕滑过程中均发生应力调整，产生竖向和侧向的沉降变形，由于堆积体凹槽处黏土夹碎石层厚度大，表现最为突出，引起房屋开裂变形，同时引发Ⅰ区覆盖层产生沉降变形。

（4）后缘局部塌滑失稳模式

后缘局部塌滑主要是由于后缘地形坡度陡，在水库蓄水、暴雨、地震等工况下，斜坡上的岩土体在重力作用下，可能沿基岩面及堆积体内部产生滑坡。

综上所述，堆积体底滑面平缓，且前缘受到地形及右岸岸坡限制，产生快速滑坡的可能性较小；堆积体变形破坏主要存在前缘塌岸、整体蠕滑变形、沉降变形及后坡局部滑塌失稳四种形式。

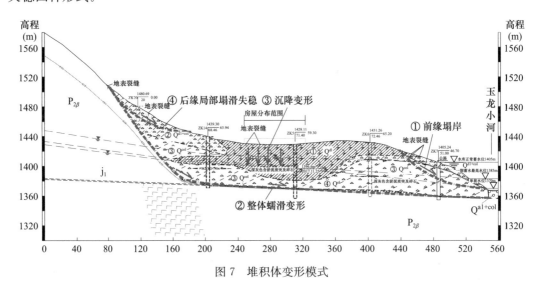

图 7 堆积体变形模式

6. 蓄水前后稳定性分析

6.1 水库蓄水前稳定性评价

堆积体是由于早期卸荷岩体滑塌及后期崩塌堆积而成的滑塌堆积体，在较长的地质历史过程中，玉龙小河不断侵蚀堆积体前缘物质，或在暴雨、地震等不良地质环境作用下，堆积体不断进行应力（蠕滑）调整，达到水库蓄水前的状态，整体上处于一种极限平衡状态。

根据现场调查访问，在建设水库前的历史过程中，暴雨作用下堆积体后缘陡坡上的基岩与覆盖层接触带就出现过开裂、下错等变形，只是程度轻微。另外，根据对当地房屋开裂现象调查，除本次水库蓄水过程引发的新裂缝外，部分房屋也存在老的裂缝。上述特征说明，在水库蓄水前，堆积体自身的稳定性较差，堆积体整体处于极限平衡状态。

6.2 水库一期蓄水后稳定性评价

水库一期蓄水至 1383m 后，堆积体前缘玉龙小河水位抬高 10~30m，堆积体地表及房屋均出现有明显的裂缝，说明存在变形失稳特征。堆积体前缘裂缝主要是由于塌岸变形引起，部分裂缝地表已经呈弧形连通，局部已经产生滑塌，可能发生整体塌滑破坏。堆积体后缘及Ⅱ区中部凹槽带地表及房屋裂缝平行于玉龙小河，说明堆积体在库水浸没及水压力作用下，沿底部的残积黏土接触带产生蠕滑变形，同时沉降变形也会加剧裂缝的形成。在水库水位稳定后，变形趋于变缓，但这种平衡只是短暂的，会随着蓄水位变化而调整。

6.3　正常蓄水位后稳定性预测评价

从堆积体蓄水前及水库一期蓄水过程中，堆积体在受环境因素影响下，基本处于一种变形调整、重新稳定平衡的循环过程。在后续水库蓄水及运行过程中，堆积体仍将处于这种变形调整、重新稳定平衡的循环过程，可能导致现有裂缝进一步发展，也可能导致新的裂缝产生。对不同分区在正常蓄水位及后续水位运行过程中的稳定性预测评价如下：

（1）塌岸预测

水库蓄水运行期间，堆积体岸坡在库水长期浸泡或冲刷掏蚀作用下，造成局部下错或坍塌，具有突发性，特别易在暴雨期和库水位急剧消落期发生。按均质砂砾土的最小水下稳定坡角 14° 计算，据统计堆积体区域前缘水上稳定坡角为 29°～42°，平均值约 35°；按最小水上稳定坡角 35° 计算，预测库岸最大塌岸宽约 130m。

（2）整体蠕滑稳定评价

水库蓄水至正常蓄水位及后续运行过程中，堆积体蠕滑变形及沉降变形会进一步加剧，地表裂缝及房屋开裂会进一步发展，但在多次的水位最大变幅过程之后，堆积体沉降变形逐渐变小，堆积体最终达到新的稳定平衡状态，但沉降变形稳定过程的时间很长。由于堆积体距离大坝较远，且堆积体变形以塌岸、蠕滑为主，对水库及水电站运行基本无影响。

（3）后缘局部滑坡

堆积体后缘斜坡地带（Ⅰ区），在水库蓄水及后续运行过程中，由于Ⅱ区、Ⅲ区的蠕滑变形及沉降变形会进一步加剧，Ⅰ区的后缘裂缝也将进一步发展加剧。当Ⅰ区岩土体沉降变形达到一定程度后，在暴雨或地震工况下，还可能存在沿基岩面及覆盖层内部产生滑坡的可能。

7. 结论及建议

通过地质调查、勘探、试验等手段，弄清了堆积体地层结构特征，分析了堆积体成因、影响堆积体变形的因素及预测稳定破坏模式。堆积体是由于早期卸荷岩体滑塌及后期崩塌堆积而成的滑塌堆积体。堆积体后缘斜坡地带（Ⅰ区）的可能失稳模式为沉降变形及滑坡，Ⅱ区和Ⅲ区的可能失稳模式为塌岸、蠕滑变形及沉降变形。

蓄水后堆积体以塌岸、蠕滑为主，对水库及水电站运行基本无影响，但整体蠕滑变形和沉降变形将加剧其上居民房屋的开裂；后缘堆积体局部滑塌也将危及坡脚部分居民生命财产安全，由于堆积体厚度大、体积大且处理难度大，所以将堆积体上的居民进行搬迁安置后，堆积体可不进行处理。

参 考 文 献

[1] 黄润秋. 20 世纪以来中国的大型滑坡及其发生机制 [J]. 岩石力学与工程学报，2007（3）：433-454.

［2］ 邓华锋. 库水变幅带水—岩作用机理和作用效应研究［D］. 武汉：武汉大学，2010.

［3］ 孙玉科，姚宝魁. 我国岩质边坡变形破坏的主要地质模式［J］. 岩石力学与工程学报，1983（1）：67-76.

［4］ 中国电建集团贵阳勘测设计研究院有限公司. 牛栏江象鼻岭水电站 BT3 崩塌堆积体稳定分析稳定性分析专题工程地质勘察报告［R］. 贵州：中国电建集团贵阳勘测设计研究院有限公司，2017.

高黎贡山隧道软弱破碎带 TBM 卡机脱困技术研究

王明胜[1]，苗志豪[2]，郑清君[3]

（1. 中铁城市发展投资集团有限公司，四川 成都 610000；2. 地质灾害防治与
地质环境保护国家重点实验室（成都理工大学），四川 成都 610059；
3. 中铁隧道股份有限公司，河南 郑州 450003）

摘 要：高黎贡山隧道遭受软弱破碎带不良地质的影响，TBM 掘进时出现围岩自稳能力差、易坍塌、积渣堆积等问题，致使护盾抱死或刀盘被卡。为实现 TBM 脱困，提出采用上断面开挖和 TBM 共同掘进的半断面法施工技术，解决 TBM 频繁卡机的风险。结果表明：超前 TBM 掌子面对上半断面人工开挖支护，减小刀推进及刀盘周边阻力，避免 TBM 卡机，保证了 TBM 在断层破碎带中的推进；以 TBM 掘进为主，仅上半断面采用人工开挖，相较于传统的迂回导坑法超前处理断层破碎带工作量小，节约成本；超前采用半断面循环加固开挖，创造了有利的超前加固作业条件，避免了 TBM 作业空间小就地加固不到位、掘进过程中出现超量出渣、隧道坍塌的风险；半断面导坑法开挖，支护参数可灵活调整，施工质量、安全均得到保证。

关键词：软弱破碎带；TBM 卡机脱困；半断面法施工

Research on TBM jamming technology in weak fracture zone of Gaoligongshan Tunnel

WANG Mingsheng[1]，MIAO Zhihao[2]，ZHENG Qingjun[3]

（1. China Railway City Development and Investment Group Co. ，Ltd. ，Sichuan Chengdu，610000；2. State Key Laboratory of Geohazard Prevention and Geoenvironment Protection，Chengdu University of Technology，Sichuan Chengdu 610059；3. China Railway Tunnel Co. ，Ltd. ，Henan Zhengzhou 450003）

Abstract：The Gaoligongshan Tunnel is affected by the poor geology of the weak fracture zone. During TBM tunneling，problems such as poor self-stability of surrounding rock，easy collapse，and accumulation of slag accumulation occur，resulting in the shield being locked or the cutterhead being stuck. In order to realize the TBM out of trouble，the half-section method construction technology of upper section excavation and TBM joint excavation is proposed to solve the risk of frequent TBM jamming. The results show that the advance TBM tunnel face supports the upper half section manually，reduces the cutter advance and the resistance around the cutterhead，avoids the TBM jamming，and ensures the advance of the TBM in the fault fracture zone. TBM tunneling is the main method，and only the upper half section is excavated manually. Compared with the traditional roundabout heading method，the workload of advanced treatment of fault fracture zone is small and the cost is saved. The half-section cyclic reinforcement excavation is adopted in advance，which creates favorable working conditions for advanced reinforcement and avoids the risk of tunnel collapse caused by excessive slag discharge in the process of tunneling due to the small working space of TBM and the inadequate reinforcement on the spot. The support parameters can be adjusted flexibly，and the construction quality and safety are guaranteed by the excavation of the half-section heading method.

Key words：weak fracture zone; TBM card machine out of trouble; half section method construction

1. 引言

随着交通与水利水电工程等隧道工程的大规模建设，全断面硬岩掘进机（TBM）被广泛应用。当 TBM 穿越破碎围岩、富水、高地应力等不良地质条件时易引发围岩坍塌、围岩收敛变形使 TBM 卡机，影响 TBM 的施工进度，威胁施工人员和设备安全[1,2]。

国内外针对 TBM 施工中出现的卡机事故已经开展了许多研究。如徐虎城[3] 以新疆某引水工程为例，为解决 TBM 在掘进过程中遭遇长大断层导致 TBM 卡机等问题，结合超前地质预报探明地质情况，采用化学灌浆加固围岩，使 TBM 顺利脱困；陈章[4] 以榕江关埠引水工程例，提出了先使用发泡型灌浆进行封闭，防止灌浆材料回流损坏设备，再使用加固型灌浆材料对围岩进行加固，从而使 TBM 顺利脱困；王江[5] 通过对不良地质条件下 TBM 卡机情况分析，提出侧导坑法减少破碎围岩带给盾壳的压力，使 TBM 顺利脱困；徐鹏[6] 依托某深埋 TBM 隧道工程，通过数值模拟分析在不同工况下 TBM 卡机情况，提出锚杆支护降低 TBM 通过软弱破碎地层的卡机风险；秦银平等[7] 为解决断层带 TBM 无法掘进问题，通过对盾体周边围岩进行注浆加固，并在盾尾开挖小导洞，对渣体进行清理，使 TBM 顺利通过断层；杨杰[8] 为解决围岩大变形使 TBM 卡机问题，提出人工开挖和化学灌浆相结合的方式使 TBM 顺利脱困。但针对长大断层破碎带 TBM 卡机脱困技术而言，相关技术研究较少。

本文以高黎贡山隧道为依托，提出了上半断面开挖和下半断面 TBM 掘进相结合的半断面法施工技术，成功解决了 TBM 穿越花岗岩软弱破碎带卡机问题。

2. 工程概况

本隧道工程全程处于直线上，总长 34.5km，最大坡度为 23.5‰，隧道最大埋深为 1155m。

地下水主要为基岩裂隙水，地表局部沟槽为少量第四系松散岩类孔隙水，地下水以大气降雨补给为主，局部受地表水体补给。本隧道工程出口施工段主要地层岩性为片岩、全风化花岗岩、千枚岩夹石英岩、变质砂岩地层，并且岩层含水量较大，岩体长期暴露在空气中，会发生松弛变形，而软岩段围岩的自承能力不足，更易发生大变形。

由于此隧道施工过程中受到软弱围岩、涌水、断层等多种不良地质影响，使得 TBM 在施工过程中出现频繁卡机的情况，为解决 TBM 卡机脱困，创新性地提出半断面施工技术。

3. 软弱破碎带 TBM 卡机情况分析

3.1 刀盘被卡

TBM 在全风化及遇水流沙地层中掘进施工，极易遭遇刀盘被卡现象[9]，一般可分为两种情况（图 1）。一种是岩体具有一定强度的，节理裂隙发育受扰动后垮塌形成大块状/块状堆积体，堆积在刀盘周围和前面，不规则交错岩体卡在滚刀与掌子面、刮渣口与周围完好岩体之间，导致刀盘不能转动。另一种是岩体强度低的，受扰动后呈泥沙状包裹在刀盘面板上，即常见的刀盘结泥饼、糊刀盘，致使刀盘旋转阻力增大，严重时刀盘无法转动。

(a) 刀盘转动受阻   (b) "涌砂"不断涌入刀盘

图 1   TBM 刀盘被卡

3.2   盾体被卡

软弱破碎地层 TBM 护盾被卡主要有两种形式[10]（图 2）：一是护盾周围破碎范围较大，大量松散渣体堆积在其周边，致使护盾被卡；二是存在软岩变形段落，围岩迅速收缩变形，导致护盾被卡。

(a) 围岩松散盾体"被卡"   (b) 围岩收敛盾体"被卡"

图 2   TBM 盾体被卡

3.3   无法推进

软弱破碎地层由于围岩不能自稳，扰动时持续垮塌，破碎渣体在刀盘旋转过程中持续涌入刀盘，造成刀盘扭矩增大，皮带机压力增大。掘进过程中，一是由于皮带机压力大极易压死。二是扭矩增大，电机超负荷运行后极易由于自我保护而跳停，导致不能增加推力，使得刀盘无法前进，原地转刀盘持续扰动，致使破碎垮塌范围持续增大，如图 3 所示。

(a)"涌砂"不断涌入皮带   (b)"涌砂"不断涌入刀盘

图3　TBM无法推进

4. 半断面工法卡机脱困技术

半断面法卡机脱困技术相较于传统的迂回导坑法在超前处理断层破碎带中，具有工作量小、节约成本的优点，可以循环加固开挖，创造了有利的超前加固作业条件，避免了TBM由于作业空间小导致的就地加固不到位、掘进过程中出现超量出渣、隧道坍塌的风险。

半断面法通过上半断面开挖和TBM共同掘进的方式，在护盾上方开挖180°施作管棚洞室，在洞室内施作超前管棚并注浆加固（图4）。管棚施工完成后向掌子面前方进行上半断面导坑开挖，由上而下分部开挖并支护。第一循环开挖25m，完成后向掘进至已按半断面开挖的掌子面处，再停机进行第二循环管棚施工及半断面开挖，直至通过该断层破碎带段。

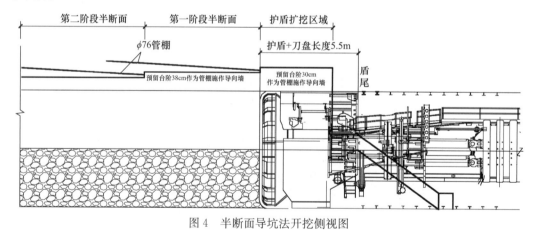

图4　半断面导坑法开挖侧视图

4.1　施工准备及侧导坑施工

施工准备主要包含超前泄水、盾体区域及掌子面加固、侧导坑开口加固。三者同步施工，盾体区域及掌子面加固、侧导坑开口加固完成后，钻孔验证，确保加固到位后方可进行下步施工。

（1）侧导坑开口加固

为了确保洞口的围岩在施工过程中的稳定性，采用单/双液浆对此处围岩进行加固，普通水泥单液浆水灰比 $W：C＝(0.6～1)：1$；水玻璃双液浆水灰比 $W：C＝(0.8～1)：1$；水玻璃浓度：$30～35Bé$；体积比 $C：S＝1：1$。

进行注浆的准备，应先连结注浆管道，并对管道进行压力测试，从而确保管道无漏浆、空载压力等现象。在注浆前应先确保注浆程序，由拱顶部位开始。注浆过程中应关注注浆的用量、注浆压力及周围初支情况，若发现压力飞快上升，但浆液没有注入或注入量很小的情况，则可以将浆液的浓度降下来，查看注浆管是否堵塞，并进行疏导。

（2）超前泄水

如果地层含水量较为丰富，为确保盾体区域加固效果，防止进一步恶化围岩，为后续施工创造有利条件，于护盾后方拱腰两侧采用潜孔钻机打设孔深为 35m、偏角 12°、仰角 15°的泄水孔，如图 5 所示。

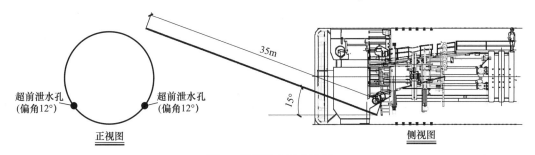

图 5　盾尾泄水孔布孔图

（3）盾体区域及掌子面加固

从盾尾部向掌子面倾斜的角度或从刀盘内向掌子面打设灌浆管，对盾体周围的围岩进行灌浆和加固，如图 6、图 7 所示。在盾尾注浆管安装前段可以呈放射型向两端扩散，以此来扩大注浆加固的面积。在进行注浆加固时，可以使用灌浆小导管，也可以使用玻璃纤维中空锚杆。当护盾前方有破碎岩体不能成孔的时候，可以使用 YT-28 钻机，将前端具有尖锥的小导管顶入。

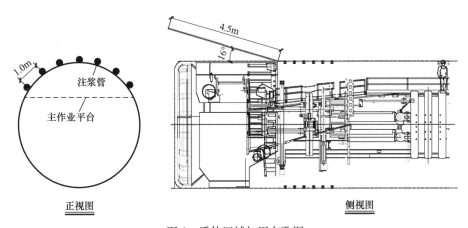

图 6　盾体区域加固布孔图

① 盾体周边加固材料的选用

为避免水泥单液浆和双液浆在松散破碎以及地下水较发育的断层破碎带段注浆，浆液

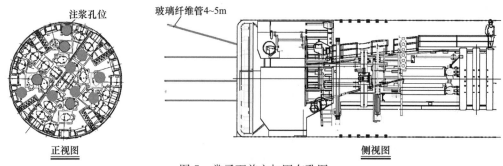

图 7　掌子面前方加固布孔图

材料四处流散进入设备里面，进而使设备破损，所以选用化学浆液进行注浆加固。

② 注浆

注浆泵采用 3ZBQS-12/20 型气动注浆泵，该型号泵其进气压力为 $0.4 \sim 0.63$ MPa，由 $3 \mathrm{m}^3 /\mathrm{min}$ 的空压机即可带动使用。

③ 注浆结束标准

灌浆结束标准如下：

a. 掌子面的出水已经被堵塞或显著降低。

b. 将刀盘和掌子面上的泡沫浆料清除干净，观察浆料表面的回弹区域，用风镐将其切割下来，并进行固化，以确定其固化状态。

c. 开一个检验孔，重新注浆，如果没有注浆，说明注浆效果达到了要求。

d. 以累积的钻孔注浆数量为基础，计算出每孔注浆数量以及当时注浆的平均注浆数量，来判定当时注浆的效果。

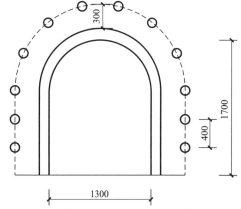

图 8　左右侧导坑开口锁口图（单位：mm）

（4）侧导坑施工

综合考虑以下两个因素，一是考虑节约成本及工期；二是考虑后续出渣及施工安全逃生通道。小导坑开口位置选择在盾尾后 5.8m 处。侧导坑开口前，在侧导坑开挖轮廓线外 30cm，以环向间距 40cm、外插角 $15°$ 设置一圈长度为 3m 的 $\phi42$ 钢插管锁口，如图 8 所示。

导坑采用人工开挖，手推车出渣，两侧导坑同步开挖。导坑净宽 1.3m，净高 1.7m，导坑开挖至距离刀盘 4m 处开始盾体区域扩挖施工。侧导坑主要支护选用 HW150 型钢支撑架，间隔 0.75m；支撑架之间纵向选用 HW100 型钢连结，间隔 30cm；导坑外侧使用混凝土封闭，厚度 20cm。

4.2　盾体区域扩挖施工

侧导坑开挖完成后采用人工方式由两侧自下而上对拱部 $180°$ 进行扩挖，长度为刀盘向后 4m。刀盘区域施工成帽檐形式并使用斜撑稳固在门架上。盾体区域扩挖高度为 1.3m。支护主要采用 HW150 型钢支撑架，间隔 0.75m；支撑架之间纵向选用 HW100 型钢连结，间隔 30cm；导坑外侧使用混凝土封闭，如图 9～图 11 所示。

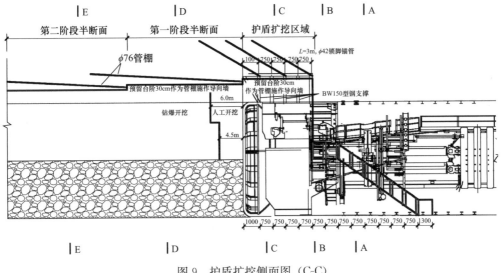

图 9　护盾扩挖侧面图（C-C）

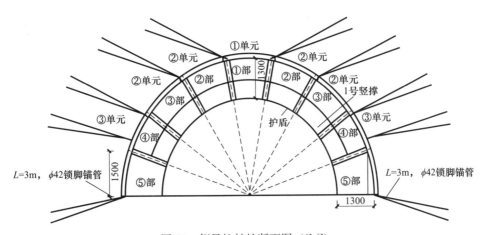

图 10　侧导坑扩挖断面图（C-C）

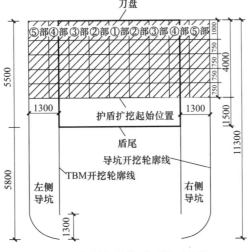

图 11　侧导坑扩挖平面图（C-C）

4.3 第一阶段半断面施工

（1）超前管棚施作

应用侧导坑扩挖空间，对拱部120°范围内施作 $\phi76$ 超前管棚对前方围岩先行加固，钻孔采用单孔和双孔间隔施工。管棚在TBM开挖轮廓面，管棚环向间距40cm，依据每循环半断面开挖长度确定，打设角度为1°～3°，管棚分节长度为1.5m，管节间采用套管连接，邻近管棚接口处错开1.0m以上，管棚尾端布置3m止浆段，其余部位梅花形设立溢浆孔[11]。

（2）管棚注浆加固

管棚注浆加固，注浆材料选用单/双液浆，漏浆严重情况下使用双液浆，其余以注单液浆为主。

（3）半断面开挖

注浆加固完成，钻孔验证，确保前方围岩稳定，以护盾扩挖净空断面收缩30cm进行第一阶段半断面扩。第一阶段半断面采用人工自上而下、分为上下台阶开挖，上台阶达到6m，下台阶达到4.5m后，渣体采用人工手推车通过侧导坑出渣。采用钻爆法继续以上下台阶法开挖，所有循环的开挖长度为0.75m，三个循环上下台阶各打设一个长度为3m的探孔，确定开挖是否安全。当上台阶长度达到25m后停止开挖，以钻爆法开挖，渣体通过TBM出渣系统出渣。半断面导坑支护采用HW150型钢支撑架，间距0.75m，在拱脚安装3m长的锁脚锚，全环按照0.6m×0.6m间隔安装3m长"L"型砂浆锚杆，如图12所示。

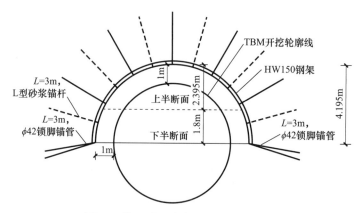

图12 第一阶段半断面开挖图（D-D）

4.4 TBM掘进

（1）TBM掘进前准备

在清理工作区中的杂物后，再将导坑竖撑与护盾分离。竖向支撑的切割顺序是从两边到中间，按掌子面到洞口的方向，将竖向支撑与护盾切割下来。割除过程中做好监控量测，割除后在竖撑与护盾间放入槽钢，以减小后续掘进竖撑与护盾摩擦力。

（2）TBM掘进

竖撑与护盾分离后，随即掘进，TBM开挖至第一阶段下台阶处停机进行下一循环施工。在导坑扩区暴露出护盾，导坑扩挖区域揭露出护盾后，隧道初支拱架间距与导坑拱架间距保持一致，并与导坑竖撑焊接牢固。掘进过程中需最大限度地保证 TBM 在通过时"不低头、不跑偏"[12]。

4.5 第二循环与回填

第一阶段掘进完成后，在第一阶段净空断面基础上收缩断面 30cm 后按照第一阶段施工流程继续施工，直至通过断层破碎带。

TBM 通过断层破碎带后，针对揭露出护盾后的扩挖区域，采用分段关模注浆回填。扩挖区域按照环纵向 2.0m×2.0m 埋设 $\phi76$ 泵送管及 $\phi42$ 注浆管，泵送管埋至距离开挖轮廓面 20cm 处，$\phi42$ 尖锥形注浆管顶至开挖轮廓面，并与初支拱架焊接牢固，如图 13 所示。

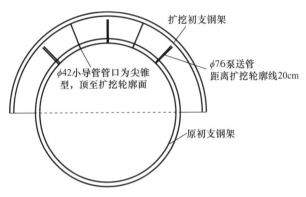

图 13　泵送管及注浆管安装图

利用已支护型钢钢架对塌腔范围及周边绑扎木模进行封闭，模板架立需绑扎牢固，缝隙堵塞严密，防止漏浆。模板安装后采用在洞外拌合完成的 C25 混凝土，由罐车运输进洞，从 TBM 自带混凝土输送泵处延伸泵送管路至扩挖区域处进行混凝土灌注。回填需分层进行，每层灌注厚度为 1m 左右，当排气管内有混凝土流出时，终止回填。混凝土回填施工完成后通过预埋 $\phi42$ 注浆管注浆加固。

5. 结论

本文针对高黎贡山隧道在施工过程中遇到 TBM 无法掘进、卡机等问题，提出半断面施工技术，其在特殊情况下具有以下优点：

（1）超前 TBM 掌子面对上半断面人工开挖支护，减小刀推进及刀盘周边阻力，避免 TBM 卡机，基本保证了 TBM 在断层破碎带中连续推进。

（2）以 TBM 掘进为主，仅对上半断面采用人工开挖处理，相较于传统的迂回导坑法超前处理断层破碎带工作量小，节约成本。

（3）超前采用半断面循环加固开挖，创造了有利的超前加固作业条件，避免了 TBM 作业空间小就地加固不到位、掘进过程中出现超量出渣、隧道坍塌的风险。

（4）半断面导坑法开挖，可直观判断围岩条件，支护参数可灵活调整，可一次支护到位，施工质量、安全均可得到保证，同时避免 TBM 掘进通过后对盲区进行针对性补二次充注浆加固。

参 考 文 献

[1] 王梦恕. 中国盾构和掘进机隧道技术现状、存在的问题及发展思路 [J]. 隧道建设，2014，34 (3)：179.

[2] 杜立杰. 中国 TBM 施工技术进展、挑战及对策 [J]. 隧道建设，2017，37 (9)：1063.

[3] 徐虎城. 断层破碎带敞开式 TBM 卡机处理与脱困技术探析 [J]. 隧道建设（中英文），2018，38 (S1)：109.

[4] 陈章. 双护盾 TBM 化学灌浆断层脱困技术应用 [J]. 建筑机械化，2022. 43 (5)：58-60.

[5] 王江. 引水隧洞双护盾 TBM 卡机分析及脱困技术 [J]. 隧道建设，2011，31 (3)：228.

[6] 徐鹏，黄俊，周剑波，等. 护盾式 TBM 穿越断层破碎带岩机相互作用三维数值模拟研究 [J]. 现代隧道技术，2020，57 (6)：63-69.

[7] 秦银平，孙振川，陈馈，等. 复杂地质条件下 TBM 卡机原因及脱困措施研究 [J]. 铁道标准设计，2020，64 (8)：92.

[8] 杨杰. 关于双护盾 TBM 卡机处理施工技术研究 [J]. 科技资讯，2016，14 (16)：52.

[9] 王亚锋. 高黎贡山隧道 TBM 不良地质条件下卡机脱困施工关键技术 [J]. 隧道建设（中英文），2021，41 (3)：441.

[10] 杨垒. 软弱地质条件下双护盾 TBM 脱困技术 [J]. 科技创新与应用，2022 (1)：50.

[11] 刘建平，赵海雷. 小导洞施工技术用于高黎贡山隧道平导 TBM 脱困 [J]. 建筑机械化，2018 (12)：16.

[12] 黄圣玲，周俊，李威. 隧道掘进机后配套皮带机防跑偏设计 [J]. 装备机械，2018 (1)：46-48.

拼装式移动钢支撑加固平台在顶桥中的应用

刘金国，湛敏，田丰

（中铁第五勘察设计院集团有限公司，北京 102600）

摘 要：为了对轨道结构存在较大高差的多股道铁路顶桥工程加固体系设计难点进行研究，以河北省衡水市人民东路框架桥顶进下穿京九铁路为工程实例，提出了一种拼装式移动钢支撑加固平台，并对其结构尺寸、受力分析和施工步骤进行了深入探讨。工程实践应用表明，对于轨道结构存在较大高差的多线铁路顶桥工程，采用拼装式移动钢支撑加固平台方案合理可行；拼装式移动钢支撑加固平台能够实现与框架主体、横梁之间的结构体系转换，固定、拆卸方便，实用性强；采用拼装式移动钢支撑加固平台可减少加固体系在铁路限界附近的安、拆操作工序，缩短铁路封锁要点施工时间，减少钢材用量，降低工程投资，为后续其他类似工程实施提供参考和借鉴。

关键词：下穿式框架桥；较大高差；多股道铁路；高低箱；顶进

Application of assembled mobile platform reinforcement by steel supports in jacking bridge

LIU Jinguo，ZHAN Min，TIAN Feng

（China Railway Fifth Survey And Design Institute Group Co. ，Ltd. ，Beijing 102600）

Abstract：In order to study the difficulties in the design of the multi-line railway jacking bridge engineering with large height difference in the track structure，a method of assembling mobile steel support reinforcement is expounded by taking the top of the frame bridge of Renmin East Road in Hengshui City Hebei province as an example to pass through the Beijing-Kowloon Railway. The overall design idea of the platform，and its structural size，force analysis and construction steps are discussed in depth. The results show that for the multi-track railway top bridge project with a large height difference in the track structure，the assembled mobile steel support is used to strengthen the platform. The scheme is reasonable and feasible；the assembled mobile steel support reinforcement platform can realize the structural system conversion between the frame main body and the beam，which is convenient to fix and disassemble，and has strong practicability；the use of the assembled mobile steel support reinforcement platform can reduce the reinforcement system in the vicinity of the railway boundary. It can shorten the construction time of railway blockade key points，reduce the consumption of steel，and reduce the investment of the project，so as to provide reference and reference for the implementation of other projects in the future.

Key words：underpass frame bridge；large height difference；multi track railway；high-low box；jacking

1. 引言

近年来，随着城市规模的不断扩大和铁路行业的飞速发展，越来越多的市政道路与铁路营业线交叉。为了保证铁路营业线的运营安全，一般都采用顶桥下穿的方式穿越铁路营业线。针对轨道结构存在较大高差的多股道铁路，顶桥作业往往难以实施，国内相关研究也较少。顶桥作业通常采取的方案有两种：一是分别采用高、低箱两个独立桥体，从铁路两侧双向顶进，在铁路线间合龙。郑建广[1] 以北京铁路枢纽丰台站改建工程榆树庄六号路框构桥为例，对多股道大高差框架桥双向顶进施工技术进行了深入研究和总结，为类似工程施工提供参考。二是采用高低箱连体框架桥，从高股道铁路外侧预制桥体，始发顶进，在低箱框架顶部和混凝土刃角上满布临时支撑钢架，通过钢架引导桥体滑过高股道铁路到达合适位置后，逐步拆除支撑钢架，直至桥体最终到达设计位置。侯爱臣[2] 结合河北省唐山市永红地道桥改建工程，对此类线路加固方案进行了介绍。相对而言，第一种方案需使用两套独立的顶进后背体系，工程规范有较大增加，临时占地增多，由于桥体在铁路线间合龙，拆除刃角时施工安全风险较高；对于第二种方案，如果桥体较宽，钢支架费用常达数百万元，平台制作、拆除工作量大且工艺难度大，在铁路限界附近作业施工安全风险极高。

针对上述情况，本文以衡水市人民东路框架桥顶进下穿京九铁路工程为例，提出了一种拼装式移动钢支撑加固平台（以下简称支撑平台），通过双层热轧 H 型钢结构配合小滑车抽换，实现铁路轨道的持力和整个支撑加固体系的连接方式转换。本次研究的支承加固不仅能够较好地克服以上两种方案的缺点，而且能够大幅度减少钢构件数量，减少加固体系在铁路限界附近的安、拆操作工序，缩短铁路封锁要点施工时间，降低工程投资。

2. 工程概况

衡水市人民东路是衡水市"一环七横七纵"城市主干路网的重要组成部分，规划为城市主干路，道路设计速度 50km/h，双向六车道，规划红线宽度 50m。当前人民路东延已施工至京九铁路西侧 110m 处，既有断头路与东环路被京九铁路阻断。规划的人民东路与既有京九铁路相交，与京九上行线交角为 76.8°，与京九下行线交角为 77.6°，拟采用 (8-12.5-12.5-8)m 框架桥顶进下穿京九铁路路基。

京九铁路为国铁 I 级双线电气化铁路，呈南北走向，采用 60kg/m 钢轨、无缝线路、钢筋混凝土枕。桥址位于京九铁路衡水站与大葛村站区间，无规划铁路线路，道路由东向西分别与京九铁路下行线、京九铁路上行线交叉，铁路线间距约 10m，两股道铁路高差 0.9m。本段铁路为直线段，路基填方高约 7m，断面布置如图 1 所示。

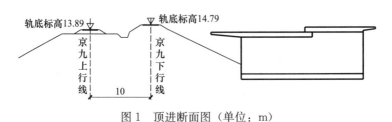

图 1　顶进断面图（单位：m）

框架桥拟采用 4 孔连体结构，净跨度为 (8-12.5-12.5-8)m。沿桥体纵断面设计为高低箱连体形式。高箱框架桥顶板顶面距京九铁路下行线轨底 0.8m，低箱框架桥顶板顶面距京九铁路上行线轨底 0.8m。框架桥主体前端刃角长 5m，主体后端尾墙长 3.5m，尾墙侧人行道悬臂板长度 2.0m，框架桥顶进到位后将刃角补齐，两侧接重力式挡墙。工作坑设置在京九下行线路基坡脚外侧，坡顶距离京九铁路下行线 22.7m。

3. 支撑平台设计及受力分析

3.1 设计构思

当前，国内高低箱连体顶桥实例较少。在已实施的高低箱顶桥实例中，临时支撑钢架沿线路方向布置长度为桥体宽度，横向满布于低箱框架和混凝土刃角上方。此种布置方式有三个缺点：一是临时支撑钢架焊接及拆除工作量巨大，大量钢件连接工作要在邻近铁路或铁路营业界限内进行，安全风险高；二是施工机具、材料要跨铁路线运输，操作难度大；三是钢结构数量多，导致工程投资增加较多。

为克服以上缺陷，对背景工程中的支撑平台进行了巧妙构思：一是支撑平台采用拼装式移动结构体系，随桥体同步移动；即平台纵向仍沿铁路方向按桥体宽度满布，横向分布范围仅 2.6m，满足轨道受力要求即可。二是支撑平台随桥体顶进至高轨道下方时进行连接体系转换，支撑平台与低箱框架解体后采用小滑车与其滚动连接，支撑平台与高轨道的加固横梁则采用橡胶垫片连接，使低箱桥体与支撑平台共同前进。三是高箱桥体顶进至高轨道下方时，支撑平台已逐步进入铁路安全区，支撑平台的拆解及运输均在铁路安全区进行，极大地避免了营业限界内施工的安全风险。

框架桥下穿铁路顶进施工受到很多不确定因素影响，容易产生线路加固失效和路基塌方事故，施工风险大，针对此种情况，已有学者进行了相关研究[3,4]。另外，高低箱连体顶进，支撑平台需在铁路轨道正下方进行体系转换，施工操作难度更大，必须从设计层面进行优化，确保铁路安全万无一失。

3.2 支撑平台设计

支撑平台采用热轧 H 型钢组合结构：下层为 HN500mm×200mm，结构尺寸为：(496×199×8×12)mm，顺铁路线路布置，每组 2 根，间距 0.8m，中心距 1.0m，底部通铺橡胶垫片，作为上层工字钢基础；上层为 HN300mm×150mm H 型钢结构尺寸为：(300×150×6.5×9)mm，垂直铁路密布，上铺 0.05m 厚硬杂木板，直接承受小滑车传递下来的列车活载及轨道加固全部重量。加固体系横断面如图 2 所示。

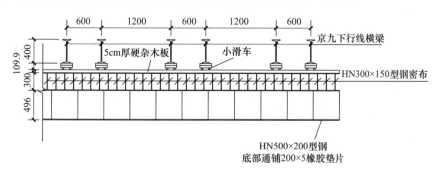

图 2　加固体系横断面（单位：mm）

3.3 支撑平台受力分析

本工程采用的拼装式移动钢支撑加固平台形式为双层 H 型钢。下层 HN500×200 H 型钢仅起支墩作用，上层 HN300×150 H 型钢直接承受荷载，可看作多孔等跨连续梁结构，承受京九铁路下行线横梁通过小滑车传递下来的集中荷载。不考虑线路加固体系横梁刚度，采用杠杆法计算中间小滑车支反力 P。支撑平台上层结构受力分析时的计算简图如图 3 所示。

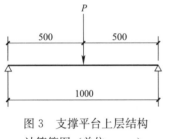

图 3 支撑平台上层结构计算简图（单位：mm）

3.4 计算结果

根据规范[5]，支撑平台采用的 Q235qD 钢容许弯曲应力 σ_w 为 140MPa，容许剪应力 τ 为 80MPa。经过计算，支撑平台上层型钢最大弯曲应力为 110.97MPa＜140MPa，支撑平台上层型钢最大剪应力为 68.4MPa＜80MPa，支撑平台上层型钢跨中最大挠度为 0.18mm＜$L/500$（L 为支撑点跨度）＝1.2mm，均满足有关规范要求。

3.5 实施对比

根据以上设计，分别从安、拆操作工序、铁路封锁要点施工时间以及支架钢材用量三个角度，与以往采用的高低箱顶桥临时支撑钢架方案进行对比，对比结果见表 1。

不同方案关键技术指标对比　　　　　　　　　　　　　　　　　　表 1

方案	安、拆操作工序	铁路封锁要点施工时间（d）	支架钢材用量（t）
临时支撑钢架方案	复杂	48	290
拼装式移动钢支撑加固平台方案	简单	14	187

可见，采用拼装式移动钢支撑加固平台可减少加固体系在铁路限界附近的安、拆操作工序，缩短铁路封锁要点施工时间，并减少钢材用量，优势明显。

4. 工程应用

4.1 线路加固

线路加固采用常规的（3-5-3）扣吊轨梁和横抬纵挑法布置的工字钢纵横梁以及路基防护桩、支撑桩、横移桩及顶梁组成的加固系统，并参考国内有关文献资料[6-9]进行了适当改进。根据中国国家铁路集团有限公司规定和中国铁路北京局集团有限公司的要求，京九铁路线路加固时安装与拆除吊轨梁需在封锁点内施工，框架桥顶进期间必须满足列车慢行时速为 45km/h 的要求。对于线路防横移措施，在路基对侧设抗横移桩，同时框架顶板预制时在尾部每隔 3m 设置拉环，采用捯链与线路加固系统联系在一起，顶进时随即拉紧捯链，桥外部分设地锚拉紧线路。

4.2 支撑平台

框架桥预制的同时，在框架桥低箱顶部设置支撑平台，通过预焊接组成受力骨架，安装于低箱框架桥顶部。支撑平台、框架桥及线路加固体系共同支撑京九铁路轨道结构，保障铁路安全运营。随着框架桥逐步向前顶进，支撑平台在铁路线间的施工安全区域内渐次拆除。支撑平台安装效果如图 4 所示。

图 4　拼装完成后的支撑平台实景图

4.3 施工步骤

根据背景工程，顺利进行了顶桥施工作业，各项指标满足铁路部门的要求。主要施工步骤如下：

（1）施做工作坑，预制高低箱框架桥，然后完成京九铁路线路加固体系及顶前注浆施工。①低箱框架桥顶部安装支撑平台及钢刃角；②铁路线间施工硬隔离设施形成安全区域，在安全区域内施工线间支撑桩；③在安全区区域内施工上、下行股道横梁之间连接装置。

（2）顶进框架桥，京九铁路下行线加固体系中的工字钢横梁逐步安置于低箱顶部的支撑平台上。①钢刃角及支撑平台安置于低箱框架桥前端，随框架桥同步前进，分别承担切土及列车活载作用；②随着顶进作业，支撑平台上部安装小滑车及垫块，垫块高度根据原轨道高度严格区分；③钢刃角上部不能安装小滑车，严禁承担横梁荷载。

（3）继续顶进框架桥，直至低箱顶部支撑平台正好位于京九下行线轨道正下方，小滑车改变位置，体系转换后继续施工。①拆除支撑平台上部小滑车，支撑平台与京九下行线加固系统横梁之间改为垫块支撑（加橡胶板垫层）；②利用千斤顶支撑钢结构支撑平台，将小滑车安置于支撑平台下方，且小滑车位置正好位于钢轨下方；③框架桥继续顶进，支撑平台与钢刃角分离，支撑平台停留于下行线轨道正下方不再移动。

（4）继续顶进框架桥，直至刃角前进至线间桩位置，在铁路安全区内切除钢刃角，继续顶进，框架桥内破除线间支撑桩。①钢刃角于京九下行线高路基一侧穿出，进入线间铁路安全区域后即可切除运走；②京九上行线一侧横梁可通过刃角骨架间间隙提前搭至框架桥钢筋混凝土刃角上；③框架桥继续顶进，低箱框架桥结构进入京九上行线下方。

（5）继续顶进框架桥，直至高箱框架桥前端顶紧支撑平台，小滑车再次改变位置，体系再次转换后继续施工。①拆除支撑平台底部小滑车，支撑平台与框架桥顶板之间改为垫块支撑（加橡胶板垫层）；②利用千斤顶支撑加固横梁，将小滑车安置于支撑平台与横梁之间；③框架桥继续顶进，支撑平台与框架桥整体前进，高箱框架桥结构进入京九下行线下方。

（6）继续顶进框架桥，直至支撑平台接近横梁连接体系，顶进过程中分部拆除支撑平台，通过安全通道运出。①支撑平台的拆除及运输必须在线间安全区域内进行，不可侵入铁路限界[12]；②支撑平台的拆除及运输过程中不可使用大型机械设备，只能使用人力或者小型设备。

（7）继续顶进框架桥，直至到达设计位置。

（8）拆除线路加固系统，恢复线路，施工其余结构。上行线外侧支撑桩与抗横移桩破除工作与常规顶桥工序相同。

通过上述步骤精心施工，框架桥顺利顶入设计位置，如图5所示。

图5 顶进框架桥顺利就位

5. 结论与展望

作为国内第一次采用拼装式移动钢支撑加固平台进行铁路顶桥施工的工程，衡水市人民东路下穿京九铁路立交桥于2022年4月23日顺利顶进就位，其顺利实施表明：

（1）对于轨道结构存在较大高差的多线铁路顶桥工程，采用拼装式移动钢支撑加固平台，满足铁路加固系统的强度、刚度、稳定性等各项指标要求，设计构思和施工方案合理可行。

（2）拼装式移动钢支撑加固平台通过橡胶垫板、小滑车能够轻松实现与框架主体和横梁之间的结构体系转换，固定与拆卸方便，实用性强。

（3）采用拼装式移动钢支撑加固平台可减少加固体系在铁路限界附近的安、拆操作工序，缩短铁路封锁要点施工时间，并减少钢材用量，降低工程投资。

（4）拼装式移动钢支撑加固平台的成功使用，进一步丰富了轨道结构存在较大高差的多线铁路顶桥施工方法，拓展了顶桥工程的应用范围，为后续其他类似工程实施提供参考和借鉴。

参 考 文 献

［1］ 郑建广. 多股道大高差复杂地质框构桥双向顶进施工技术研究［J］. 铁道建筑技术，2019（12）：67-71.

［2］ 侯爱臣，侯洪才. 框架桥顶进中超常高度线路加固方案［J］. 铁道建筑技术，2004（5）：52-53.

［3］ 陈云钢，张胜，孙传龙，等. 箱涵下穿顶进施工安全风险研究［J］. 建筑技术，2021，52（2）：202-205.

［4］ 李家稳，孙先委，王峰峰. 框架桥下穿既有铁路施工风险监控研究［J］. 铁道标准设计，2019，63（1）：86-91.

［5］ 中华人民共和国铁道部. 铁路桥涵设计规范：TB 10002—2017［S］. 北京：中国铁道出版社，2017.

［6］ 孟国清. 既有线框构桥顶进施工纵、横梁加固体系的分析［J］. 铁道工程学报，2007（7）：42-46.

［7］ 王朵. 在既有线下顶进框架桥的线路加固施工技术［J］. 铁道建筑，2005（5）：24-26.

［8］ 王心顺. 大纵梁体系在框架桥跨线施工线路加固中的应用［J］. 世界桥梁，2017，45（4）：84-87.

［9］ 刘金国. 下穿京九铁路超宽顶进式排水框架桥的设计与实践［J］. 铁道标准设计，2017，61（10）：79-84.

端钩型钢纤维超高性能混凝土单轴受压性能研究

常亚峰[1]，赵茜[2]，侯亚鹏[1]，尹文哲[1]，王峰[1]

（1. 陕西省建筑科学研究院有限公司，陕西 西安 710082；

2. 三门峡职业技术学院建筑工程学院，河南 三门峡 472000）

摘　要：为研究端钩型钢纤维对超高性能混凝土（UHPC）的受压力学性能的影响，通过 15 个 UHPC 立方体试件和 30 个 UHPC 棱柱体试件的受压试验，观察 UHPC 试件的试验现象及破坏形态，分析了纤维约束系数 Ω_f 对 UHPC 抗压性能的影响。结果表明：未掺钢纤维试件受荷破坏前无明显征兆，最终呈现"倒锥形"崩坏；掺入纤维的 UHPC 试件最终破坏呈多条斜向裂缝，最终保持完整形态。与未掺钢纤维试件相比，随纤维约束系数 Ω_f 的增大，UHPC 抗压强度和峰值应变呈曲线趋势增长；各纤维约束系数的 UHPC 试件的弹性模量差异不显著。引入上升段增强系数 β 和下降段坡降系数 χ，建立了端钩型钢纤维 UHPC 单轴受压应力-应变全曲线理论表达式，与试验结果吻合较好。

关键词：纤维约束系数；超高性能混凝土；受压性能；端钩型钢纤维；应力-应变曲线

Study on The uniaxial compressive properties of ultra-high performance concrete with end-hooked steel fiber

CHANG Yafeng[1], ZHAO Xi[2], HOU Yapeng[1],

YIN Wenzhe[1], WANG Feng[1]

（1. Shaanxi Academy of Building Research Co. , Ltd. , Shaan Xi XI'an 710082；

2. School of Architectural Engineering, Sanmenxia Polytechnic,

Henan Sanmenxia 472000）

Abstract：To investigate the effects of end-hooked steel fibers on the compressive mechanical properties of ultra-high performance concrete (UHPC), 15 UHPC cubic specimens and 30 UHPC prismatic specimens were tested under compression. The test phenomena and damage morphology of UHPC specimens were observed, the effect of fiber confinement coefficient Ω_f on the compressive properties of UHPC was analyzed. The results showed that the specimens without steel fiber had no obvious signs of damage before loading and finally showed "inverted cone" collapse; the UHPC specimens doped with fiber finally broke with multiple oblique cracks and finally kept the complete form. Compared with the specimens without fibers, the compressive strength and peak strain of UHPC increased with the increase of fiber restraint coefficient Ω_f. The differences of elastic modulus of UHPC specimens with different fiber restraint coefficients were not significant. The theoretical expressions of uniaxial compressive stress-strain full curve of end-hooked steel fiber UHPC were established by introducing the enhancement coefficient β of rising section and the slope drop coefficient χ of falling section, which were in good agreement with the test results.

Key words：fiber restraint coefficient；UHPC；compression performance；end-hooked steel fiber；stress-strain curve

1. 引言

超高性能混凝土（Ultra-High Performance Concrete，简称 UHPC）在轴压作用下的轴向应力较横向应力大，导致未掺入纤维的 UHPC 基体沿轴向开裂，而钢纤维阻碍了 UHPC 基体轴向裂缝扩展，因此，钢纤维对 UHPC 的抗压强度、抗拉强度有很大的影响。Hu[1] 等对高掺量短钢纤维和 13mm 长钢纤维的 UHPC 材料试验研究发现，13mm 长钢纤维对 UHPC 的抗压强度提高作用更加明显。Li[2] 等发现与 13mm 短直钢纤维和 60mm 长钢纤维相比，30mm 中等长度钢纤维表现出最佳的利用效率，且钢纤维最佳掺量为 3%。Yoo[3] 等发现使用变形钢纤维（端钩型或扭曲型）可显著提高 UHPC 的力学性能。Wu 等[4] 发现掺入 1.5% 长纤维和 0.5% 的短纤维的 UHPC 表现出最佳抗压性能，并提出了一个解析模型来拟合 UHPC 抗压应力-应变全曲线。Krahl 等[5] 获得圆柱形试样在动态作用下不同钢纤维掺量轴心受压应力-应变曲线预测模型。

国内学者对于 UHPC 单轴受压性能也进行了一些研究，杨剑等[6] 发现 UHPC 受压变形能力较强，且循环加载和单调加载对 UHPC 的应力-应变试验曲线的影响较小。徐海滨等[7] 发现与普通混凝土相比，UHPC 的轴压应力-应变曲线的线性段趋势更明显。郭晓宇等[8] 根据 UHPC 单轴受压试验数据，提出了 UHPC 应力-应变曲线上升段参数的计算方法。管品武等[9] 总结了多位前辈的 UHPC 本构模型，发现各种 UHPC 上升段曲线差异较小，但下降段离散程度很大。刘沐宇等[10] 分别通过对 3 组轻质超高性能混凝土进行单轴抗压试验和拉伸试验，提出了该混凝土的轴压和轴拉本构方程，并确定了其中参数取值。胡翱翔等[11] 通过 6 组 UHPC 棱柱体轴心受压试验，探究了纤维掺量对 UHPC 轴心抗压强度的影响，建立了 UHPC 受压损伤本构方程。本文通过对不同纤维体积百分比的 UHPC 试件进行受压试验，采集试验过程中的数据，观测试验现象，得出 UHPC 的抗压强度和弹性模量。获得应力-应变试验曲线，引入上升段增强系数 β 和下降段坡降系数 χ，建立端钩型钢纤维 UHPC 单轴受压应力-应变全曲线理论表达式。

2. 试验概况

2.1 试验原材料

试验采用的原材料：水泥为 P·O 52.5R 普通硅酸盐水泥；硅灰的比表面积为 $19m^2/g$；石英砂由 10～20 目、20～40 目、40～70 目、70～120 目和 325 目五种级配组成；减水剂为聚羧酸高效减水剂；纤维采用端钩型钢纤维，表 1 为钢纤维的性能指标；图 1、图 2 为试验所用钢纤维构造。

2.2 试验配合比及试件制作

本文基于文献［11］可知，当端钩型钢纤维体积百分比超过 3% 时，钢纤维与 UHPC 拌合物产生结团现象，故本试验将纤维体积百分比控制在 0～3%，研究了纤维体积百分比对 UHPC 基体受压特性的影响，UHPC 材料配合比见表 2，5 组不同的钢纤维体积百分比分别为 0、0.5%、1%、2%、3%，相应的编号为 UHPC 1～5。

图1　钢纤维图片

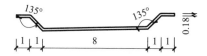

图2　钢纤维端钩示意图（单位：mm）

钢纤维性能指标　　　　　　　　　　　　　　　　　　表1

长度（mm）	直径（mm）	长径比	形状合格率（%）	质量密度（g/cm³）	抗拉强度（MPa）
12	0.18	67	98	7.8	2850

UHPC材料配合比　　　　　　　　　　　　　　　　　　表2

水泥	硅灰	石英砂	减水剂	水胶比
1.00	0.24	1.25	0.03	0.2

本文棱柱体试件尺寸为 $100mm \times 100mm \times 300mm$[12]，每组制作6个试件，每3个各测定其受压应力-应变试验曲线和弹性模量。每组均预留3个同条件养护的边长100mm的立方体试件。

2.3　试验配合比及试件制作

试件加载采用西安理工大学的5000kN液压伺服长柱试验机。①测定立方体抗压强度的加载速度控制为1.2MPa/s。②测定棱柱体应力-应变曲线，预压荷载取破坏荷载的40%，预压加载速度为0.8MPa/s；之后对试件连续、均匀加载，曲线上升段的加载速度为0.8MPa/s，超过最大荷载后改为变形控制，加载速度改为0.2mm/min，加载至试件破坏。③参照文献［13］测定棱柱体弹性模量。

在试件中间位置100mm范围处安装自制位移计支架及位移计（量程为±2.5cm），位移计支架及位移计位置如图3所示。试件承受的竖向荷载由加载机自动量测。将竖向、横向的混凝土应变片粘贴于靠近试件浇筑面的两个侧面中部，如图4所示。

图3　位移计布置图

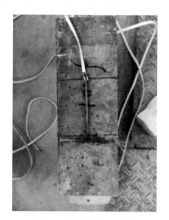

图4　应变片布置图

3. 试件的试验结果

3.1 试验现象及破坏形态

试件 UHPC1：在加载初期，试件基本处于弹性变形阶段。随着持荷的增加，试件内部微小损伤快速蔓延并扩展，但未观察到试件表面出现宏观裂缝。当试件竖向应力达到最大时，微小损伤突然演化为竖向贯通主裂缝而发生无征兆的崩裂破坏。UHPC 1 立方体试件最终呈现出 26.6°的"锥形"破坏；UHPC 1 棱柱体试件呈竖向断裂面的破坏形态。破坏形态如图 5（a）所示。

试件 UHPC 2～5：在加载初期，未发现试件的异常现象。在试件持荷为极限荷载的40%时，试件间歇地发出"嗞嗞"的响声。受荷接近极限荷载的情况下，试件 UHPC 基体在轴向上产生裂纹，与断裂面不平行的纤维使裂缝扩展速度降低，试样表面出现了细小的竖向裂缝。当荷载不断增加时，纤维使斜向主裂纹延展方向发生变化，立方体试件轴向应力达到最大值，造成试件表面出现竖向贯通断裂面的现象［图 5（b）～图 5（e）］。在达到峰值荷载时，试件发出"嘭"的一声响而被摧毁，其断裂面处纤维未断裂。因钢纤维对裂缝两边产生拉结，UHPC 2～5 试件在破坏后，仍保持其完整的形态。裂缝与试件长边方向的夹角随钢纤维的掺量增加而逐渐增大，纤维掺量从 0.5% 增加至 3% 时，夹角分别为 9.46°、11.30°、14.04°、18.43°，如图 5（b）～图 5（e）所示。

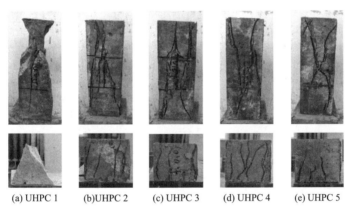

| (a) UHPC 1 | (b)UHPC 2 | (c) UHPC 3 | (d) UHPC 4 | (e) UHPC 5 |

图 5　试件典型破坏形态

3.2 受压力学性能试验结果

通过对 5 组 15 个 UHPC 立方体试件和 5 组 30 个 UHPC 棱柱体试件进行试验，得出其轴心抗压强度、峰值应变、立方体抗压强度、弹性模量及泊松比等力学性能参数，见表 3。其中 V_f 为纤维体积掺量；f_c 为 UHPC 棱柱体轴心抗压强度；ε_c 为 UHPC 峰值压应变；f_{cu} 为 UHPC 立方体抗压强度；E_c 为 UHPC 受压弹性模量；υ 为 UHPC 泊松比。

3.3 应力-应变曲线

图 6 和图 7 为 5 组 UHPC 棱柱体试件的平均应力-应变曲线。随着纤维参量的增大，与

UHPC1（素 UHPC 材料）相比，曲线上升段斜率逐渐增大，此现象在试件的弹性模量试验中得到了证实。随着纤维体积百分比的增加，试件应力-应变全曲线下区域越来越充盈。

UHPC 单轴受压力学性能试验结果 表3

编号	V_f(%)	f_c(MPa)	E_c(×10^{-6})	f_{cu}(MPa)	E_c(MPa)	V	$f_c(f_{cu})$
UHPC 1-1	0	70.02	2220	90.35	32590	0.212	0.775
UHPC 1-2	0	72.67	2290	94.01	32926	0.211	0.773
UHPC 1-3	0	72.27	2270	93.13	32055	0.214	0.776
UHPC 2-1	0.5	82.52	2410	103.68	36471	0.205	0.796
UHPC 2-2	0.5	81.68	2350	102.23	35926	0.208	0.799
UHPC 2-3	0.5	82.10	2380	102.24	37141	0.206	0.803
UHPC 3-1	1	88.10	2470	111.13	38361	0.195	0.791
UHPC 3-2	1	85.50	2500	110.59	39320	0.199	0.773
UHPC 3-3	1	85.21	2380	108.73	38466	0.201	0.784
UHPC 4-1	2	91.57	2690	118.09	36800	0.189	0.775
UHPC 4-2	2	92.30	2610	118.61	39200	0.186	0.778
UHPC 4-3	2	90.30	2600	115.93	39800	0.187	0.779
UHPC 5-1	3	103.91	2930	123.48	39800	0.182	0.841
UHPC 5-2	3	107.58	2940	127.86	42100	0.184	0.841
UHPC 5-3	3	104.04	2990	127.46	40400	0.186	0.816

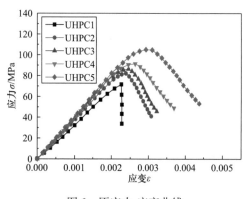

图 6 原应力-应变曲线

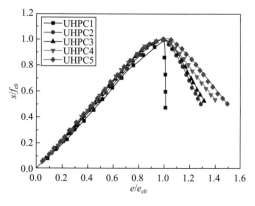

图 7 归一化应力-应变曲线

当竖向压应力超过 75% 后，应力的增长速度变缓，而应变的增长速度加快，非线性特征开始表现得较为明显，表现出应变软化现象。

4. 试验结果分析

4.1 纤维约束系数

由试验结果可知，需考虑纤维约束系数 Ω_f 对纤维增强混凝土受压性能的影响。纤维品种、纤维外形、纤维长径比等参数均对纤维约束系数[12] 产生一定的影响，采用公式（1）进行表述。

$$\Omega_{\mathrm{f}} = \sum_{i=1}^{n} \alpha_{\mathrm{c},i} V_{\mathrm{f},i} l_{\mathrm{f},i} / d_{\mathrm{f},i} \tag{1}$$

式中：$\alpha_{\mathrm{c},i}$ 为纤维种类对约束纤维混凝土的影响指数，端钩型钢纤维取 1.0；$V_{\mathrm{f},i}$ 为纤维体积掺量；$l_{\mathrm{f},i}$ 为纤维长度，mm；$d_{\mathrm{f},i}$ 为纤维直径，mm。

本试验各组试件的纤维约束系数见表 4。

纤维约束系数　　　　　　　　　　　表 4

编号	α_{c}	V_{f}	$l_{\mathrm{f}}/d_{\mathrm{f}}$	Ω_{f}
UHPC 1	—	—	—	—
UHPC 2	1.0	0.005	67	0.335
UHPC 3	1.0	0.01	67	0.67
UHPC 4	1.0	0.02	67	1.34
UHPC 5	1.0	0.03	67	2.01

4.2 纤维约束系数对轴心抗压强度的影响

轴心抗压强度 f_{c} 及其增加幅度与纤维约束系数 Ω_{f} 的关系分别如图 8 和图 9 所示。UHPC 的轴心抗压强度随 Ω_{f} 的增大而逐渐增加。与素 UHPC 基体材料相比，Ω_{f} 为 0.335、0.67、1.34 和 2.01 时，f_{c} 分别提高了 11%、19%、27%、35%，呈逐渐增大趋势；f_{c} 相对增长率分别为 11%、4.3%、6.8%、14.5%，呈先减后增趋势。当纤维体积百分比在 0～3% 时，UHPC 的轴心抗压强度呈逐渐增大趋势。

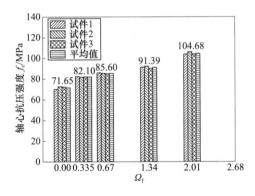

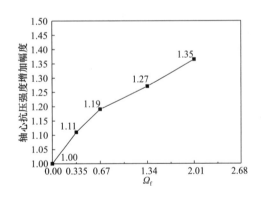

图 8　轴心抗压强度与 Ω_{f} 的关系　　　　图 9　轴心抗压强度增加幅度与 Ω_{f} 的关系

4.3 纤维约束系数对峰值应变的影响

图 10 和图 11 分别为峰值应变 $\varepsilon_{\mathrm{cc}}$ 及其增加幅度与纤维约束系数 Ω_{f} 的关系变化图。Ω_{f} 从 0.335 增至 2.01 时，Ω_{f} 对 $\varepsilon_{\mathrm{cc}}$ 影响较显著，随着 Ω_{f} 的增大，$\varepsilon_{\mathrm{cc}}$ 值逐渐增大，基本呈抛物线增长趋势。与素 UHPC 材料相比，Ω_{f} 为 0.335、0.67、1.34 和 2.01 时，$\varepsilon_{\mathrm{cc}}$ 值分别增加了 5%、8%、16%、29%，如图 6（b）所示；峰值应变相对增长率分别为 5%、2.94%、7.35%、11.4%，纤维约束系数从 0 增至 2.01 时，峰值应变逐渐增加且呈下凸曲线趋势增长。

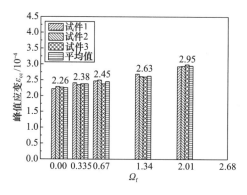

图 10 峰值应变与 Ω_f 的关系

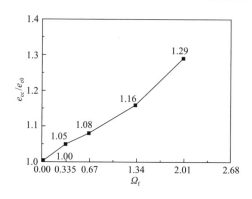

图 11 峰值应变增加幅度与 Ω_f 的关系

4.4 纤维约束系数对弹性模量的影响

UHPC 弹性模量 E_c 及其增加幅度与纤维约束系数 Ω_f 的关系分别如图 12 和图 13 所示。

随着 Ω_f 的增加，E_c 呈增大趋势，UHPC 的弹性模量均在（3.6～4.2）$\times 10^4 \text{N/mm}^2$ 之间。与未掺纤维组相比，纤维约束系数为 0.335、0.67、1.34 和 2.01 时，弹性模量分别增加了 12.3%、19.0%、18.6%、25.3%，如图 13 所示，弹性模量的相对增长率分别为 12.3%、6.0%、−0.3%、5.6%。

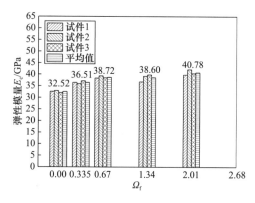

图 12 弹性模量与 Ω_f 的关系

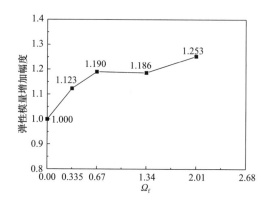

图 13 弹性模量增加幅度与 Ω_f 的关系

5. UHPC 应力-应变全曲线模型

5.1 上升段

由于纤维在轴压作用下会对 UHPC 提供一定的横向约束作用，约束 UHPC 应力-应变全曲线的上升段（$\varepsilon \leqslant \varepsilon_{cc}$）线性程度显著，采用 Mander 模型[14] 的表达形式，即：

$$y = \frac{\beta x}{\beta - 1 + x^\beta} \tag{2}$$

$$\beta = 12.38 - 4.74\Omega_f + 1.035\Omega_f^2 \tag{3}$$

式中：$x = \varepsilon/\varepsilon_{cc}$，$y = \sigma/\sigma_{cc}$，$\beta$ 为上升段增强系数。

图 14（a）为实测数据和计算曲线上升区段的比较，从图中可以看出，两者具有很好的一致性，随着纤维约束系数的增大，曲线上升段差异较小。

5.2 下降段

纤维约束 UHPC 应力-应变全曲线的下降段（$\varepsilon > \varepsilon_{cc}$）采用有理分式的形式，即：

$$y = \frac{x}{\chi(x-1)^2 + x} \tag{4}$$

$$\chi = 18.186 - 10.4\Omega_f + 2.04\Omega_f^2 \tag{5}$$

式中：$x = \varepsilon/\varepsilon_{cc}$，$y = \sigma/\sigma_{cc}$，$\chi$ 为下降段坡降系数。

图 14（b）为实测试验数据与计算曲线下降段的对比，由图 14 可知，随着纤维约束系数的增大，曲线下降段差异显著。

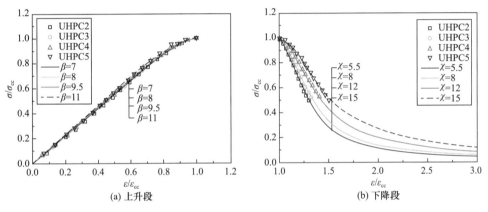

图 14　UHPC2～5 的本构模型

6. 结论

（1）未掺纤维 UHPC 试件受压破坏前现象不明显，最终产生"倒锥形"崩坏，呈脆性破坏。在 UHPC 试件中掺入端钩型钢纤维后，破坏形态表现出多条斜向裂缝；UHPC 棱柱体试件裂缝与试件轴向的夹角随钢纤维体积百分比的增加而增大，且破坏时试件呈现"裂而不碎"的破坏模式。

（2）与未掺钢纤维 UHPC 试件相比，试件的应力-应变曲线上升段斜率随着纤维体积百分比的增加呈逐渐增大趋势；随着钢纤维体积百分数的增大，应力-应变曲线下降区段的斜率逐渐降低，而纤维约束系数对曲线下降区段的影响则更为明显。

（3）引入纤维约束系数对 UHPC 受压试验数据进行分析，随着纤维约束系数的增大，UHPC 抗压强度和 UHPC 峰值应变均呈曲线趋势增长；纤维约束系数对 UHPC 弹性模量的影响不显著。基于试验得出归一化的应力-应变全曲线，引入上升段增强系数 β 和下降段坡降系数 χ，建立了端钩型钢纤维 UHPC 单轴受压应力-应变全曲线理论表达式，与试验结果吻合较好。

参 考 文 献

[1]　Hu A，Yu J，Liang X W，et al. Tensile characteristics of ultra-high-performance concrete [J].

Magazine of Concrete Research，2018，70（5-6）：314-324.

［2］ Li P P，Sluijsmans M J C，Brouwers H J H，et al. Functionally graded ultra-high performance cementitious composite with enhanced impact properties ［J］. Composites partB：Engineering，2020.

［3］ Sawicki B，Eugen Brühwiler. Experimental and Analytical Investigation of Deflection of R-UHPFRC Beams Subfected to Loading-Unloading ［J］. International fournal of Concrete Structures and Materials，2024，18（1）.

［4］ Wen Shi，Cai Jun，et al. Uniaxial Compression Behavior of Ultra-High Performance Concrete with Hybrid Steel Fiber ［J］. Journal of Materials in Civil Engineering，2016.

［5］ Krahl P A ，Saleme Gidrao G D M ，Carrazedo R . Compressive behavior of UHPFRC under quasi-static and seismic strain rates considering the effect of fiber content ［J］. Construction & Building Materials，2018，188（10）：633-644.

［6］ 杨剑，方志. 超高性能混凝土单轴受压应力-应变关系研究 ［J］. 混凝土，2008（7）：11-15.

［7］ 徐海宾，邓宗才. 新型 UHPC 应力-应变关系研究 ［J］. 混凝土，2015（6）：66-68＋79.

［8］ 郭晓宇，亢景付，朱劲松. 超高性能混凝土单轴受压本构关系 ［J］. 东南大学学报（自然科学版），2017，47（2）：369-376.

［9］ 管品武，涂雅筝，张普，等. 超高性能混凝土单轴拉压本构关系研究 ［J］. 复合材料学报，2019，36（5）：1295-1305.

［10］ 刘沐宇，吕昕睿，曹玉贵，等. 轻质超高性能混凝土单轴拉压应力-应变关系 ［J］. 武汉理工大学学报，2019，41（10）：60-65.

［11］ 胡翔翔. 超高性能混凝土单轴受压力学性能试验研究及理论分析 ［J］. 深圳职业技术学院学报，2022，21（5）：47-53.

［12］ 中国工程建设标准化协会. 纤维混凝土试验方法标准：CECS 13—2009 ［S］. 北京：中国计划出版社，2009.

［13］ 中华人民共和国住房和城乡建设部、国家市场监督管理总局. 混凝土物理力学性能试验方法标准：GB/T 50081—2019 ［S］. 北京：中国建筑工业出版社，2019.

［14］ Mander J A B，Priestley M J N. Theoretical Stress-Strain Model for Confined Concrete ［J］. Journal of Structural Engineering，1988，114（8）：1804-1826.

高效型粉尘凝并剂的配方设计研究

付亿伟，魏子杰，陈辉，杨军，邢豪峰

（中国水利水电第五工程局有限公司，四川 成都 610000）

摘　要：本文旨在研究利用化学粉尘凝并剂控制露天扬尘，以河南五岳抽水蓄能电站上水库露天施工为背景，结合化学凝并理论知识，探究一种高效型粉尘凝并剂，同时满足控制经济成本与抑尘效果的实际需要。使用正交试验法确定最优配方比，最终得到高效型粉尘凝并剂的最优配方比为：SDBS＋：碳酸钠：甲基纤维素＝0.18：15：0.02。试验发现高效型凝并剂保湿性、抗风蚀性远远高于水及其他凝并剂，且成本较为低廉。本试验为粉尘凝并剂在爆破扬尘控制、矿山扬尘治理的运用和推广中提供了理论支撑与数据基础。

关键词：高效型粉尘凝并剂；扬尘治理；配方设计；五岳抽水蓄能电站

Research on formulation design of high-efficiency dust coagulants

FU Yiwei，WEI Zijie，CHEN Hui，YANG Jun，XING Haofeng

（Sinohydro Engineering Bureau 5 Company Limited，Sichuan Chengdu 610000）

Abstract：The purpose of this paper is to study the use of chemical dust coagulant to control open air dust. Based on the background of open air construction of upper reservoir of Henan Wuyue Pumped Storage Power Station，combined with the theoretical knowledge of chemical coagulation，an efficient dust coagulant is explored. The optimal formula ratio is determined by orthogonal test method to ensure that the economic cost and dust suppression effect meet the actual needs. Finally，the optimal formulation ratio of the high-efficiency dust coagulant is：SDBS＋：sodium carbonate：methylcellulose＝0.18：15：0.02. It is found that the moisture retention and wind erosion resistance of the high efficiency coagulant are much higher than that of water and other coagulants，and the cost is relatively low. This test provides theoretical support and data basis for the application and popularization of dust coagulant in blasting dust control and mine dust control.

Key words：high-efficiency dust coagulant；dust control；formula design；Wuyue Pumped Storage Power Station

1. 引言

　　随着工业不断发展，经最新数据统计，在大气污染排放中，工业、燃煤、机动车、扬尘这四大来源占比要达到90％以上[1]。大气污染治理一直是环境保护的难题，相比化工燃煤行业对废气的有效治理，工程建设产生的扬尘污染仍然缺少源头污染途径[2]。工程建设现场往往为点源污染伴随面源污染[3]，因现场变化快难以做到完善的源头治理，长期以来不仅影响周边空气质量，对现场施工人员的健康危害也不容小觑。目前，针对工程建设扬尘治理，学者们提出了多种降尘方法，如凝并与除尘[4]、泡沫抑尘[5]、化学凝并抑尘[6]等。其中化学凝并抑尘是一种适用于大面积扬尘面源污染的新型方法，取得良好抑尘效果的同时，具备低投资、易操作、低能耗的优点[7]。目前学者们广泛关注化学凝并治理扬尘的相关研究。

化学凝并技术使用的药剂根据成效可分为润湿型凝并剂、粘合型凝并剂、凝聚型凝并剂及复合型凝并剂等[8]。徐国俊等[9]通过聚乙烯醇与马来酸的酯化反应原理制备新的聚合物，添加淀粉、表面活性剂、硫酸盐、成膜助剂等与水混合加热搅拌，研究了多种粘结性原料复合作用下制备化学抑尘剂的多重抑尘效果。张江石等[10]对月桂基三甲基溴化铵、十二烷基磺酸钠、聚丙烯酰胺等14种具备粘结团聚作用可用于化学抑尘的化学抑尘剂单体进行试验对比，研究了14种化学抑尘剂单体在表面张力、接触角、沉降性、保水性各方面的表现及化学抑尘效果对比。目前，成分及功能单一的化学凝并剂更易被现场应用并推广，但也存在相应的弊端。而多数成分复杂的化学抑尘剂仍处于实验室研究阶段，因其配方原料复杂，配置过程烦琐，导致药剂成本高、工程应用难，且难以保证长期使用下的环境友好程度[11]。

本文试验背景为河南省五岳抽水蓄能电站项目上水库工程，现场施工条件类似矿山，大面积裸土及多点施工导致传统扬尘治理成本高、效果差。相比之下，化学凝并剂处理粉尘既提高抑尘效率，结合现场实际情况也可有效节约扬尘治理成本，不失为一个有价值的研究方向[12]。本文建立在之前学者对化学凝并剂研究基础上，探究一种适用于工程现场的高效型粉尘凝并剂的配方。

2. 试验材料与方法

2.1 试验原料的基本理化性质

2.1.1 尘样的基本理化性质

本试验所用粉尘取自河南省五岳抽水蓄能电站上水库施工现场，其粒径分析见表1。

粉尘的粒径分析 表1

试样	$<3\mu m$	$<10\mu m$	$<75\mu m$	$<100\mu m$	$<1000\mu m$
1	3.00%	7.46%	34.51%	37.74%	86.81%
2	2.61%	5.02%	42.37%	42.63%	86.32%
3	2.56%	4.87%	36.13%	39.82%	88.18%
平均值	2.72%	5.78%	37.67%	40.06%	87.10%

目前对颗粒物尚无统一的分类方法，习惯上称粒径大于$75\mu m$的颗粒为尘粒，粒径为$1\sim75\mu m$的颗粒称为粉尘。《环境空气质量标准》GB 3095—2012中，颗粒物的相关指标分别为：总悬浮颗粒，指环境空气中空气动力学当量直径小于等于$100\mu m$的颗粒物；PM_{10}，指环境空气中空气动力学当量直径小于等于$10\mu m$的颗粒物；$PM_{2.5}$，指环境空气中空气动力学当量直径小于等于$2.5\mu m$的颗粒物。

由表 1 可知尘样中粉尘占比较高，多为 PM_{10} 和 $PM_{2.5}$ 污染物，一旦产生扬尘污染，污染物难以集中收集处理，且粒径越小的颗粒物，越难以用水吸收，可通过添加表面活性剂改变液体张力，达到降尘效果[13]。

2.1.2 凝并剂的基本理化性质

凝并剂可以为单一组分或多组分混合，近年来不少学者的研究表明能产生保湿、粘合效果对粉尘的抗风蚀率及抑尘效果产生影响的物质有很多，并都能作为凝并剂产生积极作用[18]。笔者将常见的凝并剂进行整理，见表 2。

凝并剂的组成　　　　　　　　　　　　　　　　　　　　　表 2

序号	药品名称	药品类型	单价（¥/g、¥/mL）	同类单价排行
1	甲基纤维素	黏度成分	0.019	1
2	硫酸钠	溶剂	0.027	—
3	硅酸钠	吸湿成分	0.015	1
4	氯化钙	吸湿成分	0.044	5
5	氯化镁	吸湿成分	0.021	4
6	碳酸钠	吸湿成分	0.018	2
7	SDBS	表面活性剂	0.056	2
8	丙三醇	吸湿成分	0.020	3
9	SD2ES	表面活性剂	0.161	4
10	Span-80	表面活性剂	0.050	1
11	Tween-80	表面活性剂	0.070	3
12	可溶性淀粉	黏度成分	0.021	2
13	聚丙烯酰胺	黏度成分	0.128	3

2.1.3 凝并剂原料选取理论依据

崔媚华等[14] 对 16 种不同的可能会对凝并效果产生影响的化学物质进行试验，研究提出 SDBS 与 0.4% 硫酸钠的混合溶液（以下称 SDBS＋）作为表面活性剂对液体的浸润性有更好的改善，且相同浓度的碳酸钠溶液的保湿效果优于硅酸钠。

本文旨在探究一种高效型更经济的混合型凝并剂配方，在保证凝并效果的同时，成本低廉、配比简单、可操作性强是选取成分时的主要参考指标。经比照药剂单价，在确保凝并效果的前提下进行成本计算，选用 SDBS＋、碳酸钠、甲基纤维素为凝并剂的主要原料。

2.2 试验方法

先称取对应质量含量的凝并剂组分配制成溶液，均匀喷洒在尘样表面，因凝并剂的用量在配方试验中并不做深入讨论，所以参照现场洒水作业浸润厚度，设定每组尘样的浸润厚度为 1cm。尘样浸润后称重。利用烘箱模拟施工区地面极端高温环境，通过分析其液体损耗，判断高效型粉尘凝并剂保湿能力。利用鼓风设备模拟风蚀环境（风速为 12m/s），时间为 5min（因试验发现，凝并后的尘样在风蚀 5min 内变化较大，之后趋于平稳），5min 后进行二次称重，计算抗风蚀率，其计算方法为：

$$抗风蚀率 = \frac{风蚀后质量}{总质量} \times 100\%$$

为了验证高效型凝并剂的处理效果，在确定最优配方比后将其与水及其他凝并剂对尘样的处理效果进行对比，通过对照试验检验高效型粉尘凝并剂的高效性。

3. 配方设计方案及配方试验

由凝并剂原料选取依据及经济需求，SDBS＋浓度为 0.1%～0.25% 时对液体浸润度有良好且显著影响，碳酸钠作为保湿剂浓度大于 10% 时可明显提高溶液的保湿性，甲基纤维素浓度与溶液黏度成正比，但液体黏度大于 4MPa·s 后不宜喷洒[14]。凝并剂各组分质量范围见表 3。

凝并剂各组分质量范围   表 3

浓度	SDBS＋（%）	碳酸钠（%）	甲基纤维素（%）
下限	0.1	10	—
上限	0.25	—	0.05

3.1 配方设计理论依据

试验所求配方配比涉及浸润性、保湿性、抗风蚀性多重效果，每组分有含量限制，确定本试验为"三因素三水平"正交试验。为保证试验结果的准确性，在正常进行配方试验的同时增加了对照试验，即按照配方设计各组分的相近值再设计简单的对照试验。对所有试验组的试验结果进行测定，用对照试验组的数据结果验证试验组的数据结果是否有较大偏差，如果偏差极大，则在相同条件下重复试验。

3.2 配方方案

3.2.1 正交试验设计

本试验为"三因素三水平"正交试验，其中"三因素"为 A（SDBS＋）、B（碳酸钠）、C（甲基纤维素），在质量范围内选择"三水平"（浓度），见表 4。选用 L9（3⁴）正交表，按照上述步骤进行试验，见表 5。

凝并剂各组分浓度选取   表 4

浓度含量	A（%）	B（%）	C（%）
1	0.10	10	0.02
2	0.18	15	0.035
3	0.25	20	0.05

因子安排表及试验方案   表 5

列号	A	B	C	水平组合	浓度		
行号	1	2	3		A（%）	B（%）	C（%）
1	1	1	1	$A_1B_1C_1$	0.1	10	0.02
2	1	2	2	$A_1B_2C_2$	0.1	15	0.035

续表

列号 行号	A 1	B 2	C 3	水平组合	浓度		
					A（%）	B（%）	C（%）
3	1	3	3	$A_1B_3C_3$	0.1	20	0.05
4	2	1	2	$A_2B_1C_2$	0.18	10	0.035
5	2	2	3	$A_2B_2C_3$	0.18	15	0.05
6	2	3	1	$A_2B_3C_1$	0.18	20	0.02
7	3	1	3	$A_3B_1C_3$	0.25	10	0.05
8	3	2	1	$A_3B_2C_1$	0.25	15	0.02
9	3	3	2	$A_3B_3C_2$	0.25	20	0.035

3.2.2 正交试验结果及分析

按照方案进行正交试验，并使用 DPS 软件进行数据处理，试验结果及计算分析见表 6。

正交试验结果及分析 表 6

组号	SDBS+（%）	碳酸钠（%）	甲基纤维素（%）	抗风蚀率（%）
1	0.1	10	0.02	85.6
2	0.1	15	0.035	86.8
3	0.1	20	0.05	69.4
4	0.18	10	0.035	86.2
5	0.18	15	0.05	90.4
6	0.18	20	0.02	79
7	0.25	10	0.05	89.2
8	0.25	15	0.02	95.8
9	0.25	20	0.035	83.8
K1	80.6	85.2	89.6	
K2	87.0	91.0	77.4	
K3	86.8	85.6	83.0	
R	8.1060	12.2491	3.4225	

表 6 中，R 值大小代表该因素对试验结果的影响程度，分析可知各组分对试验结果影响程度为碳酸钠＞SDBS＋＞甲基纤维素。由表 6 可知，SDBS＋因素中水平二即 K2 值最大，其他两个因素同理，所以选取 $A_2B_2C_1$ 为最优配方，即 SDBS＋：碳酸钠：甲基纤维素＝0.18：15：0.02，配制溶液重复进行试验，得抗风蚀率为 97.96%。

4. 高效型粉尘凝并剂的凝并效果论证

为验证本试验所得的高效型凝并剂对粉尘凝并处理的效果，按照最优配方比配置凝并剂溶液，将其与水及常见的凝并剂对粉尘浸润进行对照实验，效果对比如图 1 所示。

图 1 中风蚀时长设置了 7 个不同时间点，分别为 5min、10min、15min、20min、30min、40min、50min。由图 1 可知，无论何种试剂，抗风蚀率都与风蚀时长成反比；综合比较试验设计的不同风蚀时长下，前 10min，高效型粉尘凝并剂处理优势最不明显，但在长时间持续风蚀的环境下，高效型凝并剂在处理效果上均优于水和其他凝并剂。

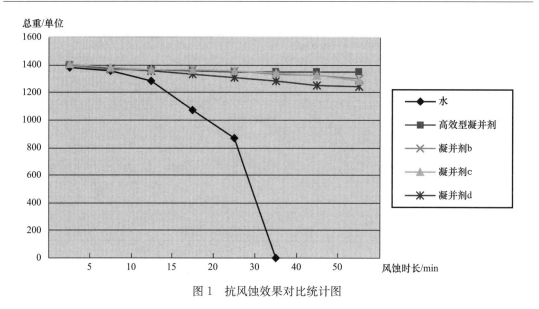

图 1　抗风蚀效果对比统计图

5. 结论

　　从高效型凝并剂的角度来看，SDBS＋可有效提高液体的浸润速度，碳酸钠则通过改善尘样的保湿性，保证了凝并剂的抑尘效果，甲基纤维素有很好的黏合作用，保证了凝并效率及效果。SDBS＋、碳酸钠、甲基纤维素作为高效型凝并剂，浸润快、保湿好、凝并强，且价格较市面上其他凝并剂价格友好、配比简单，对粉尘的抑尘效果远远大于水。

　　本试验主要采用了"三因素三水平"的正交实验方法，其原理是统计学的均匀分布，能够大幅度减少试验次数而且并不会降低试验可行度。本试验使用了 DPS 数据处理系统对三种凝并剂成分进行分析计算，确定试验结果即由 SDBS＋、碳酸钠、甲基纤维素组成的高效型凝并剂的最佳配方比为 SDBS＋：碳酸钠：甲基纤维素＝0.18：15：0.02。

　　将试验所得配方制成高效型凝并剂与水、普通凝并剂对同一尘样进行凝并处理，通过对比处理后尘样的抗风蚀性及粒径分析结果发现，高效型凝并剂对粉尘凝并的处理效果更好，验证了高效型凝并剂应用于扬尘治理的优势，为爆破扬尘控制、矿山扬尘治理提供新的思路及数据支撑。

参 考 文 献

［1］　邹常富. 非煤矿山露天开采粉尘防治现状及发展方向［J］. 现代矿业，2017（12）.

［2］　乔方方. 建筑工程施工现场环境污染及保护问题探讨［C］. 2023 年智慧城市建设论坛西安分论坛论文集，2023.

［3］　李辉，高维亚. 采矿施工过程中扬尘污染治理策略研究［J］. 能源与节能，2022（8）.

［4］　李梦奇，任建兴. 典型凝并方式对尘粒凝聚机理及效果分析［J］. 节能，2019，38（3）：71-73.

［5］　向银，田世祥，吴爱军，等. 建筑扬尘泡沫抑尘剂的性能研究［J］. 安全与环境工程，2022，29（6）：192-199.

［6］　蒋仲安，曾发镇，王亚朋. 我国金属矿山采运过程典型作业场所粉尘污染控制研究现状与展望［J］. 金属矿山，2021（1）：135-153.

［7］ 阎杰，谢军，陈聪，等. 国内外化学抑尘剂研究进展及应用前景［J］. 河北建筑工程学院学报，2017，35（3）：123-125.

［8］ 杨静，刘丹丹，祝秀林，等. 化学抑尘剂的研究进展［J］. 化学通报，2013，76（4）：346-353.

［9］ 徐国俊，徐占金. 露天矿化学抑尘剂制备和性能研究［J］. 现代矿业，2021，37（5）：206-209.

［10］ 张江石，刘绍灿，范召尧. 新型煤尘化学抑尘剂配方优选实验［J］. 煤矿安全，2020，51（6）：31-36.

［11］ 梁文俊，任思达，马贺，等. 化学抑尘剂制备及抑尘机理研究进展［J］. 广州化工，2016，44（15）：22-23.

［12］ 李俊杰，袁勇，曹进军，等. 多功能型抑尘剂在露天矿山路面中地应用［J］. 现代矿业，2020，36（7）：209-211＋256.

［13］ 胡新涛，李占成. 化学抑尘剂专利申请现状及技术进展［J］. 化工矿物与加工，2023，52（6）：32-37.

［14］ 崔媚华. 采矿爆破粉尘高效凝并技术的研究［D］. 济南：山东大学，2017.

某框—筒结构超高层建筑施工模拟分析

曹廷，蒋彪，严威，董玉柱，苗晓飞

（中建五局第三建设（深圳）有限公司，广东 深圳 518054）

摘 要：本文采用施工模拟分析，并综合考虑混凝土的收缩与徐变影响，对框架柱和核心筒的竖向变形及差异变形等问题进行分析，并在施工阶段引入适当的变形补偿，以减小该竖向变形及差异变形的影响。进一步分析钢筋混凝土或型钢混凝土构件在长期承受压力的情况下，由于混凝土的收缩徐变而导致钢筋或钢材所承担的竖向荷载增加和内力重分配的影响。

关键词：施工模拟；收缩徐变；施工步骤；竖向变形；内力影响

Construction simulation analysis of a frame-tube structure super high-rise building

CAO Ting，JIANG Biao，YAN Wei，DONG Yuzhu，MIAO Xiaofei

（3rd Construction Co.，Ltd. of China Construction 5th Engineering Bureau，Guangdong Shenzhen 518054）

Abstract：The vertical deformation and differential deformation of frame column and core cylinder are analyzed by using construction simulation analysis and considering the influence of shrinkage and creep of concrete. In addition，appropriate deformation compensation is introduced in construction stage to reduce the influence of vertical deformation and differential deformation. Furthermore，the influence of shrinkage and creep of reinforced concrete or steel-reinforced concrete member on vertical load increase and internal force redistribution under long-term pressure is analyzed.

Key words：construction simulation；shrinkage and creep；construction steps；vertical deformation；internal force influence

1. 引言

超高层建筑结构和其构件的施工顺序和施工高差不同，会引起框架和核心筒的竖向变形还有变形差[1]。因此在施工过程中由于重力荷载逐层增加，与一次性加载差别较大。所以，我们要通过逐层分区激活的方式以模拟真实的施工情况，从而对结构进行分析计算，以确保分析的可靠性[2]。

施工过程模拟分析既是重大项目制定施工方案的重要依据，同时也是安全施工的可靠保障。此外，施工顺序的不同也会对结构的内力数值和分布产生影响，从而导致结构计算变形与实际变形相差较大。超高层建筑的施工工期一般比较长，可以使混凝土收缩与徐变比较充分地发展，然后趋于稳定[3]。

联润大厦项目位于深圳市龙华区，为龙华区属重点项目。如图1所示，本项目采用框架—核心筒结构，主体结构高172.5m，总建筑面积91586m²，为单栋37层新型产业用房建筑。裙房8层，地下室为3层，属于超限高层建筑，结构设计和施工都需要分析研究和论证。对于施工过程中一些关键问题，如施工阶段引起的竖向变形差异，给出施工模拟分析和对内力的影响，从而保证结构的安全可靠。

图1　联润大厦效果图

2. 施工概况

2.1　施工步骤

本项目现场爬模平面布置如图2所示，布置2组48个机位，架体中心线周长182.8m，最大机位间距4.4m，平均机位间距3.8m。

本工程结构施工不划分流水单，同层整体浇筑。本工程拟按以下施工步骤进行施工模拟分析。剖面图如图3所示。

（1）完成地下室的核心筒、框架柱及楼面施工，地下室施工时间为30d/层。

（2）地上部分，核心筒与筒外楼盖一起施工，施工时间按10d/层。

（3）在主体施工阶段，楼盖荷载计入梁与楼板自重，但不包括幕墙、隔墙、面层等附加恒载，也不施加活荷载（忽略小量的施工活载）。

（4）在主体结构施工完成1年内，完成幕墙、室内装修与机电安装，计入附加恒载。

（5）装修完毕，计入1.0倍活荷载，建筑投入使用。

2.2　施工模拟分析依据

采用MIDAS/GEN软件进行建模分析，考虑不同施工顺序、长期荷载收缩徐变等影响。

根据欧洲混凝土委员会和国际预应力混凝土协会CEB—FIP2010的有关收缩与徐变理论进行分析[4]，设计中考虑了随时间变化的混凝土收缩徐变和混凝土强度的增长影响。

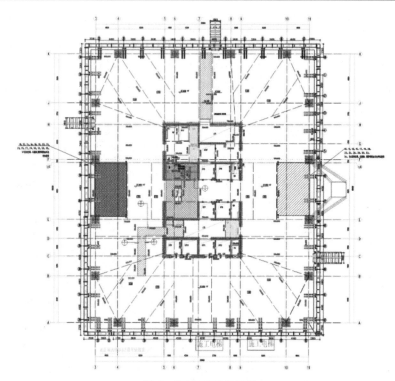

图 2　爬模平面布置图

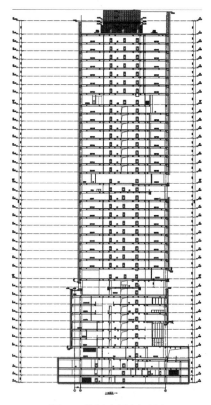

图 3　联润大厦剖面图

对超高层建筑进行施工模拟分析时，采取分层激活和逐层加载模拟法，以模拟荷载实际施加的过程和结构刚度的形成。按照施工顺序逐层激活单元，以模拟结构施工的实际情况。实际施工中由于工期紧张，难以保证强度足够就进行下一层施工，所以以施工模拟分析也难以考虑材料弹性模量的变化。为节省分析量，根据不同分区进行激活。在超高层建筑中，分区或逐层激活需要根据结构的形式和刚度分布等情况进行合理模拟，以确保分析的可靠性。这种模拟分析对于制定合理的施工方案和确保施工安全具有重要作用[5]。

3. 施工模拟分析结果

3.1 竖向构件的竖向压缩变形

按施工步骤，分析外框柱及核心筒墙体在弹性压缩、收缩还有徐变下的变形。图 4 给出了塔楼施工在不同典型阶段的竖向变形图。

可以看出，针对不同阶段的竖向变形，以图 5 中的外框柱和核心筒变形监控节点为参考，考察收缩徐变对结构竖向压缩变形的影响。

图 6 给出外框柱与核心筒在结构封顶以及投入使用后的不同时期内各层竖向总压缩量，主要结果如下：

（1）外框柱不考虑收缩徐变时，最大压缩变形为 36.3mm（Z2，15 层）；考虑收缩徐

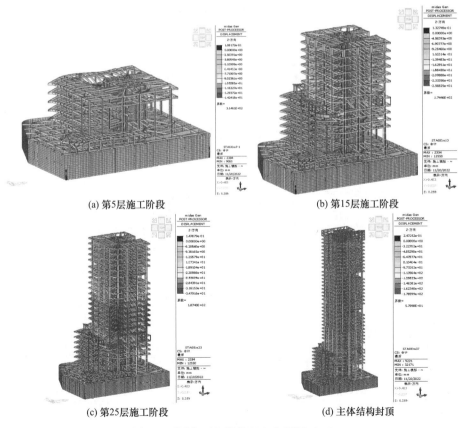

(a) 第5层施工阶段　　(b) 第15层施工阶段

(c) 第25层施工阶段　　(d) 主体结构封顶

图 4　不同典型阶段的竖向变形图（一）

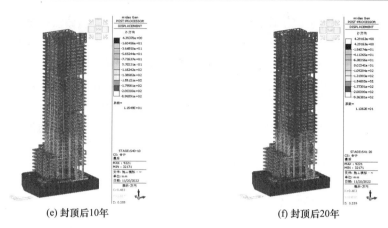

(e) 封顶后10年　　　　　　　　　(f) 封顶后20年

图4　不同典型阶段的竖向变形图（二）

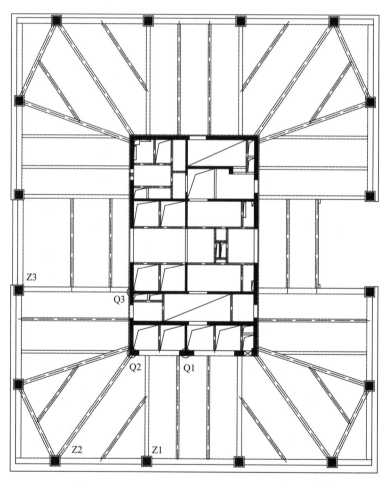

图5　塔楼典型阶段竖向变形图

变时，结构封顶时，最大压缩变形为 55.7mm（Z2，15 层）；封顶 20 年后，最大竖向压缩量约为 205.1mm（Z2，36 层）。

（2）核心筒不考虑收缩徐变时，最大压缩变形为 6.5mm（Q3，23 层）；考虑收缩徐变时，在结构刚封顶后，最大压缩变形为 13.1mm（Q3，23 层）；封顶 20 年后，最大压缩量为 92.4mm（Q3，36 层）。

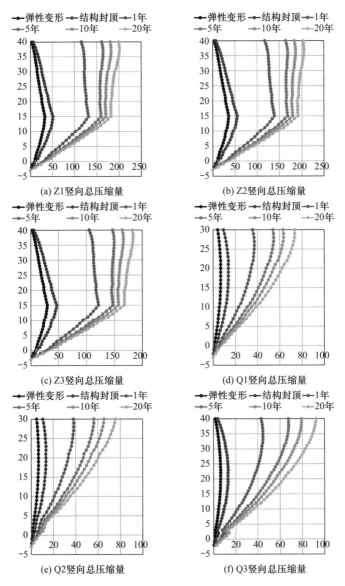

图 6　典型外框柱和核心筒竖向总压缩量（20 年）

此外，通过计算得到结构封顶 20 年后各楼层弹性压缩变形、收缩压缩变形和徐变压缩变形量，可得如下结果：

（1）外框柱 Z1，最大总压缩量 201.5mm，其中徐变压缩量占 39.9%（80.0mm），收缩压缩量占 18.4%（37.0mm）；外框柱 Z2，最大总压缩量 205.2mm，其中徐变压缩量占 39.7%（81.5mm），收缩压缩量占 17.6%（36.1mm）；外框柱 Z3，最大总压缩量 183.7mm，其中徐变压缩量占 39.1%（71.8mm），收缩压缩量占 19.7%（36.2mm）。

（2）核心筒剪力墙 Q1，最大总压缩量 73.4mm，其中徐变压缩量占 41.0%（30.1mm），收缩压缩量占 30.7%（22.5mm）；核心筒剪力墙 Q2，最大总压缩量 75.5m，其中徐变压缩量占 41.4%（31.2mm），收缩压缩量占 29.5%（22.2mm）；核心筒剪力墙 Q3，最大总压缩量 92.4mm，其中徐变压缩量占 41.2%（38.1mm），收缩压缩量占 31.3%（28.9mm）。

（3）结构封顶 20 年后，外框柱中徐变引起的压缩量比例更大，在核心筒中收缩引起的压缩量比例更大，这与外框柱和核心筒的受力和截面特性有关。

具体压缩变形量如表 1 所示。

各楼层徐变压缩变形、收缩压缩变形和弹性压缩变形量 表 1

截面位置编号	徐变压缩量（mm）	收缩压缩量（mm）	弹性压缩量（mm）	最大总压缩量（mm）
外框柱 Z1	80.0	37.0	84.5	201.5
外框柱 Z2	81.5	36.1	87.6	205.2
外框柱 Z3	71.8	36.2	75.7	183.7
核心筒剪力墙 Q1	30.1	22.5	20.8	73.4
核心筒剪力墙 Q2	31.2	22.2	22.1	75.5
核心筒剪力墙 Q3	38.1	28.9	25.4	92.4

3.2 外框柱与核心筒变形差分析

施工过程中考虑混凝土材料龄期、收缩以及徐变特性时[6]，收缩徐变引起的外框柱与核心筒变形差，将导致楼面的水平度不均，并导致楼面梁出现附加内力。由于核心筒的平面布置有收进，将导致核心筒角点 Q1、Q2 未至建筑屋顶高度。为了便于说明，对外框柱 Z3 及核心筒 Q3 的竖向位移差进行监控。

此处竖向压缩变形差定义为（以竖向压缩为正）：

$$\Delta U_Z = \Delta U_{Z,\text{COL}} - \Delta U_{Z,\text{WALL}}$$

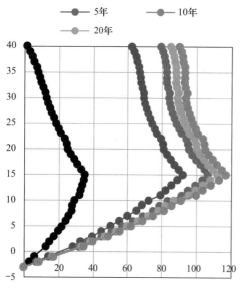

图 7 外框柱 Z3 及核心筒 Q3 的竖向位移差

图 7 为结构封顶时、封顶后 1 年、5 年、10 年和 20 年的墙柱变形差。结果表明：

（1）从地下室至第 15 层，墙柱变形差逐渐增大；第 15 层墙柱变形差最大；从第 15 层以上，墙柱变形差逐渐减小。

（2）结构封顶时（仅考虑恒载），墙柱变形差最大为 34.8mm；封顶后 1 年，再计入活载，墙柱变形差增大为 91.8mm；随后 5 年、10 年和 20 年，考虑混凝土收缩、徐变，墙柱变形差最大为 106.8mm、112.7mm、116.7mm。

为减小墙柱竖向变形差，施工过程中外框柱和核心筒采用分段施工找平，图 8、图 9 给出了结构封顶时外框柱 Z3 和核心筒 Q3 找平前后的竖向变形曲线。

由图可见，未考虑施工找平时，核心筒与外框柱之间的变形差接近 70mm；考虑施工找平后，核心筒与外框柱之间的竖向压缩变形差均控制在 15mm 之内。

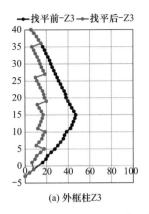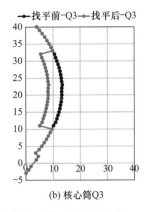

(a) 外框柱 Z3　　　　　　(b) 核心筒 Q3

图 8　外框柱 Z3 和核心筒 Q3 考虑施工找平的竖向变形

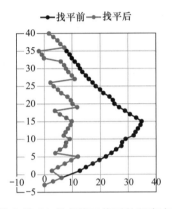

图 9　外框柱 Z3 和核心筒 Q3 考虑施工找平的竖向变形差（结构封顶时）

4. 结语

根据上述结果可以看到，混凝土的收缩徐变对主体塔楼设计与施工均产生一定的影响。

综合上述情况，可以考虑以下设计加强措施与施工补偿措施：

（1）严格控制混凝土制作工艺，以减少混凝土徐变的不利因素。试验确定适宜的混凝土配合比，并根据此精确计算施工和使用期间的收缩徐变量[7]。

（2）根据施工模拟结果，各楼层施工时，考虑施工找平等竖向变形补偿措施。

（3）采用具有良好的弹性和韧性的填充材料与结构构件进行连接。

（4）针对混凝土收缩变形带来的变形影响，可以在建筑施工期间的不同高度处，采用层高预留不同的后期缩短变形余量的方法，且不影响电梯等设备的正常使用。

（5）在施工和使用期间，应该建立一个完整的变形监测系统，并根据监测数据随时调整后期的预留量。

参 考 文 献

[1]　中华人民共和国住房和城乡建设部. 高层建筑混凝土结构技术规程：JGJ 3—2010 [S]. 北京：中国建筑工业出版社，2011.

[2]　唐晓东，陈辉，郭文达. Midas Gen 典型案例操作详解 [M]. 北京：中国建筑工业出版社，2018.

［3］ 傅学怡，孙璨，吴兵. 高层及超高层钢筋混凝土结构的徐变影响分析［J］. 深圳大学学报，2006，23（4）：286-288.

［4］ CEB—FIP model code for concrete structures 2010［S］. Lausanne：Comité Euro-International du Béton，2013.

［5］ 范重，孔相立，刘学林，等. 超高层建筑结构施工模拟技术最新进展与实践［J］. 施工技术，2012，41（369）：1-12.

［6］ 沈蒲生，方辉，夏心红. 混凝土收缩徐变对高层混合结构的影响及对策［J］. 湖南大学报（自然科学版），2008，35（1）：1-5.

［7］ 朱晓文，吕恒柱，张伟玉，等. 超高层酒店结构抗震设计与关键技术论述［J］. 建筑结构，2019，52（11）：257-263.

浅谈垒土立体绿化在长江消落带挡墙上的应用研究

冯超

（中国十九冶集团有限公司，四川 成都 61000）

摘 要：本文立足于三峡库区覆盖城市——重庆城区消落带上方挡墙绿化解决方案，针对地域特点，从立体绿化方案选择、苗木筛选、挡墙墙面处理、龙骨结构和水电方案及施工、垒土及苗木施工等全方位介绍长江流域行洪范围下存在被冲刷可能的挡墙上实施立体绿化的技术方案。并通过洪水验证实施方案的可行性，旨在为城市立体绿化和景观园林发展提供更多维度的解决思路。通过本文的分析，为绿化工程在河道冲刷地带或立体建筑上的实施提供方案选择和施工技术借鉴。

关键词：消落带；立体绿化；挡墙；垒土

On the application of three-dimensional greening in the retaining wall of Yangtze River

FENG Chao

（China 19th Metallurgical Corporation，Sichuan Chengdu 61000）

Abstract：This article based on the Three Gorges Reservoir area covering urban —— Chongqing city fluctuation belt above retaining wall greening solutions，according to regional characteristics，from the three-dimensional greening scheme selection，seedling selection，retaining wall treatment，keel structure and hydropower scheme and construction，base soil and seedling construction introduced under the Yangtze River basin flood scope may wash the retaining wall of three-dimensional greening technology. And through the flood verification of the feasibility of the implementation plan，aims to provide more dimensional solutions for the city three-dimensional greening and landscape garden development. Through the analysis of this paper，to provide the scheme selection and construction technology reference for the implementation of greening engineering in the river erosion area or three-dimensional building.

Key words：fluctuation zone；three-dimensional greening；retaining wall；soil

1. 引言

随着重庆市"两江四岸"品质提升工程的实施落地，追求"重回长江"理念、如何将城市核心区域长江消落带绿化与上方广场绿化进行自然过渡、消除垂直挡墙生硬感、结合地形打造特色立体绿化、形成独特的沿江绿化景观带是提升城市品质的一次大胆尝试。

2. 工程概况

某工程位于长江沿岸，主要是在标高 185m 步道内侧，标高为 185～195m，长度约

800m 的挡墙上实施立体绿化工程。

工程区域属于亚热带湿润季风气候，其气候特征为春早气温不稳定，夏长酷热多伏旱，秋凉绵绵阴雨天，冬暖少雪云雾多[1]；年平均气温为 18℃，最低极限气温为－3.8℃，最高极限气温可达 43.8℃；年平均降雨量 1151.5mm；年平均相对湿度 80% 以上。

3. 立体绿化方案选择

3.1 立体绿化工艺选择

立体绿化是指充分利用不同的地理条件，选择攀缘植物及其他植物栽植并依附或者铺贴于各种构筑物及其他空间结构上的绿化方式[2]。常规可应用于挡墙上的立体绿化一般有框架牵引/爬藤式、布袋式、种植盒/槽式、垒土装配式几种。本工程所处位置为 185～195m 标高，属于长江消落带大范围，低于百年洪水位，存在被洪水冲刷的风险，所以结构必须稳固，需进行防冲刷测算，具有耐久性强、植物稳固性强的特点。长江范围空气湿度大，结构需考虑抗腐蚀性。本项目在立体绿化工艺选择上，主要从结构稳固性、植物稳固性、保水性、环保性、土壤板结、植物生存周期、成本、景观效果等方面进行综合分析和评判（表1），最终达到景观效果最好的目的。

立体绿化工艺效果对比分析表

表 1

主要工艺	结构稳固性	植物稳固性	保水性	环保性	土壤板结	植物存活周期	成本	景观效果	综合结果
框架牵引/爬藤式	较差	一般	较差	较好	较严重	靠前期养护，生产周期长	成本最低	植物选择少，短期难成效果	不符合适用场景，短期内无法形成效果
布袋式	一般	较差	较差	较差	严重	1～2 年	前期成本较低，维护成本高	短期效果好，长时间会因密集坏死或土壤板结而死	稳固性不强，滴溅易堵塞，水肥不均匀，植物坏死率较高，长期维护成本高，短期内景观效果较好
种植盒/槽式	一般	较差	较差	较差	严重	3 年内	前期成本较高，维护成本高	当季效果好，次年后逐步衰败	稳固性不强，易老化，易堵塞，植物坏死率高，长期维护成本高。短期内景观效果好
垒土装配式	较好	较好	较好	较好	无	10 年以上	前期成本较高，维护成本低	景观效果持续，坏死率低	稳固性强，纤维结构保水性好，植物成活率高，短期和长期景观效果好

3.2 栽种植物选择

挡墙朝向东南，在植物选择上，要考虑喜湿、耐高温，还要有一定抗冲刷性、抗涝性，适于长江流域亚热带气候生长的植物。从植物生长习性、色彩、花期以及设计色带搭配角度考虑，初步筛选鸭脚木、矮生百子莲、天门冬、黄金络石、红背桂、肾蕨、紫罗兰、墨西哥鼠尾草、五色梅、蔓马缨丹等 30 余种植物搭配种植，冠幅选择 20～40cm 生长旺盛的杯苗。

3.3 龙骨结构验算

主龙骨镀锌矩管（160mm×80mm×5mm）竖向排布，间距 1500mm；次龙骨镀锌矩管（60mm×40mm×3mm）横向排布，间距 560mm，与主龙骨十字连接。建立 6000mm×9000mm 龙骨结构模型，矩管材料详细参数取值，Q235：弹性模量：$2.06×10^5$N/mm²；泊松比：0.30；线膨胀系数：$1.2×10^{-5}$；质量密度：7850kg/m³。使用同济大学 3D3S 软件进行力学分析，通过恒载、活载、风载、地震多种工况组合，计算杆件最大内力和组合位移，如图 1、图 2 所示。

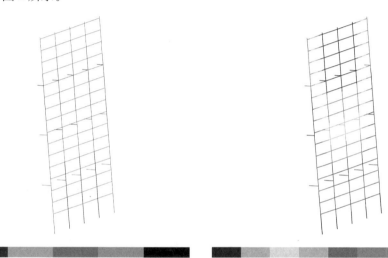

4.0　1.4　−1.0　−3.5　−6.0　−8.6　　　−0.1　−0.1　−0.1　−0.1　−0.1　−0.1　−0.0　−0.0　−0.0　0.0

图 1　按轴力 N 最大显示构件颜色（单位：kN）　图 2　最大正位移组合 1：Uz（单位：mm）

通过计算分析模型，进行规范检验。检验结果表明：设计结构最大挠度−1mm，应力比最大值为 0.13，结构能满足承载力计算要求。图 3 为模型总体应力比分布图。

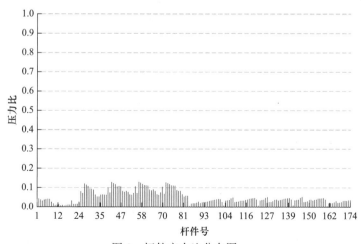

图 3　杆件应力比分布图

4. 工艺流程及施工要点

4.1 工艺流程

挡墙墙面处理→龙骨施工→PVC防水板及防水毛毡施工→水电施工→垒土及苗木施工（图4）→苗木养护。

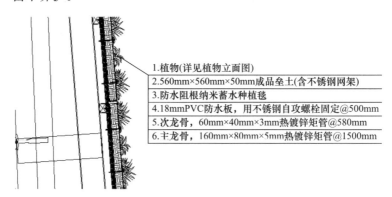

1. 植物(详见植物立面图)
2. 560mm×560mm×50mm成品垒土(含不锈钢网架)
3. 防水阻根纳米蓄水种植毯
4. 18mmPVC防水板，用不锈钢自攻螺栓固定@500mm
5. 次龙骨，60mm×40mm×3mm热镀锌矩管@580mm
6. 主龙骨，160mm×80mm×5mm热镀锌矩管@1500mm

图4　垒土立体绿化示意图

4.2 挡墙处理

现状挡墙主要为扶壁式挡墙和拉筋挡墙（图5），立体度大于80°，建造时间超过25年，尤其是拉筋挡墙剥蚀严重，部分钢筋已锈蚀。为保护挡墙、降低结构风险，在立体绿化龙骨施工前，需对挡墙墙面进行修复。

图5　立体绿化挡墙

用高压水清洗混凝土表面，用小号的气动冲击锤清除不密实混凝土，钢筋下面混凝土至少清除2cm厚，用钢丝刷对钢筋除锈。混凝土表面和钢筋干燥后，人工用毛刷对钢筋涂刷一层改性环氧基液。用环氧砂浆填塞凿开区域，然后捣实、抹平。对于水平筋存在严重锈蚀情况的，需进行加筋补强处理。

4.3 龙骨安装

主龙骨镀锌矩管（160mm×80mm×5mm）竖向间距按照1500mm排布，自顶部至底部每间隔2m，通过10号热镀锌槽钢角件固定在植入墙体内的热镀锌钢板（300mm×300mm×10mm）上，最底部焊接在预埋在地面的锚固钢板上，锚固钢板采用4×M12×

100 膨胀螺栓与墙体连接。

主龙骨安装完成后，次龙骨镀锌矩管（60mm×40mm×3mm）沿主龙骨方向横向排布，间距 560mm，与主龙骨十字连接，四方满焊。

4.4 PVC 防水板及防水毛毡施工

第一步：次龙骨面层满铺 PVC 防水板（1200mm×2400mm×20mm），用不锈钢自攻螺栓固定。第二步：PVC 防水板（1200mm×2400mm×20mm）面层满铺防水毛毡（200～2000g/m²），防水毛毡搭接长度为 20mm。第三步：防水毛毡面层满铺渗水布（500g/m²），渗水布搭接长度为 20mm。

4.5 PVC 防水板及防水毛毡施工

（1）立体绿化顶部设置 3000mm×560mm×100mm×5mm 铝单板，铝单板封板在两侧折边并开相应的孔洞，用螺栓连接。

（2）主电线沿铝板 R15 孔贯穿整个区域，洗墙灯沿铝板下口外沿设置水平间距 1500mm。

（3）雾森管沿铝板中间 R21 孔敷设，每 40cm 安装一个高压喷头。

（4）PE16 滴灌管沿铝板顶部内沿 R21 孔水平敷设，在竖向距地 2000mm 处、5000mm 处水平敷设两根 PE16 滴灌管，总共敷设 3 道滴管系统保证苗木供水。供水主管 de40 沿 185.00mm 地面埋设，再竖向与 3 道滴管管网连接，形成滴管供水系统（图 6）。

（5）立体绿化下方设置 200mm×300mm 水槽，用于储水和过滤，使整个水体形成循环系统。

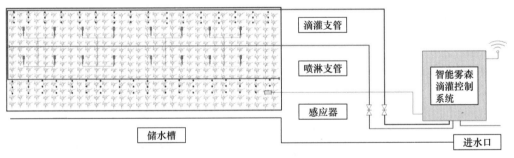

图 6　智能雾森滴管供水系统示意图

4.6 垒土及苗木施工

垒土是以秸秆、棉花杆等农林废弃物为主要原料，根据植物生长良好所需的营养基构造制作生产出的一种固化可塑成型活性纤维培养土。采用特殊的加工方法，在不改变土壤原有特性的情况下，通过改变土壤的纤维素来达到高通气性、高保湿性、较强的排水性，更加适合植物栽培，在固化成型的同时还可以根据不同要求变成各种形状。

垒土板（图 7）规格为 560mm×560mm×50mm，间距 140mm 留种植孔，使用 304 不锈钢网架（560mm×560mm×50mm）将垒土板夹紧，垒土板模块化安装，网架以燕尾螺栓固定于次龙骨镀锌矩管（60mm×40mm×3mm）上，如图 7 所示。垒土质量轻，干

图7 垒土板和网架结构

燥状态垒土板重 $14kg/m^2$，满水状态下垒土板重 $45kg/m^2$。苗木可在垒土板上培育好后一并安装，也可先将垒土板安装后，再统一种植苗木。

苗木植物选择应在适应地域气候和自然环境的同时具有良好的观赏性，以木本或多年生草本植物为主。攀爬型和垒土培养的植物应选择抗逆性强、养护方便的品种。种植苗宜选3个分枝以上的规格。

4.7 苗木养护

夏季遮阴是关键，温度过高不利于新栽苗木生长。搭建遮阳棚：用毛竹（$\phi50mm/\phi30mm$）或杉木（$\phi100mm$）搭成井字架，在井字架上盖遮阳网，必须注意网和栽植的树木要保持一定的距离，以便空气流通。遮阳后地面温度可以降低10℃左右，减轻高温热害对新栽苗木的不利影响，避免日灼伤害苗木。高程185~195m新栽苗木应用长50~100m、宽1~10m的黑色遮阳网（6针：遮阳率80%~98%）进行遮阳覆盖。对栽植的苗木喷洒抑制蒸腾剂，防止苗木在高温天气水分过快蒸发。

以促进苗木恢复生长、提高观赏性为主要目的，对新栽植的苗木进行修剪整形。秋季幼苗进入休眠期要进行修剪，春季幼苗萌发前以整形为主。

5. 试验段验证

5.1 试验段设置

试验段采用两种不同的龙骨形式，2020年7月分别做立体绿化试验段，查看种植效果（图8）。

试验段 1：主龙骨规格为 100mm×50mm×5mm，间距1500mm，试验段高程185~190.6m，种植面积4500mm×5600mm，主要种植天门冬、文竹、千叶吊兰、鸭脚木、翠云草、花叶络石、火焰南天竹、龟背竹、紫竹梅等，共种植苗木1286株。

试验段 2：主龙骨规格为 160mm×80mm×5mm，间距1500mm，试验段高程185~190.6m，种植面积6000mm×5600mm，主要种植天门冬、佛甲草、火焰景天、日本黄金枫、黄金络石、红花六月雪、短绒藓、鸭脚木、三角梅、紫竹梅等，共种植苗木1714株。

图8 冲刷前试验段1（左）和试验段2（右）

5.2 验证结果

2020年8月重庆市长江流域遭受特大洪水，尤其是8月18~22日，洪水流量为 $75000m^3/s$，该施工段长江水位最高时超过191.6m，将两个试验段全部淹没，全部淹没时间超过 2 天，冲刷时间超过 4 天。通过此次洪水考验，洪水退去后对这两个试验段结构和冲刷情况进行检查（图 9），洪水过后 10 天、30 天分别对种植苗木生产情况进行对比分析，详细数据见表 2。

对两个试验段主次龙骨进行仔细检查，未发现有明显变形。对每处焊缝进行检查，焊缝无开裂情况。对固定网架螺栓进行检查，分别出现 4 处和 6 处螺栓松动情况，分析主要原因可能为施工时螺栓未拧紧。对种植苗木进行清点，分别有 6 处和 7 处出现脱落情况，分析主要原因为植物均选用基质苗，栽植时个别

图 9　冲刷后试验段 1（左）和
试验段 2（右）

基质球未裹紧，植物根系短时间内未长稳固，冲刷后土工布内土球水土流失导致脱落，以及部分植物冠幅较大植株冲刷力较大，导致脱落。分别对退水后 10 天、30 天苗木死亡情况进行检查，试验段 1 分别为 22 株（花叶络石 9 株、龟背竹 4 株、紫竹梅 4 株、翠云草 5 株）、30 株（花叶络石 11 株、龟背竹 6 株、紫竹梅 7 株、翠云草 6 株），试验段 1 综合损毁率为 4.04％，其中 30 天死亡率为 2.33％。试验段 2 分别为 27 株（火焰景天 10 株、黄金络石 6 株、紫竹梅 6 株、日本黄金枫 5 株）、41 株（火焰景天 15 株、黄金络石 11 株、紫竹梅 10 株、日本黄金枫 5 株），试验段 2 综合损毁率为 3.97％，其中 30 天死亡率为 2.39％。苗木成型后效果如图 10 所示。

试验段洪水冲刷后数据统计表　　　　　　　　　　　　　　表 2

	结构变形/焊缝开裂	螺栓松动（处）	苗木脱落（处）	苗木死亡（10 天）	苗木死亡（30 天）
试验段 1	0	4	6	22	30
试验段 2	0	6	7	27	41

图 10　成型后效果

综合分析，两个试验段立体绿化结构均稳定可靠，具备抗冲刷的能力，经洪水淹没、冲刷后，立体绿化综合损毁率低，成活率均超过 95％，说明垒土技术在此项目应用上从技术和经济层面均可行，兼顾结构安全和经济效益。后续低于 8m 的扶壁式挡墙上立体绿化主龙骨采用试验段 1 结构，主龙骨使用 100mm×50mm×5mm 镀锌矩管，超过 8m 的拉筋挡墙上立体绿化主龙骨采用试验段 2 结构，主龙骨使用 160mm×80mm×5mm 镀锌

矩管。立体绿化中对于较大概率会受到冲刷或淹没的区域（高程低于187m），苗木宜选用抗淹和抗冲刷的鸭脚木、天门冬、百子莲、火焰兰天竹。

6. 结语

本工程作为长江流域消落带上方垂直挡墙上立体绿化，经全方位对比分析，最终确定使用垒土技术方案，并经结构计算和洪水冲刷验证，进一步证实该技术在此类空间应用的可行性和可靠性。本工程是江岸生态系统修复与滨江立体生态空间景观优化中的重要一环，与长约1200m的消落带结合，增强了生态韧性，提升了江岸景观效果，丰富了长江沿岸生物多样性，生态服务功能实现持续拓展。立体绿化的使用最终呈现出更强的空间层次感，充分显现了项目景观绿化艺术效果，给类似工程提供了重要的参考价值。

装配式叠合空心楼盖体系设计与施工关键技术

刘玮，任俊杰，谢曦，戴标，廖荣

(中建三局集团有限公司，湖北 武汉 430074)

摘　要：预制带肋条板常用于装配式楼盖体系，当使用半灌浆套筒水平向连接时，传力稳定，但施工难度大。本文结合工程实例，首先分析了半灌浆套筒构件的对孔总误差，在设计阶段采用 ANSYS 软件对安装工况进行建模计算，验证预制条板的对孔挠度控制值；在构件制作阶段采用新型单层高精出筋组合模具，保证了钢筋定位 2mm 误差要求；在吊装阶段采用可调平衡单点单索钢吊具，保障了构件吊运安全性；在对孔阶段采用高空上部牵引滑移法，提高了拼接效率，促进工程顺利实施。

关键词：装配式预制条板；半灌浆套筒；高空拼接

Key technologies for the design and construction of prefabricated superimposed hollow floor system

LIU Wei，REN Junjie，XIE Xi，DAI Biao，LIAO Rong

(China Construction Third Bureau Group Co. ，Ltd. ，Hubei Wuhan 430074)

Abstract：Prefabricated ribbed slabs are often used in assembled floor systems. When semi-grouting sleeves are used for horizontal connection, the force transmission is stable，but the construction is difficult. Based on engineering examples，this paper first analyzes the total hole alignment error of the semi-grouting sleeve member，and uses ANSYS software to model and calculate the installation conditions during the design stage，and verifies the control value of the hole deflection of the prefabricated strip. A new type of single-layer high-precision ribbing combined mold is used in the component manufacturing stage to ensure the 2mm error requirement for steel bar positioning；adjustable balanced single point single cable steel spreader is used in the lifting stage to ensure the safety of the lifting process of components；the high-altitude upper traction and sliding method was adopted in the hole-improving stage，which improved the splicing efficiency and promoted the smooth implementation of the project.

Key words：prefabricated slat；semi-grouting sleeve；high-altitude splicing

1. 引言

目前装配式结构主要采用灌浆钢筋套筒连接技术，全灌浆套筒常用于梁板构件的水平向连接，半灌浆套筒常用于墙柱构件的纵筋竖向连接[1]。全灌浆套筒两端为空腔构造，水平向连接两块预制构件的钢筋出筋段，误差调节能力强，但需留设后浇段空间进行后穿灌浆套筒湿缝连接[1]，后续工艺较多；半灌浆套筒一端直螺纹连接，另一端为空腔构造，连接钢筋出筋段较短，密缝拼接，成型质量好，后续工艺少，受制于对孔精度要求高，极少用于预制构件水平向连接。

为解决半灌浆套筒预制构件水平向连接施工难度大的问题，本文依托某大剧院项目的装配式预制条板的应用实例，深入研究对孔拼接工艺要求和制作安装阶段的控制措施，以期探索密集型半灌浆套筒水平向连接关键技术。

2. 工程简介

某大剧院四层后舞台屋盖长 23m、宽 22m、净高 20.55m，设计为钢混装配式预制条板空心楼盖（图1），具有大跨度、免支模、自重轻、节能保温效果好的优点。楼盖四周主梁和板区分隔次梁为钢梁，分为四个板区，每区含有 17 块预制带肋条板（图2），单块条板长 10.3m、宽 0.6m、高 0.7m，条板间采用半灌浆套筒水平向拼接成双向受力板，单块预制条板的套筒数量多达 83 根，套筒间距 50～200mm。

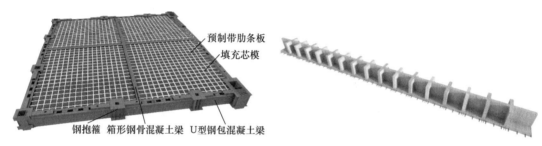

图 1　钢混装配式楼盖构造三维图　　　　图 2　预制带肋梁条板三维图

3. 预制条板对孔设计关键技术

目前装配式规范明确规定钢筋 $\phi12～\phi25mm$ 灌浆套筒灌浆段最小内径与连接钢筋公称直径的差值最小值为 10mm[2]，实际上，因热轧钢筋的月牙肋凸出表面一定高度，进一步缩小了钢筋与套筒的孔径差值。考虑钢筋肋纹与套筒内壁直接接触放置工况，并实测该工程预制条板的钢筋与半灌浆套筒尺寸见表1。另外，该工程单块预制带肋条板的底部短向钢筋初步设计为 51⚍25＋32⚍14，因⚍25 钢筋数量占比多，出筋平直段长，且钢筋和套筒孔径差值最小，故为灌浆套筒对孔的主要影响因素。

钢筋与套筒尺寸实测表　　　　表 1

序号	灌浆套筒	套筒内径/mm	带肋钢筋/mm	纵肋外径/mm	横肋外径/mm	孔径差值/mm
1	GT14	27.9	C14	15.2	15.8	12.1
2	GT25	36.2	C25	25.5	27.8	8.4

对施工允许偏差进行细化分析可知，预制条板的生产阶段的制作误差和安装阶段的变形误差之和，控制在⚍25 钢筋和 GT25 套筒偏置工况（图3）下孔径差值以内，即 8.4mm，即可实现相邻预制条板间的水平向密集排布的半灌浆套筒与出筋段的精准拼接。

预制带肋板安装是逐块拼装、协调变形的施工过程，现采用 ANSYS 软件对条板安装过程进行施工模拟，预制带肋条板长 10.3m，截面为 600mm×100mm×700mm×100mm 的倒 T 形板，沿长度方向间隔布置 100mm 厚横向肋板，混凝土强度等级 C30，条板长度方向配筋 4⚍22＋4⚍16，取单个板区的 17 块预制条板进行分析，从 U 形梁一侧逐块安装，施工过程模拟的结果见图4、图5。

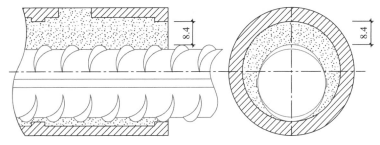

图3　GT25套筒偏置工况示意图（单位：mm）

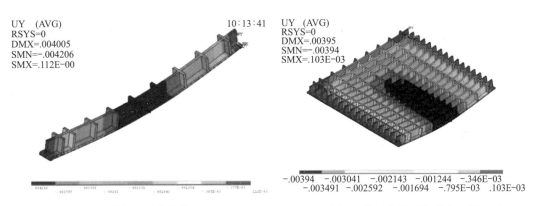

图4　单块条板吊装就位工况　　　　图5　多块条板逐块拼装工况

由计算可知，该工程第1块和第17块预制条板吊装就位时为三边简支工况，跨中挠度为0.6mm；其余条板吊装就位时为两端简支工况，跨中挠度为4.3mm。由图6可知，随着拼装数量增加，第1~16块条板跨中挠度逐渐增大，趋于平稳，小于4.3mm，说明条板出筋插入灌浆套筒后的变形协调的约束作用越来越弱，由三边简支、一边自由受力状态趋于两端简支受力状态。由图7可知，第1~16块条板的跨中挠度差值逐渐减小，相邻条板接近于平行状态，对拼接对孔更为有利。拼装对孔过程的最不利工况为第2块和第17块条板安装，待拼和已拼预制条板的挠度差值为3.7mm和3.0mm，均小于预制条板安装变形的控制值6.4mm，满足拼接施工要求。

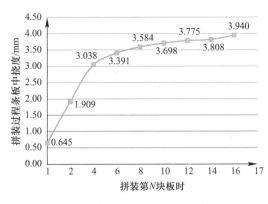

图6　拼装过程条板跨中挠度演变

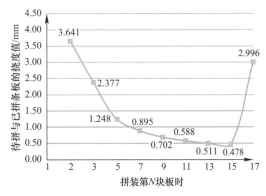

图7　待拼与已拼条板的挠度差值演变

水平密集半灌浆套筒预制构件的对孔挠度限值比常规建筑中受弯构件的挠度限值要求更为严格。例如该工程按混凝土设计规范[3]，预制条板跨中挠度规范允许值为 $L_0/400 = 25.7\text{mm}$，而对孔挠度允许值为 6.4mm，二者相差 4 倍，故在对孔设计时，需充分考虑单块预制条板两端简支工况下的截面抗弯刚度和套筒与钢筋孔径差值等因素对水平拼装的影响。

4. 预制条板高精生产关键技术

装配式规范关于预制构件的预埋灌浆套筒及连接钢筋中心线位置允许偏差为 2mm，该工程预制带肋条板的底筋排布极为密集，且要求水平向全数对孔，相比目前常规采用灌浆套筒连接的预制构件，其成型精度要求极高。对于单层出筋预制构件，通常采用拉杆卡槽式单挡板钢模具和柔性内衬层双挡板钢模具，两者均存在若干弊端，无法满足薄长型预制构件的水平向密集布筋要求。

针对此难题，该工程设计出一种高精单层出筋钢模具，该新型模具包括半灌浆套筒侧模和出筋侧模组成，如图 8 所示。套筒处侧模开孔后采用橡胶挤胀器拧紧来固定半灌浆套筒；出筋侧模从中间拆分为上部侧模、下部侧模，均由内外两层挡板组成，内外挡板均开孔，外挡板开孔直径略小于内挡板，内孔径略大于钢筋公称直径，内挡板对钢筋初步限位后，由外挡板再次卡紧，降低外部施工干扰因素对布筋精度的影响。出筋钢侧模采用上下拆分方式，有利于钢筋安装和构件脱模，上下层重新组合固定时采用"螺栓居中拧紧"方式，避免常规"单边压片夹紧"方式出现的偏心受力、上下层拼缝过宽等问题。

钢模具制作阶段，采用 Revit 软件深化设计，并参数化特性建立模具各零部件模型，输出 .ifc 格式文件，再将其导入 Tekla 软件中输出 Smart Nest 软件可以识别的 ncl 文件，再转化成 NC 切割代码输入到数控激光切割机中，切割精度控制在 0.3mm 以内，极大保障了钢模具的制作精度。钢模具零件组装完成后，对钢筋、套筒、预埋件等进行预排布，再次校核模具精度及紧固性，如图 9 所示。

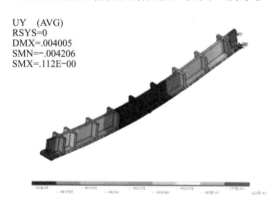

图 8　新型单层出筋模具剖面图　　　　图 9　钢筋及套筒间距校核

经实践证明，在常规混凝土浇筑方法下，采用新型出筋模具制作的条板的灌浆套筒及底筋的定位误差均小于 2mm，达到规范要求。

5. 预制条板吊装关键技术

该工程预制条板长宽比为 17，是典型的细长型条板，吊装过程容易变形、开裂，影响结构安全。预制构件吊装前要进行强度验算，并考虑脱模起吊工况下的脱模吸附系数和吊运工况下的动力系数。经过对比分析，该工程最终采用双排五点起吊方式，以便于提前起吊拆模周转和高空对孔。

根据预制条板的吊装受力特点，钢桁架吊具的下吊耳位置和条板吊点位置——对应，保障吊绳竖向受力。为克服斜向锁链难以对称挂钩的问题，避免预制条板在吊装过程中发生倾斜（竖向倾斜角度大于 $5°$）造成局部吊点开裂情况，在斜向钢丝绳增设手拉葫芦调节吊钩到吊具间的距离，确保预制条板构件安全和吊装姿态水平，如图 10 所示。

图 10　预制条板吊装

预制条板正式吊装前应进行试吊，复核吊点、吊具设计的合理性。试吊时构件应缓慢起吊，吊索初步受力变直时，由挂钩人员检查并调整手动葫芦或花篮螺栓至竖向均匀受力。起吊高度距离地面约 500mm 时停止牵引，检查起吊机具安全性、梁变形是否满足设计要求，检查合格后方可继续起吊。吊运时，吊索水平夹角不宜小于 $60°$，不应小于 $45°$。

6. 预制条板滑移对孔关键技术

预制条板采用半灌浆套筒水平向连接的工艺，要求在预制条板吊装在滑轨上后，须进行水平向移动方可完成对孔拼接，如图 11 所示。

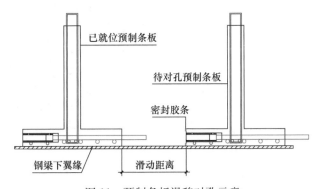

图 11　预制条板滑移对孔示意

预制条板对孔前，复核钢梁下翼缘板定位偏差、水平度等，并根据排版图在翼缘板上标记条板轮廓边线，同时在滑轨上涂抹润滑油脂，减小条板与滑轨间的摩擦阻力。

预制条板单向平移动力可由手拉葫芦、液压穿心千斤顶等提供，总牵引力大小根据预制条板与滑轨接触面的滑动摩擦力进行计算：$F_t \geqslant \mu_1 \cdot \zeta \cdot \gamma \cdot G_{ok}$，在常规牵引公式上增加塔式起重机或汽车起重机等起重设备不松钩吊装时的减载作用的起重影响系数 γ。

预制条板牵引点位应尽量靠近预制条板重心，避免倾覆。当构件重心高于底板面、层高较大或牵引距离过大时，将牵引受力点设置在构件底板上部的肋板根部或者出筋段，用已拼装的预制条板区作为工人安装操作平台，省去下部操作平台，工人及塔式起重机司机的操作视野更开阔如图12、图13所示。

图12　上部牵引滑移施工　　　　　　　图13　出筋段与灌浆套筒拼接对孔

7. 实施效果分析

该工程采用水平密集半灌浆套筒预制条板拼接施工技术，形成大跨度、高净空的建筑空间，通过挠度控制、高精制作、水平吊装、滑移对孔等技术攻关，耗时5d完成预制带肋条板拼接施工，实现了5644根半灌浆套筒水平向对孔一次成功率100%，节省了传统超高支撑架体和模板投入，成型质量达到免抹灰的效果，成型效果如图14、图15所示。

图14　预制条板拼装完成后顶面　　　　　图15　预制条板拼装完后底面

8. 结语

通过上述分析，得出如下结论：

（1）薄长型预制条板采用半灌浆套筒用于水平向连接时，关键在于预制条板的制作误差和安装变形误差之和在钢筋和套筒偏置工况下的孔径差值以内。

（2）水平密集型半灌浆套筒单层出筋预制构件，宜采用"上下拆分＋双板开孔＋螺栓紧固"的组合型出筋钢模具，安拆便利，双重锁定，显著提高钢筋及套筒的定位精度。

（3）薄长型预制条板吊装需采用多排多点专用吊具，有利于保障预制条板吊点均匀竖向受力姿态水平。

（4）预制条板滑移对孔时，利用自承重特性，无须搭设支撑架体，密缝拼接节省现场模板投入。施工时采用上部牵引滑移法，操作方便，必要时可借助起重设备来降低预制条板的跨中变形量，保障对孔拼接顺利。

本文结合工程实例，探索并总结了水平密集型半灌浆套筒预制条板在设计阶段和安装阶段的控制要点，确保了现场预制条板顺利拼装，为后续类似项目的应用提供了实例借鉴，助推了装配式结构的高精生产和精准拼装施工技术的发展。

参 考 文 献

［1］ 中华人民共和国住房和城乡建设部. 钢筋套筒灌浆连接应用技术规程（2023 年版）：JGJ 355—2015［S］. 北京：中国建筑工业出版社，2015.

［2］ 中华人民共和国住房和城乡建设部. 装配式混凝土建筑技术标准：GB/T 51231—2016［S］. 北京：中国建筑工业出版社，2017.

山区重载铁路桥梁抗风性能研究

张扬[1]，苏国明[1]，郭向荣[2]，徐勇[1]

（1. 中铁第五勘察设计院集团有限公司，北京 102600；

2. 中南大学，湖南 长沙 410075）

摘　要：本文以某重载铁路特大桥为工程背景，合理评估山区运营铁路桥梁风致行车稳定性和运行安全性，依据实测气象资料分析得出桥位处风场特性和桥面设计基准风速；通过大比例节段风洞模型试验，得到主梁及列车的气动力系数；建立考虑风屏障系统的风—车—桥系统仿真分析模型，对空重混编的单线、双线 C80 型货车以 50～100km/h 运行速度通过大桥时进行基于强风作用下风车桥耦合振动分析；对大风天气列车安全走行性进行分析探讨，最终提出合理的风屏障技术参数、限速阈值和实施方案。研究结果表明：设置风屏障可有效减小运营列车所受气动风荷载，保证列车走行的安全性和稳定性。简支 T 梁区段桥面最大风速为 31.5m/s，可满足正常运行速度 80km/h 的要求；刚构连续桥区段和简支箱梁区段桥面最大风速近 35m/s，为满足列车运行速度 80km/h 的要求，需增设透风率为 60%、高度 3.5m 的风屏障。本文的研究成果对山区运营铁路桥梁风切变隐患治理具有重要理论意义和工程参考价值。

关键词：运营铁路桥梁；风洞试验；风车桥耦合；风屏障；限速阈值

Study on wind resistance of heavy-haul railway bridge in mountainous area

ZHANG Yang[1], SU Guoming[1], GUO Xiangrong[2], XU Yong[1]

（1. China Railway Fifth Survey and Design Institute Group Co. Ltd. ，Beijing 102600；

2. Central South University，Hunan Changsha 410075）

Abstract：This paper reasonably evaluates and ensures the wind-induced driving stability and operational safety of railway bridges operating in mountainous areas，which takes a heavy-haul railway bridge as the engineering background. It obtains the wind field characteristics at the bridge location and the baseline wind speed of the bridge deck design based on the analysis of measured meteorological data. In this paper，the aerodynamic coefficients of the main beam and train are obtained by large scale wind tunnel model tests. The simulation analysis model of wind-vehicle-bridge system considering the wind barrier system is established，and the coupling vibration analysis based on strong wind is carried out for the single line and double line C80 freight cars mixed with air weight passing the bridge at the running speed of 50～100km/h. The safety running of trains in gale weather is analyzed and discussed，and finally the reasonable technical parameters and implementation scheme of wind barrier are proposed. The results show that the wind barrier can effectively reduce the aerodynamic wind load on the train and ensure the safety and stability of the train. The maximum wind speed of the simply supported T-beam section is 31.5m/s，which can meet the requirements of normal operation speed of 80km/h. The maximum wind speed of the bridge deck in the rigid frame continuous bridge section and the simply supported box girder section is nearly 35m/s. In order to meet the requirements of the train running speed of 80km/h, a wind barrier with a ventilation rate of 60% and a height of 3.5m should be added. The research results of this paper have important theoretical significance and engineering reference value for the management of wind shear hazard of railway bridges in mountainous areas.

Key words: operating railway bridge; windmill bridge coupling; vehicle-bridge coupling; wind barrier; rate-limiting threshold

1. 引言

强风区铁路桥梁的安全运营是一个综合性技术难题，涉及气象分析、防风设计、结构安全、气动力学、运营管理等多学科[1]。其中防风措施的选择、风—车—桥动力响应分析、列车安全运行车速控制标准以及既有高墩大跨铁路桥梁增设防风措施的实施方案是山区运营铁路桥梁抗风治理的关键问题[2]。

从国内现有规范和相关研究成果看，《铁路客运专线技术管理办法》明确了不同时速等级的高速铁路列车，在强风作用下行车限速和停运等相关要求，而对重载铁路区间桥梁则未给出具体规定。文献[3]结合兰新铁路采用不同风屏障类型桥梁，对风荷载作用下风—车—桥耦合动力性能及桥上高速列车安全走行性能作出评估[3]。文献[4]研究了风屏障高度、形状、列车运行速度以及横风速度等不同技术参数对列车气动力的影响[4,5]。国内文献资料对铁路车桥抗风性能研究以新建铁路居多，对运营铁路桥梁抗风隐患治理及抗风措施实施方式研究较少[6]。

本文以某重载铁路特大桥为工程背景，对运营状态重载铁路桥梁在大风天气下的抗风性能进行深入研究，提出合理可行抗风措施，为列车安全平稳运行提供保障。本文的研究成果可为山区运营铁路桥梁风切变隐患治理提供参考。

2. 工程背景

2.1 桥梁概况

某货运双线重载铁路，开行货车型号为C80，列车正线运行速度80km/h，预留远期提速至100km/h。大桥桥式布置为10−32m简支T梁＋2−(60+3×100+60)m刚构连续梁＋(8−64m＋1−48m＋1−64m)简支箱梁，桥长1834.58m。简支T梁采用通桥(2012)2101参考图，刚构连续梁采用混凝土整体桥面形式，简支箱梁采用角钢支架人行道结构。大桥桥高从十几米变化至百米以上，其中刚构连续梁最高墩达115m。全桥布置如图1所示。

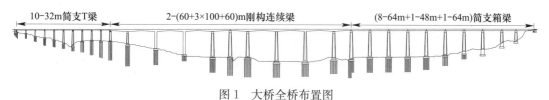

图 1 大桥全桥布置图

大桥地处深沟沟谷，地形起伏大，大风次数频繁，风力强劲且变化剧烈，桥面风速相比地面风速更大。大风环境下空载列车运行中振动明显，横风效应显著，车辆稳定性受到严重影响，列车运营具有极大安全隐患。图 2 为大桥运营现状。

图 2　大桥运营现状

2.2　设计基准风速

　　根据近 30 年气象观测资料统计，桥址所在区 10min 最大平均风速为 22.3m/s。表 1 给出了不同重现期风压换算比值[6]，由此计算得到桥位处重现期 100 年、10min 基本风速为 26.5m/s。大桥所在位置地表粗糙度取 B 类，地表粗糙度影响系数 α_0 取 0.16，地表换算系数 k_c 取 1.0。依据风压与风速的平方成正比的关系，并考虑大桥不同墩高桥面至谷底高度变化从 15m 至 115m，该桥简支 T 梁区段、刚构连续梁区段、简支箱梁区段三区段中，主梁桥面设计基准风速范围为 24.8～31.5m/s、30.7～34.9m/s、30.1～34.8m/s，具体数值如图 3 所示。

不同重现期风压换算比值　　　　　　　　　　　　　　　表 1

重现期 T	100 年	60 年	50 年	40 年	30 年	20 年	10 年	5 年
30 年	1.19	1.11	1.08	1.05	1	0.94	0.83	0.72
50 年	1.10	1.03	1	0.97	0.93	0.87	0.77	0.66

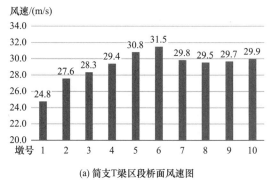

(a) 简支T梁区段桥面风速图

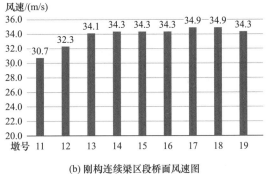

(b) 刚构连续梁区段桥面风速图

图 3　桥面风速柱状图（一）

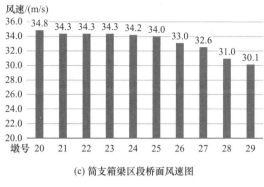

(c) 简支箱梁区段桥面风速图

图 3　桥面风速柱状图（二）

3. 风洞模型试验

3.1　节段模型设计

为测定大风环境下车桥无量纲气动力系数，对大桥简支 T 梁和刚构连续梁箱梁制作 1：25 大比例缩尺节段模型。根据结构截面形状、气流作用方向，通过风洞试验测定桥梁、列车静力三分力系数，进而确定实桥所受静风荷载。模型外形严格按实桥结构形式进行缩尺比缩小，保证几何相似，缩尺模型最大堵塞率小于规范规定的 5%。

T 梁节段模型横截面宽 0.428m、高 0.124m、长 1.8m、长宽比 4.2；箱梁节段模型横截面宽 0.436m、高 0.2176m、长 1.8m、长宽比 4.12，均满足规范长宽比大于 2 的要求。列车节段模型横截面宽 0.127m、高 0.152m、长 1.84m。节段风洞试验模型如图 4 所示。

图 4　节段风洞试验模型

3.2　风洞模型试验

大桥节段模型试验包括 3 种行车工况：迎风工况、背风工况和双线列车运行工况。根据环境风力大小、列车运行速度、列车高度等边界条件，拟定 5 组不同技术参数的防风屏障方案，见表 2。风屏障开孔形式为纵条形，采用 4mm 有机玻璃板雕刻而成。试验同时验证了 0°、±2°、±4°、±6°几种不同风攻角。图 5 展示了安装 G2 类风屏障的双线列车迎风运行工况的风洞模型试验。

大桥防风屏障方案表　　　　　　　　　　　　　　　　　　　　　　表 2

方案	透风率（%）	高度（m）	风屏障代号
方案一	0	3.5	G1
方案二	20	3.5	G2
方案三	40	3.5	G3

续表

方案	透风率（%）	高度（m）	风屏障代号
方案四	60	3.5	G4
方案五	60	4.5	G5

图 5　安装 G2 类风屏障的双线列车风洞模型试验

风洞试验对 15m/s 和 20m/s 两种来流试验风速进行测试，试验结果的三分力系数很接近，表明试验可靠度较高，本文取 15m/s 风速测试结果为依据。表 3 和表 4 分别给出了不同屏障方案 0°风攻角时最不利工况下，简支 T 梁、箱梁的列车和主梁三分力系数。

简支 T 梁风洞试验列车和主梁三分力系数　　　　表 3

屏障方案	内容	阻力系数	升力系数	扭矩系数
方案三	列车	1.084	0.017	−0.022
	主梁	2.547	−0.145	−0.120
方案四	列车	1.293	0.072	−0.048
	主梁	2.191	−0.271	−0.068
无屏障	列车	1.311	0.541	−0.082
	主梁	1.728	−0.509	0.058

箱梁风洞试验列车和主梁三分力系数　　　　表 4

屏障方案	内容	阻力系数	升力系数	扭矩系数
方案一	列车	0.532	0.211	0.097
	主梁	2.131	−0.188	−0.205
方案二	列车	0.902	0.012	−0.04
	主梁	1.869	0.159	−0.206
方案三	列车	1.224	−0.015	−0.053
	主梁	1.740	0.031	−0.084
方案四	列车	1.493	0.033	−0.082
	主梁	1.704	−0.243	−0.056
方案五	列车	1.424	0.068	−0.085
	主梁	1.661	−0.199	−0.087
无屏障	列车	1.573	0.419	−0.117
	主梁	1.553	−0.042	−0.032

根据试验结果分析，由于结构刚度大，主梁和列车的阻力系数效应最明显；随着透风率降低，列车所受阻力系数明显减小，但同时桥梁所受气动阻力一定程度增加；在60%相同透风率高度分别为3.5m和4.5m时，即方案四和方案五，列车和主梁的阻力系数相差均不超过5%。

4. 风—车—桥系统空间耦合振动分析

4.1 空间分析计算模型

基于节段风洞模型试验所得主梁和列车受静风荷载，对大桥开展强风作用下列车动力响应分析，进行考虑屏障的风—车—桥系统耦合振动研究。本文采用专用有限元软件进行建模，桥梁所有构件及桩基础均采用空间梁单元，桩基础采用 m 法考虑桩土共同作用，由动力学势能驻值原理及形成矩阵的"对号入座"法则[7]，建立桥梁刚度、质量、阻尼矩阵，桥梁有限元模型如图6所示。

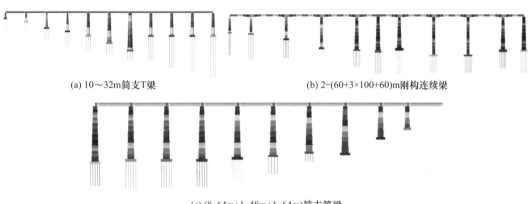

(a) 10～32m简支T梁   (b) 2-(60+3×100+60)m刚构连续梁

(c) (8-64m+1-48m+1-64m)简支箱梁

图 6　桥梁有限元模型

4.2 风—车—桥系统空间耦合动力分析

全桥计算 C80 货运列车按空载与满载混合20辆编组，轨道不平顺函数采用美国6级谱不平顺标准[8]，计算车速范围为50～100km/h，系统风速按25m/s、30～35m/s 和40m/s考虑，列车编组及计算车速见表5。

列车编组及计算车速 表5

列车	编组	计算车速/(km/h)	桥面平均风速/(m/s)	轨道不平顺
C80	HXD2+5×满载+5×空载+5×满载+5×空载	50～100	25、30、31、32、33、34、35、40	美国6级谱

首先，对该桥进行车—桥系统空间动力分析，计算结果表明当列车以正常运行速度80km/h和提速至100km/h速度通过大桥时，桥梁、列车的动力响应均在容许值以内，列车运行平稳性达到合格标准。结果表明，桥梁结构安全、可靠。

其次，对该桥开展不同环境风速下风—车—桥系统动力分析，表6给出了满足列车安全运行要求的桥面风速—车速限速阈值。计算结果表明，当满足列车正常运行速度 80km/h 的情况下，简支 T 梁区段桥面最大允许风速为 32m/s，不超过桥面最大基准风速 31.5m/s，列车可正常运行；刚构连续梁和简支箱梁区段最大允许桥面风速为 31m/s，而该区段最大桥面基准风速达 35m/s，超出允许风速，列车无法满足正常运行 80km/h 速度，需要限速行驶。

满足列车安全运行要求的风速—车速阈值   表 6

列车风速/	桥面风速/(m/s)							
(km/h)	25	30	31	32	33	34	35	40
简支 T 梁	100	90	80	80	70	50	50	—
刚构连续梁	100	90	80	70	60	50	50	<50
简支箱梁	100	90	80	70	60	50	50	<50

因此，为实现大桥在大风环境下列车按 80km/h 正常运行速度不限速，同时合理满足远期提速至 100km/h 安全运行需求，大桥须采取挡风措施。

5. 抗风技术方案研究

5.1 既有铁路桥梁抗风措施选择原则

通过在风场区域设置风屏障，从而合理降低桥面风速，是目前桥梁结构常用的防风措施[9]。影响风屏障抗风性能的主要参数有透风率、屏障高度、开孔形式等。对于运营铁路桥梁，风屏障的安装实施方案，也是决定防风屏障选型的重要因素之一[10]。

透风率是风屏障选择的关键技术指标，透风率越小，其挡风效果越好，车体所受气动风力越小，梁体及其与屏障连接所承担荷载越大，运营铁路桥梁连接实施难度增大，同时既有桥梁结构安全储备降低[11,12]；反之，透风率越高，车体所受气动力越大，列车运行安全性及稳定性降低，梁体及其与屏障连接所承担荷载越小，连接实施方案难度降低[13,14]。风屏障高度一般以同车体高度持平为原则。此外，对山区高墩既有铁路桥梁安装风屏障，一般尽量在桥面施工前，既能简化施工作业，也能保证施工安全。

5.2 满足列车走形要求限速阈值

根据大桥运行现状，为满足列车以正常运行 80km/h 速度，同时预留提速至 100km/h 目标，本文通过全桥动力仿真分析，确定大桥风屏障的合理技术参数。计算同时考虑梁体徐变变形和全桥整体升、降温工况，分析了单线迎风行车、单线背风行车和双线行车三种不同工况。

10m×32m 简支 T 梁桥区段满足列车安全运行要求的桥面环境风速与车速阈值见表 7。由该表可见，在简支 T 梁区段桥面基准风速范围内，为满足列车正常运行速度 80km/h，可不设置风屏障；为满足远期提速至 100km/h 的需求，可采用风屏障方案三，透风率为 40%，屏障高度 3.5m。

60m＋3×100m＋60m 刚构连续梁区段满足列车安全运行要求的桥面环境风速与车速阈值见表 8。根据计算结果可见，屏障高度 4.5m 与屏障高度 3.5m 时列车限速阈值基本持平，屏障高度在满足车辆高度情况后，对列车限速影响较小。屏障越高，不仅自重增大，安装实施对既有桥影响也较大，屏障高度 3.5m 即可满足安全要求。在该区段桥面基准风速范围内，为满足列车正常运行速度 80km/h 不限速的要求，可采用方案四透，风率为 60%，屏障高度 3.5m；为满足远期提速至 100km/h 的运行要求，需采用方案二，屏障高度 3.5m，透风率为 20%。

简支 T 梁区段风速—车速阈值对应表　　　　　表 7

桥面基准风速/ (m/s)	桥面计算风速/ (m/s)	最高运行车速/(km/h)		
		不设置风屏障	方案三	方案四
24.8～31.5	25	100	100	100
	30	90	100	90
	31	80	100	90
	32	80	100	90
	33	70	90	80
	34	50	90	80
	35	50	80	80

刚构连续梁区段风速—车速阈值对应表　　　　　表 8

桥面基准风速/ (m/s)	桥面计算 风速 (m/s)	最高运行车速/(km/h)					
		不设置风屏障	方案一	方案二	方案三	方案四	方案五
30.7～35.0	25	100	100	100	100	100	100
	30	90	100	100	100	90	100
	31	80	100	100	100	90	90
	32	70	100	100	100	90	90
	33	60	100	100	90	80	90
	34	50	100	100	90	80	80
	35	50	100	100	90	80	80
	40	<50	90	90	50	50	50

8×64m＋48m＋64m 简支箱梁桥区段满足列车安全运行要求的桥面环境风速与车速阈值见表 9。在该区段桥面基准风速范围内，为满足列车正常运行速度 80km/h 不限速的要求，可采用方案四，透风率为 60%，屏障高度 3.5m；为满足远期提速至 100km/h 的运行要求，需采用方案二，屏障高度 3.5m，透风率为 20%。由于桥面高度接近，简支箱梁区段限速阈值与刚构连续梁区段基本持平。

简支箱梁区段桥面风速—车速阈值对应表　　　　　表 9

桥面基准 风速/(m/s)	桥面计算 风速/(m/s)	最高运行车速/(km/h)				
		不设置风屏障	方案一	方案二	方案三	方案四
30.1～34.8	25	100	100	100	100	100
	30	90	100	100	90	90
	31	80	100	100	90	90
	32	80	100	100	90	90
	33	60	100	90	90	80

续表

桥面基准风速/(m/s)	桥面计算风速/(m/s)	最高运行车速/(km/h)				
		不设置风屏障	方案一	方案二	方案三	方案四
30.1～34.8	34	50	100	90	80	80
	35	50	100	90	80	80
	40	<50	90	50	50	50

5.3 风屏障技术参数及实施方案

5.3.1 技术参数确定

运营阶段铁路风屏障的安装需要结合既有桥梁结构形式和安全储备，提出合理技术参数及可行实施方案。

大桥简支 T 梁采用通桥（2012）2101 系列参考图，梁体设计经济且安全储备较少。在大风环境下该区段桥梁列车可达到正常运行速度，不需要增设风屏障。若满足提速后运行要求则需对简支 T 梁增设风屏障，增设屏障要对 T 梁翼缘板采取加固措施，加固施工作业量大且只能在天窗点进行，给运营铁路带来安全隐患。结合当前运营状况，该桥简支 T 梁区段暂不设置风屏障，远期提速至 100km/h 且桥面风速达到 31.5m/s 以上时，综合考虑合理限速措施保证列车安全运行。

刚构连续梁和简支箱梁区段需要增设风屏障，由于 60%透风率屏障孔洞率高、柔度大，并考虑列车远期提速需求，刚构连续梁和简支箱梁区段采用 G2 类风屏障，20%透风率，高度 3.5m。

5.3.2 风屏障选型

从材质方面，风屏障主要有金属板、非金属板两类，铁路桥梁风屏障考虑其维修养护及耐久性因素[15]，一般采用金属板材质。结合该桥运营现状及桥梁特征，具备可行性的屏障类型为与主梁相连的导风屏障和阻风屏障两种。

导风屏障优点是自重小，单侧重量约 1.7kN/m，每片导风屏障叶片纵向间距为 50～100cm。对处于运营状态的大桥桥高达百米以上，若采用导风屏障则每片扇叶均需要进行植筋锚固，施工作业量大，运营铁路桥梁施工作业均需要在天窗点进行，进一步导致施工周期变长。因此，大桥增设屏障不推荐采用导风屏障。

阻风屏障由屏障立柱和插板式屏障组成，屏障立柱通过植入锚栓与桥面板相连，屏障通过内扣螺栓与立柱相连。标准立柱间距为 2.0m。相比导风屏障，采用立柱式阻风屏障，可有效减少屏障与梁体的连接施工作业，适合运营阶段铁路桥梁。大桥推荐采用立柱式阻风屏障方案，屏障结构如图 7 所示。

5.3.3 合理实施方案

(60＋3×100＋60)m 刚构连续梁设计为整体混凝土桥面板，将原栏杆立柱拆除替换风屏障立柱，同时在翼缘栏杆基座处凿毛并浇筑屏障混凝土基座，以预埋风屏障连接锚栓实现立柱安装，再将屏障板插入两立柱之间。本方案对既有结构破坏少，安装连接措施简洁，且施工作业均可在桥面进行，适宜既有桥梁施工作业。刚构连续梁桥面布置形式如图 8 所示。

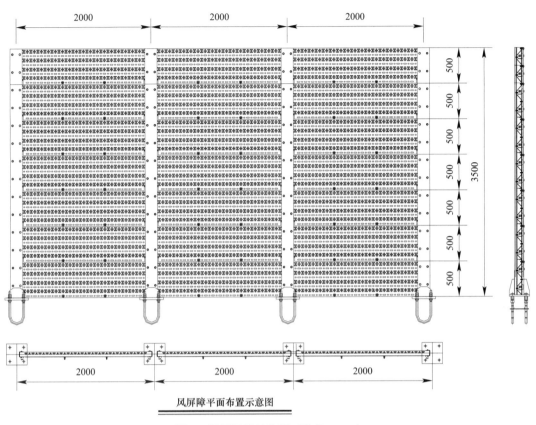

风屏障平面布置示意图

图 7 阻风屏障结构图（单位：mm）

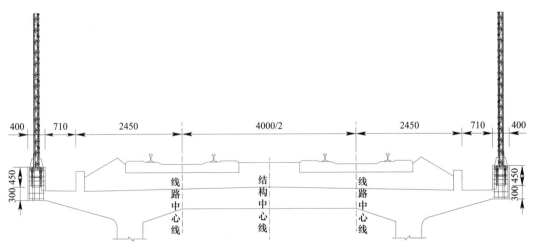

图 8 刚构连续梁新增屏障断面图（单位：mm）

简支箱梁原设计采用角钢支架人行道形式，需要将原人行道角钢支架拆除，替换风屏障钢支架。通过在挡砟墙外侧新增外包混凝土，以预埋屏障支架锚栓。本方案连接可靠性强，增加屏障二恒增加重量少。简支箱梁桥面布置形式如图 9 所示。

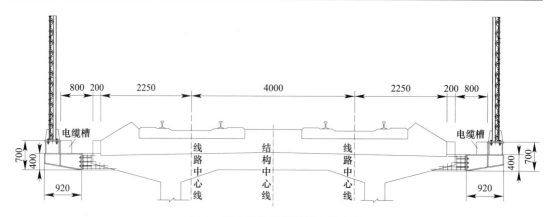

图 9　简支箱梁增设屏障支架方案

6. 结论

本文以山区重载铁路大桥为研究背景，基于节段风洞模型试验实测三分力系数开展了风—车—桥—屏障系统空间振动耦合分析，进行了山区高墩运营铁路桥梁风致行车安全性评价及抗风性能研究，得到以下结论：

（1）简支 T 梁区段桥面最大风速为 31.5m/s，可满足正常运行速度 80km/h 的要求；若满足远期提速至 100km/h 的要求，需增设 G3 类风屏障，透风率为 40％，高度 3.5m。

（2）刚构连续区段和简支箱梁区段桥面最大风速近 35m/s，为满足列车正常运行速度 80km/h 的要求，可采用 G4 类风屏障，透风率为 60％，高 3.5m；为满足远期列车提速至 100km/h 的要求，需采用 G2 类风屏障，透风率为 20％，高度 3.5m。

参 考 文 献

[1] 何建梅，郭敏，郭向荣，等. 基于风车桥耦合振动分析的刚构拱桥优化设计 [J]. 都市快轨交通，2020，33（5）：118-122.

[2] 郑晓龙，徐建华，鲍玉龙，等. 悬挂式单轨简支梁风车桥耦合动力分析 [J]. 铁道工程学报，2020，37（2）：53-58.

[3] 郑晓龙，杨吉忠，徐昕宇，等. 中低速磁浮简支箱梁车桥耦合动力响应 [J]. 铁道标准设计，2022，66（7）：79-83.

[4] 邹思敏，何旭辉，王汉封. 风屏障对桥上列车及桥梁气动特性影响数值模拟研究 [J]. 中国铁道科学，2022，43（5）：51-59.

[5] 张田. 强风场中高速铁路桥梁列车运行安全分析及防风措施研究 [D]. 北京：北京交通大学，2013：33-38.

[6] 武月恒. 基于气动效应的铁路桥梁风屏障设计与分析 [J]. 铁路技术创新，2022（3）：88-94.

[7] 董国朝，黄佳颖，韩艳. 风屏障对桥梁及列车的气动特性影响研究 [J]. 交通科学与工程，2022，38（2）：75-81.

[8] 武月恒. 基于气动效应的铁路桥梁风屏障设计与分析 [J]. 铁路技术创新，2022（3）：88-94.

[9] 刘德平，赵永胜，陈全勇，等. 国内外基本风速标准的比较研究 [J]. 电力勘测设计，2013，4（2）：30-33.

[10] 胥红敏，张鹏，郭湛. 大风作用下高速列车运行安全性研究综述 [J]. 中国铁路，2019（5）：17-26.

[11] 柳润东，毛军，郗艳红. 高速铁路风障在横风与列车风耦合作用下的气动特性研究 [J]. 振动与冲击，2018，37（3）：153-159＋166.

[12] 项超群，郭文华，张佳文. 双线高速铁路桥最优风障高度及作用机理的数值研究 [J]. 中南大学学报（自然科学版），2014，45（8）：289-293.

[13] 刘叶，王方立，韩艳，等. 风屏障对平层公铁桥上列车防风效果分析 [J]. 交通科学与工程，2021，37（1）：51-59＋74.

[14] 向活跃，李永乐，胡喆，等. 铁路风屏障对轨道上方风压分布影响的风洞试验研究 [J]. 实验流体力学，2012，26（6）：19-23.

[15] 向活跃. 高速铁路风屏障防风效果及其自身风荷载研究 [D]. 成都：西南交通大学，2013：48-50.

海上风电承台大体积混凝土温控及抗裂研究

刘浩兵，彭欢，邝庆文

（中国电建集团中南勘测设计研究院有限公司，湖南 长沙 410000）

摘　要：海洋环境下，为防止风机承台混凝土发生开裂并导致结构外观和耐久性下降，通过对结构进行开裂风险数值分析及风险评估，制定承台裂缝控制的措施和方案，指导现场施工，同时也为同类型的项目提供参考和借鉴。

关键词：海洋环境；海上风电；承台；大体积混凝土；有限元；温控；抗裂

Research on temperature control and crack resistance of mass concrete for offshore WTG foundation cap

LIU Haobing，PENG Huan，KUANG Qingwen

（Power China Zhongnan Engineering Co.，Ltd.，Hunan Changsha 410000）

Abstract：In the marine environment，in order to prevent the cracking of the WTG cap concrete and the deterioration of the structure appearance and durability，the cracking risk numerical analysis and risk assessment of the structure are carried out to develop the crack control measures and schemes of the cap concrete，guide the on-site construction，and provide reference for similar projects.

Key words：marine environment；offshore WTG；cap；mass concrete；finite element；temperature control；crack resistance

1. 引言

海洋环境由于海洋大气的相对湿度大、盐粒子含量高，加上海浪将海水溅到混凝土结构上形成腐蚀性水膜或残留的海水，导致海上风电混凝土基础腐蚀等级高，一旦出现开裂的情况，将造成混凝土结构的外观质量及耐久性下降。本文通过有限元仿真计算对越南薄寮三期和朔庄一期海上风电项目承台混凝土温度场进行模拟分析，并提出针对本项目承台大体积混凝土的控裂措施和方案，指导现场施工，同时也为同类型的项目提供参考和借鉴。

2. 工程概况

越南薄寮三期和朔庄一期海上风电项目风机基础采用高桩承台基础，桩顶上部承台为高性能海工钢筋混凝土结构，承台直径为 13.5m，厚度为 4m。承台顶标高分为 10m 和 10.7m，混凝土强度等级为 C45，单个承台方量约 572m³（未计桩芯部分），分两期浇筑，第一期混凝土厚 0.8m，方量约 114m³；第二期混凝土厚 3.2m，方量约 458m³。承台结构立面图如图 1 所示。

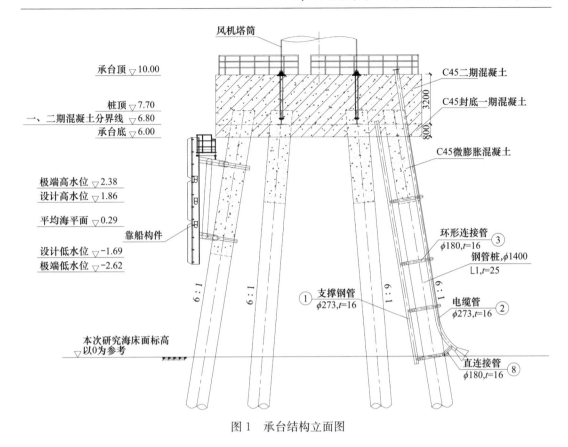

图 1　承台结构立面图

本项目所在地区为越南最南部,属于热带季风气候,根据当地气象年平均天气情况,风电场环境温度介于 26~36℃,冬季与夏季的温度变化对温控影响小,本次模拟分析不考虑冬期施工的影响。

3. 承台大体积混凝土温控及抗裂研究

3.1　混凝土配合比及绝热温升计算

为控制混凝土的绝热温升,采用低热混凝土,并掺入一定量的粉煤灰。为验证粉煤灰掺量对温度的影响,温度场模拟计算采用两种不同粉煤灰掺量的配合比同时进行,配合比如表1所示。

混凝土配合比　　　　　　　　　　　　　　　　　　表1

配合比	混凝土等级	水泥	粉煤灰	河砂	碎石（mm）		水	外加剂
					5~10	10~25		
01	C45	253	170	630	476	714	137	5.1
02	C45	283	123	672	476	714	143	5.1

混凝土绝热温升按下式计算:

$$T(t)=\frac{WQ}{c\rho}(1-\mathrm{e}^{-mt}) \tag{1}$$

式中：$T(t)$ 为混凝土龄期为 t 时的绝热温升（℃）；W 为混凝土的胶凝材料用量，kg；Q 为胶凝材料水化热总量（kJ/kg）；c 为混凝土的比热容，取 0.96kJ/(kg·℃)；ρ 为混凝土的质量密度（kg/m³）；m 为与水泥品种、浇筑温度等有关的系数，取 1.4d⁻¹；t 为混凝土龄期（d）。

混凝土绝热温升计算结果统计见表2。

混凝土绝热温升计算结果统计表 表2

配合比	强度等级	胶凝材料用量（kg/m³）	绝热温升（℃）		
			3d	7d	28d
01	C45	423	48.5	48.6	48.6
02	C45	406	48.2	48.3	48.3

3.2 开裂风险数值分析方法

（1）关键参数取值

① 混凝土弹性模量

混凝土的弹性模量可按式（2）计算：

$$E(t) = \beta E_0 (1 - e^{-\varphi \cdot t}) \tag{2}$$

式中：$E(t)$ 为混凝土龄期为 t 时的弹性模量（N/mm²）；E_0 为混凝土的弹性模量，可取标准养护条件下 28d 的弹性模量；φ 为系数，取 0.09；β 为掺合料修正系数。

② 混凝土收缩当量温差

混凝土收缩的相对变形值可按式（3）计算：

$$T_y(t) = \varepsilon_y(t)/\alpha = \varepsilon_y^0 (1 - e^{-0.01t}) \cdot M/\alpha \tag{3}$$

式中：$\varepsilon_y(t)$ 为龄期为 t 时，混凝土收缩引起的相对变形值；α 为混凝土的线膨胀系数，取 1.0×10^{-5}；ε_y^0 为在标准试验状态下混凝土最终收缩的相对变形值，取 4.0×10^{-4}；M 为考虑各种非标准条件的修正系数，素混凝土结构取 1.0，钢筋混凝土结构取 0.76，并通过实际监测数据修正。

（2）自约束应力分析

混凝土自约束应力是指内表温差导致的约束应力，各阶段自约束应力可按式（4）计算：

$$\sigma_z(t) = \frac{\alpha}{2} \cdot \sum_{i=1}^{n} \Delta T_{1i}(t) \cdot E_i(t) \cdot H_i(t, \tau) \tag{4}$$

式中：$\sigma_z(t)$ 为龄期为 t 时，因混凝土浇筑体里表温差产生自约束拉应力的累计值（MPa）；α 为混凝土的线膨胀系数，取 1.0×10^{-5}；$E_i(t)$ 为第 i 计算区间，龄期为 t 时，混凝土的弹性模量（MPa）；$\Delta T_{1i}(t)$ 为龄期为 t 时，在第 i 计算区段混凝土浇筑体里表温差的增量（℃）；$H_i(t, \tau)$ 为龄期为 τ 时，在第 i 计算区段产生的约束应力，延续至 t 时的松弛系数，可在规范中按表取值。

（3）外约束应力分析

外约束应力是指构件的变形受到底部、端部或侧面的约束而产生的拉应力，外约束拉应力可按式（5）计算：

$$\sigma_x(t) = \frac{\alpha}{1-\mu} \sum_{i=1}^{n} \Delta T_{2i}(t) \cdot E_i(t) \cdot H_i(t, \tau) \cdot R_i(t) \tag{5}$$

式中：$\sigma_x(t)$ 为龄期为 t 时，因综合降温差，在外约束条件下产生的拉应力（MPa）；$\Delta T_{2i}(t)$ 为龄期为 t 时，在第 i 计算区段内，混凝土浇筑体综合降温差的增量（℃）；μ 为混凝土的泊松比，取 0.15；$R_i(t)$ 为龄期为 t 时，在第 i 计算区段，外约束的约束系数。

（4）约束应力判断

混凝土抗拉强度可按式（6）计算：

$$f_{tk}(t) = f_{tk}(1 - e^{-\gamma t}) \tag{6}$$

式中：$f_{tk}(t)$ 为混凝土龄期为 t 时的抗拉强度标准值（MPa）；f_{tk} 为混凝土抗拉强度标准值（MPa）；γ 为系数，应根据所用混凝土试验确定，当无试验数据时，可取 0.3。

混凝土防裂性能可按式（7）、式（8）进行判断：

$$K_z = \frac{f_{tk}(t)}{\sigma_z} \geqslant 1.15 \tag{7}$$

$$K_x = \frac{f_{tk}(t)}{\sigma_x} \geqslant 1.15 \tag{8}$$

式中：K_z 为自约束应力的抗裂安全系数；K_x 为外约束应力的抗裂安全系数。

3.3 开裂风险评估

考虑承台一期混凝土仅 0.8m 厚，因此仅做承台二期混凝土开裂风险的评估，并考虑布置一定数量的冷却水管。考虑到承台是圆形，且中间布置有 6 根钢管桩及 1 套锚栓笼，为确保无死角，且便于冷却水管的安装，本项目冷却水管采用环形埋设[1]，水管采用导热性能较好的 PE 管，分 4 层布置，冷却水管布置如图 2、图 3 所示。

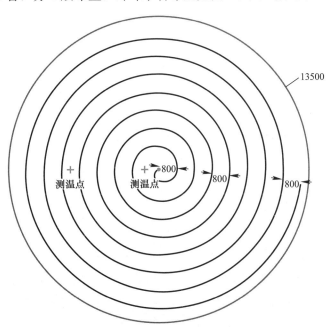

图 2　冷却水管布置平面图

（1）参数取值

基础参数取值见表 3。

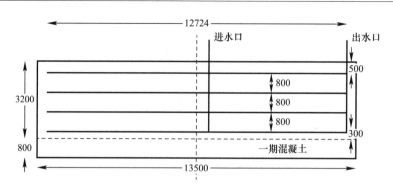

图 3　冷却水管布置立面图

基础参数取值　　　　　　　　　　　　　　　　　　　　表 3

混凝土力学性能			
弹性模量标准值（MPa）	3.35E＋04	抗拉强度标准值（MPa）	2.51
弹模修止系数 β_1	0.98	弹模修正系数 β_2	1.02
构件温度场计算			
构件尺寸（m）	直径×高度：$\phi13.5\times3.2$		
构件计算高度取值（m）	2.7	构件长度（m）	13.5
构件浇筑高度（m）	3.2	基础约束系数 C_x	1.25
入模温度（℃）	30.0	28d绝热温升（℃）	50.3/48.6/48.3
环境温度（℃）	26～36	混凝土导热系数 [J/(m·℃·h)]	850～1000
混凝土比热容 [kJ/(kg·℃)]	0.96	混凝土表面散热系数 [J/(m²·h·℃)]	约1500
冷却水管直径（m）	0.05	冷却水温度（℃）	28

（2）模型建立

采用 Midas 有限元计算软件建立模型，承台二期混凝土有限元分析模型如图 4 所示。

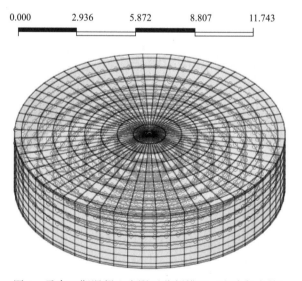

图 4　承台二期混凝土有限元分析模型（含冷却水管）

（3）温度场计算结果

配合比（01）：布置冷却水管后的承台二期混凝土温度场计算结果如图 5 所示。

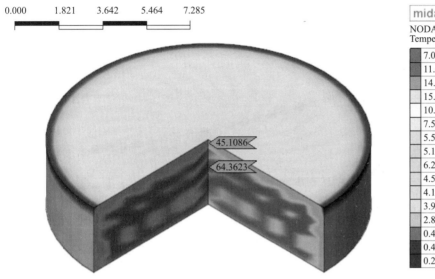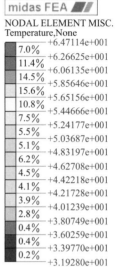

[UNIT] N, m
[DATA] 水化热(水化热)，STAGE 1 STEP 7(42)，Temperature，[Output CSys] 整体坐标系

图 5　配合比（01）承台二期混凝土 42h 温度场分布云图（含冷却水管）

配合比（02）：布置冷却水管后的承台二期混凝土温度场计算结果如图 6 所示。

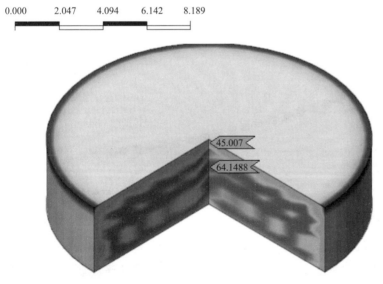

[UNIT] N, m
[DATA] 水化热(水化热)，STAGE 1 STEP 7(42)，Temperature，[Output CSys] 整体坐标系

图 6　配合比（02）F 承台二期混凝土 42h 温度场分布云图（含冷却水管）

（4）温度变化曲线

配合比（01）：图7为二期混凝土内部温峰过后6h停止通冷却水所作曲线图，包括中心、表面和内表温差。

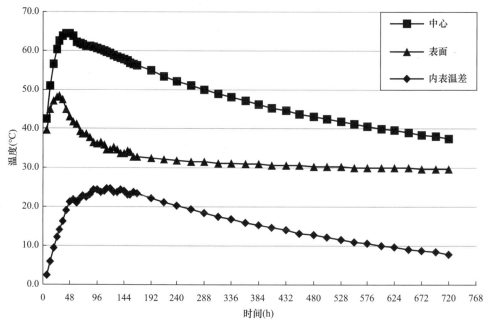

图7 配合比（01）下混凝土中心、表面和内表温差温度随时间变化曲线图

配合比（02）：图8为混凝土内部温峰过后6h停止通冷却水所作曲线图，包括中心、表面和内表温差。

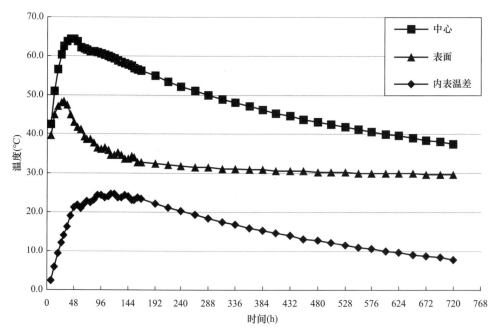

图8 配合比（02）下混凝土中心、表面和内表温差温度随时间变化曲线图

模拟计算结果统计见表 4。

模拟计算结果统计表　　　　　　表 4

配合比	构件名称	最高温度（℃，历时）	最大温差（℃，历时）
01	二期混凝土（含冷却水管）	64.4（42h）	24.8（114h）
02	二期混凝土（含冷却水管）	64.1（42h）	24.7（114h）

（5）自约束应力评估

配合比（01）：由以上二期混凝土的内表温差数据及结果，通过式（2）、式（4）、式（7）分别计算混凝土各龄期的弹性模量、内表温差、抗拉强度，最终得出各龄期自约束应力的抗裂安全系数 K_z，自约束应力及开裂风险评估见表 5。

配合比（01）下自约束应力及开裂风险评估　　　　　　表 5

龄期（d）	0.25	0.50	0.75	1.00	1.25	1.50	1.75	2.00	2.25	2.50	2.75	3.00	3.25	3.50
温度应力（MPa）	0.03	0.11	0.23	0.34	0.44	0.54	0.69	0.81	0.88	0.88	0.97	1.03	1.06	1.12
抗拉强度（MPa）	0.18	0.35	0.51	0.65	0.78	0.91	1.03	1.13	1.23	1.32	1.41	1.49	1.56	1.63
抗裂安全系数 K_z	5.33	3.05	2.24	1.93	1.80	1.68	1.48	1.40	1.40	1.50	1.45	1.44	1.48	1.46
龄期（d）	3.75	4.00	4.25	4.50	4.75	5.00	5.25	5.50	5.75	6.00	6.25	6.50	6.75	7.00
温度应力（MPa）	1.20	1.23	1.22	1.26	1.33	1.34	1.31	1.33	1.39	1.39	1.35	1.36	1.42	1.42
抗拉强度（MPa）	1.70	1.75	1.81	1.86	1.91	1.95	1.99	2.03	2.06	2.10	2.13	2.15	2.18	2.20
抗裂安全系数 K_z	1.41	1.42	1.48	1.48	1.43	1.45	1.52	1.52	1.48	1.50	1.57	1.58	1.53	1.56

计算数据可得出抗裂安全系数 K_z 在 1.41～5.33 之间（均大于 1.15），表明混凝土自约束应力较小，由此导致混凝土开裂的可能性很小。

配合比（02）：由以上二期混凝土的内表温差数据及结果，通过式（2）、式（4）、式（7）分别计算混凝土各龄期的弹性模量、内表温差、抗拉强度，最终得出各龄期自约束应力的抗裂安全系数 K_z，自约束应力及开裂风险评估见表 6。

配合比（02）下自约束应力及开裂风险评估　　　　　　表 6

龄期（d）	0.25	0.50	0.75	1.00	1.25	1.50	1.75	2.00	2.25	2.50	2.75	3.00	3.25	3.50
温度应力（MPa）	0.03	0.11	0.22	0.34	0.43	0.54	0.69	0.80	0.88	0.88	0.97	1.03	1.05	1.11
抗拉强度（MPa）	0.18	0.35	0.51	0.65	0.78	0.91	1.03	1.13	1.23	1.32	1.41	1.49	1.56	1.63
抗裂安全系数 K_z	5.36	3.07	2.26	1.94	1.81	1.69	1.49	1.41	1.41	1.51	1.46	1.45	1.49	1.47

续表

龄期（d）	3.75	4.00	4.25	4.50	4.75	5.00	5.25	5.50	5.75	6.00	6.25	6.50	6.75	7.00
温度应力（MPa）	1.19	1.22	1.22	1.25	1.32	1.33	1.30	1.33	1.39	1.39	1.34	1.36	1.41	1.41
抗拉强度（MPa）	1.70	1.75	1.81	1.86	1.91	1.95	1.99	2.03	2.06	2.10	2.13	2.15	2.18	2.20
抗裂安全系数 K_z	1.42	1.43	1.49	1.49	1.44	1.46	1.53	1.53	1.49	1.51	1.58	1.59	1.54	1.56

计算数据可得出抗裂安全系数 K_z 均大于1.15，表明混凝土自约束应力较小，由此导致混凝土开裂的可能性很小。

（6）外约束应力评估

配合比（01）：混凝土综合降温差可以根据二期混凝土浇筑完成后各阶段的降温收缩和干燥收缩得到，综合降温差 $\Delta T(t)$ 计算见表7。

配合比（01）下综合降温差 $\Delta T(t)$ 计算 表7

龄期（d）	1	2	3	4	5	6	7	8	9	10	11	12	13	14	15
中心温度（℃）	60.4	64.3	61.6	60.7	59.3	57.8	56.3	55.0	53.6	52.4	51.2	50.1	49.1	48.1	47.1
$\Delta T(t)$（℃）	−3.6	3.0	1.2	1.7	1.8	1.8	1.7	1.6	1.5	1.5	1.4	1.3	1.2	1.2	1.1
龄期（d）	16	17	18	19	20	21	22	23	24	25	26	27	28	29	30
中心温度（℃）	46.3	45.4	44.7	43.9	43.2	42.5	41.9	41.3	40.7	40.1	39.6	39.1	38.6	38.1	37.7
$\Delta T(t)$（℃）	1.1	1.0	1.0	1.0	0.9	0.9	0.9	0.8	0.8	0.8	0.7	0.7	0.7	0.7	0.2

按照1d为一个阶段，根据式（5）计算各阶段产生的外约束应力，从而进一步获得各阶段外约束应力的抗裂安全系数 K_z，外约束应力抗裂安全系数计算见表8。

配合比（01）下外约束应力抗裂安全系数 表8

龄期（d）	1	2	3	4	5	6	7	8	9	10	11	12	13	14	15
温度应力（MPa）	−0.23	0.05	0.10	0.21	0.31	0.41	0.50	0.58	0.66	0.73	0.80	0.86	0.92	0.97	1.03
抗拉强度（MPa）	0.65	1.13	1.49	1.75	1.95	2.10	2.20	2.28	2.34	2.39	2.42	2.44	2.46	2.47	2.48
抗裂安全系数（K_z）	−2.83	22.8	14.50	8.52	6.30	5.15	4.45	3.94	3.57	3.27	3.03	2.84	2.68	2.54	2.42
龄期（d）	16	17	18	19	20	21	22	23	24	25	26	27	28	29	30
温度应力（MPa）	1.08	1.12	1.17	1.21	1.25	1.29	1.33	1.36	1.39	1.43	1.46	1.49	1.51	1.54	1.53
抗拉强度（MPa）	2.49	2.49	2.50	2.50	2.50	2.51	2.51	2.51	2.51	2.51	2.51	2.51	2.51	2.51	2.51
抗裂安全系数（K_z）	2.31	2.22	2.14	2.07	2.00	1.94	1.89	1.84	1.80	1.76	1.72	1.69	1.66	1.63	1.64

从表8中可以看出，二期混凝土在30d龄期内，混凝土的外约束应力抗裂安全系数均

大于1.15，混凝土出现温度收缩和干燥收缩裂缝的概率较小。

配合比（02）：混凝土综合降温差可以根据二期混凝土浇筑完成后各阶段的降温收缩和干燥收缩得到，综合降温差 ΔT（t）计算见表9。

配合比（02）下综合降温差 ΔT（t）计算 　　　　表9

龄期（d）	1	2	3	4	5	6	7	8	9	10	11	12	13	14	15
中心温度（℃）	60.2	64.1	61.4	60.5	59.1	57.6	56.2	54.8	53.5	52.2	51.1	50.0	48.9	48.0	47.0
ΔT（t）（℃）	−3.6	3.0	1.2	1.7	1.8	1.8	1.7	1.6	1.5	1.4	1.4	1.3	1.2	1.2	1.1
龄期（d）	16	17	18	19	20	21	22	23	24	25	26	27	28	29	30
中心温度（℃）	46.2	45.3	44.6	43.8	43.1	42.5	41.8	41.2	40.6	40.1	39.5	39.0	38.5	38.1	37.6
ΔT（t）（℃）	1.1	1.0	1.0	1.0	0.9	0.9	0.9	0.8	0.8	0.8	0.7	0.7	0.7	0.7	0.2

按照1d为一个阶段，根据式（5）计算各阶段产生的外约束应力，从而进一步获得各阶段外约束应力的抗裂安全系数 K_z，外约束应力抗裂安全系数见表10。

配合比（02）下外约束应力抗裂安全系数 　　　　表10

龄期（d）	1	2	3	4	5	6	7	8	9	10	11	12	13	14	15
温度应力（MPa）	−0.25	0.06	0.12	0.23	0.35	0.46	0.56	0.65	0.74	0.82	0.90	0.97	1.04	1.10	1.16
抗拉强度（MPa）	0.65	1.13	1.49	1.75	1.95	2.10	2.20	2.28	2.34	2.39	2.42	2.44	2.46	2.47	2.48
抗裂安全系数 K_z	−2.58	19.5	12.70	7.53	5.58	4.56	3.94	3.49	3.15	2.89	2.68	2.51	2.36	2.24	2.13
龄期（d）	16	17	18	19	20	21	22	23	24	25	26	27	28	29	30
温度应力（MPa）	1.22	1.27	1.32	1.37	1.42	1.46	1.50	1.54	1.58	1.62	1.65	1.69	1.72	1.75	1.74
抗拉强度（MPa）	2.49	2.49	2.50	2.50	2.50	2.51	2.51	2.51	2.51	2.51	2.51	2.51	2.51	2.51	2.51
抗裂安全系数 K_z	2.04	1.96	1.89	1.82	1.77	1.71	1.67	1.63	1.59	1.55	1.52	1.49	1.46	1.43	1.44

以上计算可以得出，二期混凝土在30d龄期内，混凝土的外约束应力抗裂安全系数均大于1.15，由此导致温度收缩和干燥收缩裂缝的可能性很小。

（7）小结

根据承台一期和二期混凝土温度场模拟计算结果，计算混凝土在不同龄期的抗裂安全系数，得到混凝土构件的初步评估结论，承台二期混凝土模拟计算的温度情况见表11。

承台二期混凝土模拟计算的温度情况 　　　　表11

配合比	构件名称	最高温度（℃，历时）	最大温差（℃，历时）
01	二期混凝土（含冷却水管）	64.4（42h）	24.8（114h）
02	二期混凝土（含冷却水管）	64.1（42h）	24.7（114h）

承台二期混凝土开裂风险的初步评估结果见表12。

承台二期混凝土开裂风险的初步评估结果（含冷却水管） 表 12

配合比	构件名称	最大长度(m)	自约束应力导致的开裂风险	外约束应力导致的开裂风险	出现裂缝时间	主要裂缝部位	主要裂缝形态	产生原因
01	二期混凝土(高3.2m)	13.5	一般	较低	混凝土初凝后	混凝土顶部	浅表层，无固定形态，以塑性收缩裂缝为主	混凝土表面失水过快
02	二期混凝土(高3.2m)	13.5	一般	较低	混凝土初凝后	混凝土顶部	浅表层，无固定形态，以塑性收缩裂缝为主	混凝土表面失水过快

4. 承台裂缝控制建议

4.1 总体思路

通过对承台混凝土温度场、自约束应力、外约束应力的计算分析，明确了二期混凝土开裂风险的主要因素为自约束应力过大。因此，承台大体积混凝土裂缝控制的总体思路为通过优化材料性能及配合比、施工工艺及构造设计，结合辅助控裂手段，分阶段控制混凝土的自约束应力和外约束应力的减小。

4.2 混凝土性能及原材料控制

（1）混凝土性能

① 混凝土配合比要尽可能地减少水泥用量和胶材用量，以达到减少水泥和胶材水化放热总量的效果，当然需要确保混凝土的强度满足设计要求。

② 混凝土拌合物应具有良好的和易性，并不得离析或泌水。

③ 宜选用缓凝型混凝土，其28d收缩率不大于90％。

④ 尽可能降低混凝土坍落度，坍落度建议值宜为160～200mm。浇筑至承台混凝土顶面约50cm时，混凝土坍落度宜控制在坍落度要求值的中下限。

（2）混凝土原材料控制

① 水泥：应选用水化热低和凝结时间长的水泥；新进场的散装水泥一般温度较高，需要冷却一段时间后方可使用。

② 粗骨料：选用配置混凝土强度高、抗裂性好的碎石，碎石级配应该满足设计要求，严格控制骨料的含泥量。含泥较多，将会对混凝土的强度产生影响，同时还有可能导致混凝土出现收缩的情况。

③ 外加剂：建议混凝土配合比中掺加缓凝型减水剂，以达到延缓水泥水化热的放热速度、推迟温度峰值的时间、减小放热总量和温度峰值的效果，从而确保混凝土不会产生温度应力裂缝；承台施工时，根据气温变化，适当调整缓凝外加剂掺量，充分发挥其延缓

初凝的作用，以方便混凝土浇捣施工，不致形成施工冷接缝。缓凝减水剂需要根据现场使用的水泥型号选用，掺量通过混凝土试验试配确定。

④ 水：为充分降低水温，蓄水池采取遮阴措施，适时测量水温。由于当地气温较高，搅拌船配备一套制冷机组，以降低混凝土入模温度。

⑤ 粉煤灰：通过对不同粉煤灰掺量配合比进行模拟分析，确认提高粉煤灰的用量，可以降低一定的温度峰值及温差。

4.3 施工工艺

大体积混凝土温度控制指标应满足表 13 的要求。

大体积混凝土温度控制指标　　　　　　　　　　表 13

入模温度（℃）	内部最高温度（℃）	内表温差（℃）	相邻测温点温差（℃）	中心部位与冷却水管表面温差（℃）	表面与环境温度之差（℃）	降温速率（℃/d）
5～30	≤70	≤25	≤25	≤25	≤20	≤2

具体内容如下：

① 入模温度：通过采取措施对原材料的温度进行干预和控制，确保混凝土入模温度在 30℃ 以内。

② 内部最高温度：通过布置冷却循环系统及测温元件，实时控制和监测混凝土的内部温度，调节冷却水的流速和流向，确保承台混凝土最高温度不大于 70℃。

③ 内表温差：通过布置在各位置的测温元件，实时控制计算混凝土内表温差，承台混凝土外部采取一定的保温措施（比如在模板上安装保温层等），确保混凝土内表温差不超过 25℃；混凝土外表面覆盖土工布保湿保温养护，如有条件，建议加盖防水帆布，可以防止在下大雨情况下混凝土外表面温度下降导致内表温差超过规定值。

④ 降温速率：要采取混凝土保温措施以减小混凝土的降温速率，建议承台顶面做多层覆盖，包括塑料薄膜、土工布、防雨布等，以达到保温和保湿的效果。

⑤ 混凝土水化热反应初期，要加大冷却水的流量，以达到降低混凝土的温度峰值的作用；在混凝土水化热反应后期，逐渐降低冷却水的流量，以控制混凝土内部的降温速率。当混凝土内外温差不大于 20℃ 时开始停水，以免混凝土内部温度降得过低，造成较大的收缩应力[2]。

5. 结语

采用有限元法对以上项目承台大体积混凝土温度场进行了模拟分析，经实施过程数据统计，承台里、表温差控制在限值允许范围内，现场实测混凝土温度峰值为 63.5～67.8℃，略高于温控仿真计算，但满足规范要求。分析原因主要为海上混凝土原材料受日照影响，温度较高，且降温措施效果不明显，导致现场施工过程中入模温度存在超过 30℃ 的情况。经后期拆模及养护检查，本项目所有已浇筑承台表面未发现温度裂缝，说明本项目采用的模拟计算及分析数据基本吻合，采取的温控措施是合理、可行、有效的，类似项目可以借鉴参考。

参 考 文 献

［1］ 辜光磊，许蔚，吴永红，等. 大体积混凝土水管冷却温控技术的优化 ［J］. 混凝土，2021（11）：141-145.

［2］ 魏剑锋. 武汉青山长江公路大桥承台大体积混凝土温控技术 ［J］. 桥梁建设，2019，49（A01）：80-85.

城轨同层大跨度双层钢桁梁拱桥施工技术研究

王生涛

（安徽省公路桥梁工程有限公司，安徽 合肥 230001）

摘　要：本文结合引江济淮繁华大道桥项目对主桥施工技术进行研究和实施，项目采用 BIM 出图与数控下料机结合，提高钢材下料和安装精度；采用 BIM 技术模拟交通导改及对钢桁架杆件安装顺序研究，采用由中间向两端合龙的施工方法，提高钢结构安装速度。繁华大道桥为安徽省首座城轨同层桥梁，本项技术的实施也为同类型城轨同层钢桁架桥梁施工提供了依据和借鉴。

关键词：钢桁架；城轨同层；吊装；BIM；施工模拟；施工优化

Research on construction technology of long-span double-span steel truss arch bridge on the same floor of urban rail transit

Wang Shengtao

（Anhui Road and Bridge Engineering Co.，Ltd.，Anhui Hefei 230001）

Abstract：This paper researches and implements the construction technology of the main bridge in combination with the Fanhua Avenue Bridge project in water transfer project from the Yangtze River to Huaihe River. The project adopts BIM drawing combined with CNC cutting machine to improve the accuracy of steel cutting and steel bar installation；BIM technology is used to simulate traffic guidance and study the installation sequence of steel truss members，and the construction method of closing from the middle to the two ends is innovatively adopted to improve the installation speed of steel structure. The Fanhua Avenue Bridge is the first bridge with the same floor of urban rail in Anhui Province，and the implementation of this technology also provides a basis and reference for the construction of steel truss bridges of the same type of urban rail.

Key words：steel truss；urban rail on the same floor；hoisting；BIM；construction simulation；construction optimization

1. 引言

随着我国经济的快速发展和城市交通发展的需要，修建跨江桥梁时钢桁架拱桥被广泛应用。钢桁架拱桥跨越能力强、承压能力高、外形刚健稳固，大跨度的钢桁架拱桥在我国交通建设中也得到了更快的发展[1-3]。传统的钢桁架施工方法为采用汽车起重机吊装施工，汽车起重机起吊作业半径大，市政工程交叉作业多、施工空间有限，采用汽车起重机难以满足大结构钢桁架桥梁的吊装施工要求。传统的桁架桥施工顺序为由两端拱脚向跨中合龙[4,5]，由于拱脚位于承台上，采用此施工方法施工时受到承台工期影响较大，也不能发挥龙门起重机的使用效率。

2. 工程概况

繁华大道跨引江济淮桥梁及接线工程项目位于合肥市肥西县，项目全长1.577km。主桥整体布置如图1所示，主桥横断面如图2所示。其中跨江淮运河主桥为双层钢桁梁拱

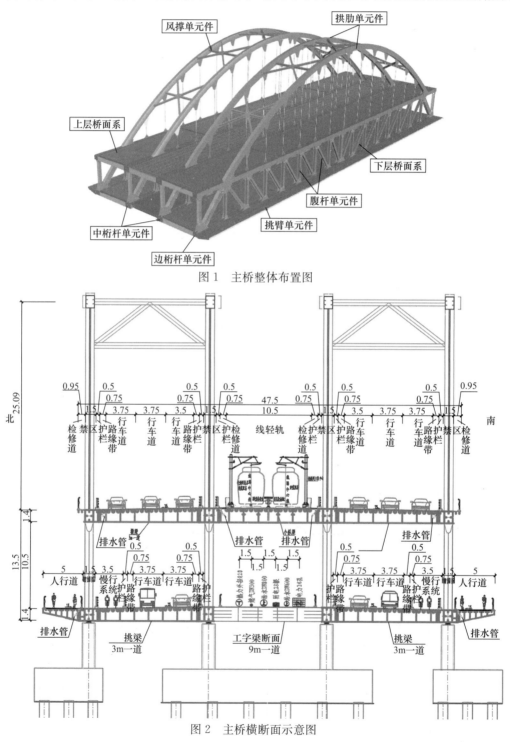

图1 主桥整体布置图

图2 主桥横断面示意图

桥，主跨 153m，高 44m，桁架高 11.9m，矢跨比 1：4.99。上层桥市政与轨道合建，双向 4 车道，轨道桥梁与市政桥梁对孔布置，轨道交通走行道路位于中间，市政桥分两幅于轨道交通两侧布置。

钢桁架分为上弦杆、下弦杆、腹杆三个部分，见表 1。上弦杆采用上翼缘板带伸出肢的箱形截面，边桁内高 1400mm，内宽 1000mm，板厚 24～44mm。中桁内高 1650mm，内宽 1000mm，板厚 24～44mm；上弦杆上翼缘熔透焊接，其余三面采取高强度螺栓对拼的连接方式。腹杆有箱形腹杆和 H 形腹杆两种形式，箱形直腹杆横截面内高 1000mm，内宽 1000mm，板厚 32mm，四面均栓接；H 形腹板横截面内高 1000mm，内宽 700mm，板厚 28～32mm；斜腹杆与主桁节点采用内插式高强度螺栓连接。

钢桁架数量统计表		表 1
杆件部位	数量（个）	重量（t）
上弦杆	64	2124.6
下弦杆	64	2205.7
腹杆	128	940.7

3. 双层钢桁梁拱桥施工

3.1 施工工艺流程

双层钢桁架拱桥分为钢桁架、桥面系和拱肋三个部分，主桥钢桁架共有 4 组，2 组中桁和 2 组边桁。桥梁总体施工顺序为：支架搭设→龙门起重机安装→中桁下弦杆安装→边桁下弦杆安装→中桁腹杆安装→边桁腹杆安装→中桁上弦杆安装→边桁上弦杆安装→下层市政桥面系安装→上层市政桥面系安装→管道桥面系安装→轨道桥面系安装→人行桥面系安装→拱肋支架搭设→拱肋安装→吊索安装→吊索第一次张拉→支架拆除→沥青摊铺及附属→吊索第二次张拉，施工工艺如图 3 所示。

3.2 钢桁架加工

采用 Revit 软件对钢桁架结构进行精确建模，钢材的下料及加工严格按照 BIM 图纸进行，根据构件大小设置加工余量，保证了钢结构加工及试拼装的准确，减少返工概率。

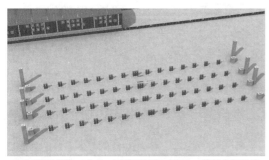
(a) 下部结构施工完成，回填至原路面并施工钢管支架基础

(b) 安装 4 台 125t 龙门式起重机

图 3　双层钢桁梁拱桥施工工艺（一）

(c) 依次吊装桁架、下层市政桥面系、腹杆及上层
市政桥面系

(d) 采用汽车起重机吊装中间管道桥及轨道桥桥面系

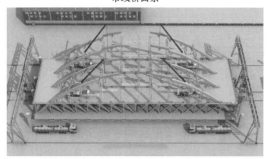

(e) 桥面系安装完成后，汽车起重机上桥搭设拱肋支架，
进行拱肋的吊装

(f) 拱肋安装完成后，拆除拱肋支架，进行吊装及张拉
施工，拆除桥下支架，施工桥面系并进行二次张拉

图 3　双层钢桁梁拱桥施工工艺（二）

钢杆件中的上弦杆、下弦杆、腹杆均采取单个杆件在专用胎架上制造工艺。上、下弦杆件采用后孔法画线钻孔，工字形腹杆孔群试拼装配钻，箱形腹杆孔群杆件制造完画线钻孔，拼接板均采用先孔法钻孔。杆件制造完成后，单个桁面按轮次进行试拼装，在试拼装工序完成杆件部分孔群的配钻。杆件平面全桥试拼装，试拼装合格后进行涂装、发运。

3.3　厂内预拼装

按轮次进行单片桁架的试拼装（单个桁面分 4 个轮次），在试拼装工序完成杆件部分孔群的配钻；所有杆件平面全桥试拼装，试拼装合格后进行涂装、发运。钢桁架加工如图4 所示，钢桁架试拼装如图5 所示。

图 4　钢桁架加工

图 5　钢桁架试拼装

3.4 现场安装

（1）钢管支架搭设

单个支墩主要是由 $\phi630\times10$mm 钢管、H600×300mmH 型钢连接而成的立体钢支墩，支墩高度 2～3m。支墩顶部设置 $\phi377\times8$mm 调节钢管。同时每套临时支墩双拼 H 型钢上设置 25t 液压千斤顶，可对箱梁高度进行调整。跨中位置支架增加一根钢管，设置成固定支架，吊装后进行焊接锁定。

（2）桁架吊装

根据该工程特性，利用现有资源及构件重量，考虑吊装位置最不利情况，左右幅钢桁架部分采用两台 125t 龙门起重机安装。待左右幅钢桁架安装完成后，拆除龙门起重机，采用 180t 汽车起重机吊装左右幅桁架之间上下层桥面系。桁架部分安装完成后，180t 汽车起重机上桥，安装拱肋及风撑。

采用从内侧向外侧安装方法，主桥横梁由内侧向外侧安装时，需要先安装中桁架承重支架，当中桁架吊装完成 2～3 个节段后，方可进行对应边桁架及下层桥面系的安装。当边桁架的安装完成 2～3 个节段后，再进行腹杆、上桁架和上层桥面系的安装。

主桥钢桁架采用支架法施工，跨中支架利用引江济淮河道暂未开挖的时机，在现有繁华大道路面上搭设钢管桩支架。先施做跨中 SEK 支架及支架基础，支架由跨中向两端逐段安装；支架完成 2～3 个单元后，可进行下桁架单元安装；下桁架安装 2～3 个节段后再进行腹杆和上桁架及桥面系安装；支架与桁架单元依次安装直至两端合龙，两端合龙且完成市政桥面系安装后，再进行拱肋支架安装，钢桁架现场龙门起重机如图 6 所示。

图 6　钢桁架吊装

（3）钢桁架栓接

高强度螺栓摩擦面按《铁路钢桥栓接板面抗滑移系数试验方法》TB/T 2137—1990 要求进行试验，试验采用两栓连接形式进行。M24、M30 的螺栓各做 3 批试件，每批 3 组，试件与产品在同批制作，采用同一摩擦面处理工艺，厂内涂装后每批试件各试验 1 组；剩余的每批 2 组试件与产品在同一条件下存放、运输，在安装前进行试验。

（4）桥面系安装

市政桥面系采用 125t 龙门起重机安装，待钢桁架安装并完成线型调整后，即可安装对应市政桥面系，安装顺序为由跨中向两端安装。管线桥面系及轨道桥面系采用汽车起重机吊装，管线桥面系采用 50t 汽车起重机安装，待管线桥面系安装完成后再进行轨道桥面系安装，轨道桥面系采用 1 台 150t 汽车起重机安装轨道桥面系桥面板。

（5）拱肋安装

桁架部分安装完成后，汽车起重机上桥，安装拱肋及风撑，由拱脚向中间吊装。拱肋及风撑采用汽车起重机上桥进行安装，在已完成桥面系上搭设钢管桩支架，钢管桩支架采用 Midas Civil 软件进行验算，符合安全规范设计要求。箱形拱肋采用内部栓接、外部焊接形式连接，先栓接拱内加劲肋，再焊接拱肋对接焊缝。

3.5 吊索施工

拱肋安装至跨中合龙段时开始吊杆的安装，吊杆采用汽车起重机上桥吊装，吊杆张拉要求横桥向和纵桥向同时张拉 4 组吊杆，即每次同时张拉 4 根吊杆。保证左右拱肋及桥面系同步均匀受力。

按吊杆参数表的张拉要求，本桥吊杆分为两次张拉。第一次张拉是在先梁后拱后进行吊杆的安装张拉，张拉力按施工设计图纸的吊杆参数表提供的数据与现场监控指令进行张拉。第二次在桥面防水层、人行道、线路设备等桥面系二期恒载完成后，进行吊杆最后调索张拉，将吊杆索力调整到成桥设计目标索力值。

在吊杆第二次索力调整张拉过程中，根据施工现场监控指令进行多次调索张拉，以达到吊杆索力目标值。每次调整吊杆力幅度不宜过大，最终使吊杆索力达到设计索力目标值，以不至于桥面荷载瞬间转换引起的钢拱和桥面箱梁的变形。

4. 钢桁架桥总体施工控制

（1）BIM 技术应用提高加工精度

采用 Revit 软件进行建模及模型组装模拟，提高钢结构加工精度，模型精度达到 LOD400。用 BIM 软件对杆件进行分类编号，利用 Revit 软件导出钢板下料图纸，采用等离子数控切割机进行钢材下料，下料误差在 0.5mm 以内。

（2）钢桁架梁安装顺序优化提高安装精度

横向安装顺序选择：对于钢结构安装变形控制方面，由内侧向外侧安装可较少因施工或温度引起的拼装间隙。横向将 56m 主桥划分成 2 段，独立进行安装，拼装偶然误差分配到 2 个边桁架上，可提高 1 倍安装精度。

由跨中向拱脚两端安装时，安装过程中的偶然误差被分摊到两端合龙段上，对合龙段的调整量小，两端需要分别作出调整，钢桁架合龙部位示意图如图 7 所示，钢桁架现场合龙施工如图 8 所示。

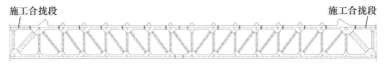

图 7　合龙部位

图 8　钢桁架拱脚处合龙

（3）杆件安装测量控制

按设计详图的杆件要求进行制作，制作完的构件经检查合格。为保证杆件的制造线形达到设计的线形要求，制造时搭设胎架，纵桥向及横桥向之间必须在工厂胎架进行匹配制造。在出厂前进行预拼装，拼装前按设计的坡度要求进行临时胎架的架设，经过专业测量人员复测合格后，方可进行预拼装。组装矫正后，经复测合格后对构件进行编号，杆件的上、下中心都必须做好标识，为现场安装提供依据。

每根杆件设置 4 个监控点，主桁架监控点在距离每端头 500mm 处，在顶板两侧各设置 1 个监控点；拱肋杆件在距离每端头 1000mm 处，在腹板两侧各设置 1 个监控点；桥面板在顶板侧布设 4 个监测点（图 9）。

图 9　成桥照片

（4）施工和运营全过程监控预警控制

根据监控单位指令设置结构应力、拱轴和主梁变形、吊杆张力等数据监测预警值。在钢桁架上安装各类型传感器及采集仪，实时获取桥梁施工和运营过程中的环境荷载、桥梁特征和桥梁响应等结构相关数据，为施工期结构监测提供理论依据。结合 BIM 模型，通过数据分析和处理，评估桥梁的结构安全状态，对桥梁的安全性和可靠性进行评价。对监测数据的变化趋势以及结构状态的演化趋势进行模拟和预测，提前预判施工期结构风险，避免损伤进一步加剧，降低桥梁寿命期的运行维护成本，基于 BIM 模型的监测检测一体化系统如图 10 所示。

图 10　基于 BIM 模型的监测检测一体化系统

5. 总结

以 Revit 软件为建模基础，配合 CAD 软件实现 BIM 软件与工厂数控加工的对接，提高了出图工作效率和图纸文件一致性，能提高构件加工精度。

基于 BIM 模型的可视化，对主桥钢结构杆件安装、施工机械布置、现场物资协调等开展全阶段施工模拟，有效地解决了施工交通导改、机械材料调配问题，优化施工工艺。

采用纵向由跨中向拱脚安装、横向由内向外安装的方法，先安装钢桁架，再安装市政桥面系，最后安装轨道桥面系，上下层桥呈梯队流水安装，可大量缩短现场吊装工期。

主桥钢桁架梁采用两端合龙的方式，由跨中向两端拱脚方向安装，降低因温度和施工因素带来的安装误差，将安装误差由一个合龙段分摊至两个合龙段，两端合龙也使得误差的可调整性、杆件安装可控性增强。

参 考 文 献

［1］ 徐龙，陈晓英．单索面公轨双层斜拉桥传力机理及稳定性分析［J］．公路，2017（5）：81-86.

［2］ 尚宪超．钢桁梁桥节点的力学性能分析［D］．南京：东南大学，2022.

［3］ 吕宜宾．钢桁梁公铁两用桥公路钢横梁受力性能研究［D］．成都：西南交通大学，2018.

［4］ 甄玉杰，王亚陆，颉瑞杰．多跨双层钢桁架连续梁桥关键技术研究［C］.2020 年全国土木工程施工技术交流会论文集（下册），2020：120-123.

［5］ 孙建鹏，周鹏，刘银涛，等．中国公铁两用桥主桥结构体系分析与展望［J］．土木与环境工程学报（中英文），2020，42（2）：80-94.

利旧化工装置整体迁移设计与实践

卓旬，徐艳红，张菊芳，徐梓豪，张弘彪，胡赛强

（中建安装集团有限公司，江苏 南京 210023）

摘　要：随着化工制品的生产工艺迅速迭代，老旧化工厂急需进行技术改造，为达成碳减排及降本增效目标，探索采用整体迁移技术对原有可用化工装置进行搬迁。该技术中，SPMT 模块运输车（自行式模块运输车）因机械化、自动化程度高逐渐取代传统轨道运输成为主流，但目前 SPMT 模块运输车多用于钢筋混凝土框架、砖（石）木、砖混等一体化稳定结构的迁移，用于钢结构框架利旧装置的迁移甚少。本文以福建福海创石油化工有限公司原料适应性技改项目为例，探索 SPMT 在脱汞单元及其附属设备整体迁移工程中的应用，重点介绍了顶升结构设计、重心计算及运输工况分析、车辆配置设计、运输路线处理、监测等方面，并通过理论与仿真两种手段进行了结构的安全性、稳定性分析，进一步验证了该施工方法的可行性。

关键词：化工装置；整体迁移；SPMT 模块运输车；顶升

Design and practice of old chemical plant

ZHUO Xun，XU Yanhong，ZHANG Jufang，XU Zihao，
ZHANG Hongbiao，HU Saiqiang

（China Construction Installation Group Co.，Ltd.，JiangSu Nanjing 210023）

Abstract：With the rapid iteration of the production process of chemical products，the old chemical plants are in urgent need of technical transformation. In order to achieve the goal of carbon emission reduction and cost reduction and efficiency increase，we explore the use of overall migration technology to relocate the original available chemical plants. In this technology，SPMT module transport vehicle has gradually replaced the traditional rail transport as the mainstream due to the high degree of mechanization and automation，but at present SPMT module transport vehicle is mostly used for the migration of reinforced concrete frame，brick（stone）wood，brick and other integrated stable structures，and rarely for the migration of steel structure frame to benefit the old device. The paper in Fujian fuhai petrochemical co.，LTD.，for example，explore the SPMT module truck in the mercury removal unit and auxiliary equipment overall migration engineering application，introduced the jacking structure design，center of gravity calculation and transportation condition analysis，vehicle configuration design，transportation route processing，monitoring，and through theory and simulation of structural safety and stability analysis，further verify the feasibility of the construction method.

Key words：chemical plant；overall migration；SPMT；jacking

1. 引言

当前，我国建筑业发展逐渐由大规模新建阶段进入新建和维修加固改造阶段。在这一建设进程中，整体迁移技术因其节能环保、工期短、对既有结构保护全面等优势，被广泛应用于大型装置模块的整体搬迁施工项目中。该技术主要通过整体托换的手段在建筑物保持原有结构不发生改变的前提下，将建筑物进行整体平移、旋转和顶升的工程技术[1]。最初的整体迁移技术是轨道运输方式，由于轨道运输方式存在占地面积大、铺设轨道造价高昂、耗时长、建筑物重量大造成轨道变形等问题，逐渐难以满足现阶段工程搬迁需求。随着我国液压同步控制系统的发展，SPMT模块运输车因其具有机械化、自动化程度高等优势，逐渐被应用于整体搬迁工程中。

近年来，众多成功案例为整体迁移技术提供了有效的理论研究基础[2-4]，文献[5,6]通过对9层建筑模型进行缩尺比例为1∶4的整体平移试验研究，结合大量实际工程实测数据，分析得出滚动式平移牵引力的计算公式；文献[7]针对历史建筑的平移保护与加固改造，提出了加固、整体迁移、提高抗震性能等关键技术措施，并从结构角度对五个已完成的典型工程进行了讨论；文献[8]针对砖木结构对其移位方案、建筑移位前的维修加固、车辆布置、托换结构设计等进行介绍，为类似工程提供参考；文献[9]对某四层砖混结构的平移机构各组成部分，包括轨道梁、新旧基础、水平力施加体系等进行了详细分析。然而上述研究主要集中在钢筋混凝土框架结构、砖（石）木结构、砖混结构建筑物的整体平移、旋转和顶升工程，涵盖了住宅、音乐厅、纪念馆、历史建筑等各种用途建筑物，针对钢结构框架利旧装置的整体迁移研究甚少，因此本文以福建福海创石油化工有限公司脱汞单元整体搬迁工程为例，从顶升结构设计、重心计算及运输工况分析、车辆配置设计、运输路线处理及监测等方面进行详细介绍，为行业提供参考。

2. 工程概况

2.1 项目选取原因

福海创脱汞单元装置在利旧化工装置整体迁移项目中具有代表性，其迁移技术对于同类项目具有普遍性。

该脱汞单元建于2012年，该化工装置为3层钢框架结构，长27.9m，宽17.65m，总高度为29m，第1层层高7.8m，第二层层高8.5m，第三层层高6.5m，局部四层层高6m，如图1所示。框架柱均为H700mm×500mm×20mm×30mm型钢截面，主梁断面、次梁断面为HM和HN型钢，平台梁均为槽钢，梁跨3m及以上时采用16a槽钢，3m以下时采用14a槽钢，柱间支撑为HW700mm×500mm型钢。由于原装置整体稳定性和结构安全性等均能满足使用功能，若拆除重建不仅耗费大量资金且工期较长，经充分的调研决定最终采用机电液一体化的

图1 脱汞单元

自行式模块运输车将化工装置从现凝析油分离装置东北角整体迁移至减压蒸馏装置东南角，整个脱汞单元装置迁移距离约 370m，旋转 180°。

2.2 工程重难点

脱汞单元搬迁工程具有以下重难点：

（1）迁移体量大、重心计算难。脱汞单元的整体迁移内容不仅包括钢框架本体，还包括装置内的工艺管线、电气仪表、大质量设备等，总体积超过 $10000m^3$，总重达 1070t。在制定此类大体量装置的迁移方案时，需要进行准确的综合重心计算，以防止顶升作业、运输作业中的倾覆危险。由于脱汞单元设备较多，在进行重心计算时，需要按照实际设备位置进行设备重量加载。并且立式设备在运输过程中不稳定因素较多，因此还存在部分设备及附属管道、钢格栅、电气仪表的拆除工作。

（2）设计标准更新、运输工况复杂。脱汞单元结构设计图纸时间为 2011 年，当时采用的《钢结构设计规范》GB 50017—2003 进行钢结构设计，而今采用自 2018 年 7 月施行的《钢结构设计标准》GB 50017—2017。新标准引入钢结构直接分析法替代一阶弹性分析与计算长度法，对钢结构强度及稳定计算提出了更高要求[10]。同时自 2019 年 4 月施行的《建筑结构可靠性设计统一标准》GB 50068—2018[11] 较原标准 GB 50068—2001 在分项系数上进行了调整，永久作用（恒荷载）分项系数由 1.2 调整到 1.3，可变作用（活荷载）分项系数由 1.4 调整到 1.5，结构安全度增加；运输过程结构受力复杂，设备荷载及风荷载对转运作业影响大。

（3）SPMT 模块运输车顶升行程有限。SPMT 模块运输车行驶高度为 1150～1850mm，脱汞单元钢框架结构首层钢梁高 7.8m，顶升行程有限，无法单由 SPMT 完成顶升转运作业。

（4）运输路线空间受限严重。项目整体作业空间较小，仅存在一条合适路线用于运输，但该路线存在两处直角弯，且第一个 90°直角弯处有消火栓障碍，无法进行清障处理，致使转弯半径受限；此外，新址设备基础高出地面 690mm，路线存在高度变化会影响 SPMT 模块车运输的平稳性，存在运输安全隐患。

3. 顶升结构设计

针对钢框架结构运输过程中平面外稳定特点及构件合理的高厚比、宽厚比原则，优先选用现场现有材料，通过运输工况下结构计算进行顶升构件截面选型，结合重心计算确定 SPMT 模块运输车与装置模块的钢框架结构的相对位置。对于装置的整体迁移而言，结构的整体稳定性至关重要，因此在 SPMT 模块运输车行进方向的原结构钢柱之间增加辅助钢梁，以此提高钢框架结构平面外稳定性，提高整体结构的抗侧力及整体性。同时，在顶升辅助钢梁上增设斜撑以提高构件刚度，避免局部变形过大。关于斜撑的设置又分为以下三种情况：

① 针对钢框架结构中第一层钢梁在 SPMT 模块运输车顶升行程内的情况，如图 2 所示，第一层钢梁作为顶升辅助钢梁，斜撑一端与第一层钢梁焊接，另一端与钢柱焊接，斜撑与梁柱的受力倾角为 45°。

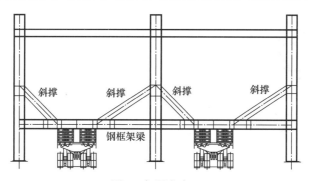

图 2　加固方案一

② 针对钢框架结构中第一层钢梁在 SPMT 模块运输车顶升行程外的情况，如图 3 所示，增设顶升辅助钢梁，斜撑一端与顶升辅助钢梁焊接，另一端位于钢柱与第一层钢梁的连接节点处，且斜撑与钢柱以及第一层钢梁均焊接，形成结构体系共同受力。

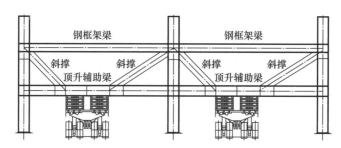

图 3　加固方案二

③ 针对钢框架结构中第一层钢梁在 SPMT 模块运输车顶升行程外且存在有竖向支撑的情况，如图 4 所示，在钢柱、运输支承钢梁、竖向支撑之间焊接多根斜撑，以形成桁架结构体系。

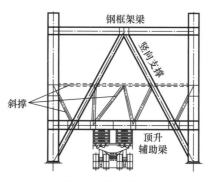

图 4　加固方案三

4. 重心计算及运输工况分析

采用 Midas Gen 结构有限元分析软件建立脱汞单元钢结构框架计算模型（图 5），根据工程实际情况进行荷载施加，通过约束条件的设置，进行重心计算以及运输工况分析。

图 5　脱贡单元有限元分析模型

由于该装置设计时间为 2012 年，时至今日已有两部国家标准进行了更新，计算系数也做了相应调整，因此在计算分析时应遵循当下最新的规范。

荷载情况如下：①结构自重，结构的理论重量由程序自行计算，由于有限元模型中未包含结构连接节点、栏杆、楼梯、加劲板等附属构件重量，故考虑 1.3 倍结构自重放大系数；②钢格栅板重量按 $50 \mathrm{kg/m^2}$ 考虑；③设备重量折合线荷载施加在钢梁相应位置；④荷载组合依据现行规范《建筑结构可靠性设计统一标准》GB 50068—2018 第 8.2.9 条 $\gamma_G = 1.3$，$\gamma_Q = 1.5$。特别注意的是，荷载的添加与装置的重心计算息息相关，且本工程中存在部分设备的拆除，因此在模型中添加荷载要进一步明确设备荷载的添加区域及荷载大小，以保证施加荷载与实际情况相符合。

4.1　重心计算

在计算模型中对柱脚进行全约束，求得柱脚反力（图 6）。根据重心坐标的计算公式求得重心坐标，可得 $x = (\sum x_i \times F_i)/\sum F_i = 12450 \mathrm{mm}$，$y = (\sum y_i \times F_i)/\sum F_i = 9150 \mathrm{mm}$，$y$ 向偏移形心 650mm，x 向偏移形心 1050mm。

4.2　运输工况分析

根据重心计算，确定 SPMT 模块运输车设置区域在梁跨中向上偏移 650mm，将顶升结构运输支承梁与车架的接触点作为计算模型的支座，约束节点 z 向自由度，并添加 x 及 y 向节点弹性支承。

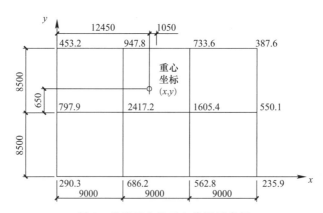

图 6　柱脚反力及重心位置示意图

运输计算应考虑水平力及各种因素引起的附加应力的影响，保证顶升结构钢梁的承载力和刚度。因此按两种工况施加水平力：①考虑两列或者多列 SPMT 模块运输车行驶过程未同步，对有限元计算模型中的装置模块施加一正一反方向水平力，该水平力大小均为 F_1，$F_1 = \mu G$，μ 表示水平力分项系数，$\mu = 0.05$，G 表示装置模块总荷载；②考虑

SPMT 模块运输车启动、刹车时的惯性力，对有限元计算模型中的装置模块施加一水平力 F_2，$F_2 = ma$，m 表示装置模块总质量，a 表示 SPMT 模块运输车纵向加速度，$a = 0.5 \mathrm{m/s^2}$。

计算结果如图 7～图 10 所示，原结构最大应力 $197.4 \mathrm{N/mm^2}$ 小于钢材 Q355B 屈服强度，最大位移 21.5mm 小于 $L/400 = 9000/400 = 22.5\mathrm{mm}$，且整体稳定性验算符合要求，新增顶升结构最大应力 $175.8 \mathrm{N/mm^2}$ 小于钢材 Q355B 屈服强度，相邻柱脚位移差 1.35mm，符合设计规范要求。

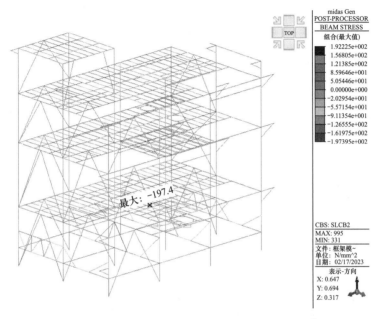

图 7　最不利工况下组合应力云图（单位：$\mathrm{N/mm^2}$）

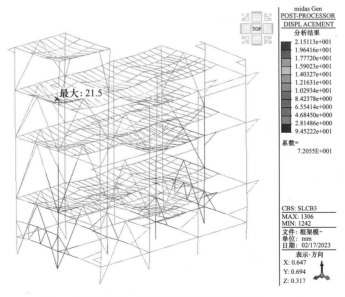

图 8　标准荷载组合下位移等值线图（单位：mm）

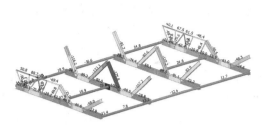

图9 顶升结构组合应力云图（单位：N/mm²）

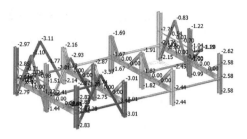

图10 柱脚竖向位移（单位：mm）

5. 车辆配置设计

5.1 车辆选型

采用 SPMT 模块车对钢框架类结构进行运输时，一般采用单列长、列数少的模式，加之项目迁移空间受限，故要求 SPMT 模块车在保证自身承载力的基础上拥有较小的尺寸，则有：$(n_{单}-1) \times d > L$；$1.2N/n < (F_u - F_G)$[8]。

式中：$n_{单}$ 为车辆单列轴线数，n 为车辆轴线数；d 为轴距（m）；L 为钢框架长度（m）；N 为化工装置总重力（kN）；F_u 为单轴最大载荷（kN）；F_G 为车辆单轴作用荷载（kN）；1.2 为安全系数。

本项目所用的 SPMT 模块车轴距为 1400mm，最大允许单轴载荷为 480kN，化工装置总质量为 890.5t，长度为 27.9m，取车辆单轴作用荷载为 45kN，计算可得：$n_{单} > 21$，$n > 25$。考虑到项目模块车 6 轴线为一组，故将 SPMT 模块车初步设计为 2 纵列，每列 24 轴线。

5.2 车辆运输平稳性及承载能力校核

为保障车辆运输的安全，SPMT 模块车可通过控制液压油路的开闭将轴线分成三组，各组油缸贯通，压力相同，所以传递到车板上部与设备接触点的各处支撑力基本相同，可等同于分组区域内形心位置的单点支撑，如图 11 所示。

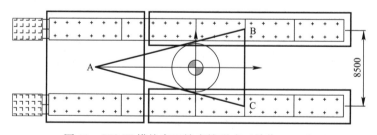

图11 SPMT 模块车运输支撑形式（单位：mm）

车辆运行时化工装置不会在车组上倾覆需满足两个条件：

① 化工装置重心投影保持在三组形心构成的稳性三角形内。

② 化工装置重心垂线与重心到稳性三角形三条边最小夹角大于 7°。

以稳性三角形 ABC 的重心为原点建立坐标系，则 A 点坐标为（$-n_{单}d/3$，0）、B 点坐标为（$n_单 d/6$，y_1）、C 点坐标为（$n_单 d/6$，$-y_1$），化工装置重心投影坐标为 $G(x_0，y_0)$，计算可得 AB 和 AC 两条线段的表达式为：l_{AB}：$y=(2xy_1/n_单 d)+2y_1/3$、l_{AC}：$y=-2xy_1/n_单 d-2y_1/3$。

由运行平稳条件 1 可得：$-n_单 d/3<x_0<n_单 d/6$ $|y_0|<2x_0y_1/n_单 d+2y_1/3$

经过计算，重心投影到稳性三角形三条边的距离分别为：

$$D_{G\text{-}AB}=|2y_1x_0-n_单 dy_0+2n_单 dy_1/3|/(4y_1^2+n_单^2 d^2)^{1/2}$$

$$D_{G\text{-}AC}=|2y_1x_0+n_单 dy_0+2n_单 dy_1/3|/(4y_1^2+n_单^2 d^2)^{1/2}$$

$$D_{G\text{-}BC}=n_单 d/6-x_0$$

由运行平稳条件 2 可得：$\min [\arctan(D_{G\text{-}AB}/L_G)，\arctan(D_{G\text{-}AC}/L_G)，\arctan(D_{G\text{-}BC}/L_G)]>7°$

本项目中，根据 4.1 节的计算结果对 SPMT 模块车的位置进行了调整，使得脱汞单元理论重心与稳性三角形形心重合，但由于加固梁的结构局限性，脱汞单元实际重心与三角形形心在 y 方向仍存在 70mm 偏差，即 G 点坐标为（0，70），化工装置重心与投影面距离 L_G 为 17400mm，SPMT 模块车的两列轴线中心距为 8500mm，代入平稳条件 1、2，计算可得：$-11200<0<5600$，$|70|<2833.3$；$\min [\arctan(D_{G\text{-}AB}/L_G)，\arctan(D_{G\text{-}AC}/L_G)，\arctan(D_{G\text{-}BC}/L_G)]=8.75°>7°$

计算结果表明，车辆运行稳定性的两个条件均满足，化工装置不会发生倾覆。

车辆运行时承载能力校核应计算装载后车组总重施加在每一轴线轮胎上的负荷，保证其小于轮胎最大允许单轴载荷，即 $F_单<F_u$。

根据力学平衡可得：$R_A+R_B+R_C=G_总$

根据力偶平衡可得：$-R_A×n_单 d/3+R_B×n_单 d/6+R_C×n_单 d/3-G_总 x_0=0$；$R_B×y_1-R_C×y_1-G_总×y_0=0$

本项目中，装载后列车总重为 1112.4t，则三式联立，求得：$R_A=370.80t$，$R_B=379.96t$，$R_C=361.64t$

各区域内平均单轴载荷为：$F_{A_单}=23.18t$，$F_{B_单}=23.75t$，$F_{C_单}=22.60t$

各单轴载荷均小于最大允许单轴载荷 48t，满足运输条件。

6. 运输路线处理及实车压载

6.1 运输路线处理

根据始发地初始位置、转弯轨迹、道路水平度、终点位置，结合现场运输路线净宽尺寸、路障信息确定最终的运输路线图。新址设备基础 R-201、R-202、D-205、F-201AB 预埋螺栓高出地面 440mm、390mm，R-201、R-202 螺栓底部入筏板 200mm，D-205、F-201 为独立基础，且所有螺栓必须先预埋方能浇筑混凝土，导致 SPMT 运输车行驶受限。鉴于此，采用黄砂将新址基础回填至标高＋440mm 并分层夯实，填筑总高度为 690mm，回填区域如图 12 所示，黄线部位用沙袋垒砌以保证边缘稳定性。对填筑区域地基采用原位试验法进行检测（图 13），最大加载量按照运输时对地压强的 2 倍取值，即静载试验最大对地压强 13.64t/m²；试验采取逐级加载，配重块静置 24h，测量记录配重块

2 个位置的沉降量，若 2 个点最大沉降量不大于 50mm，则证明处理后地基合格，满足模块车直接对地承载需求。为防止 SPMT 模块运输车的车轮刨坑打滑，根据运输线路图，在运输路线面层以及就位区域铺垫钢板（图 14）。

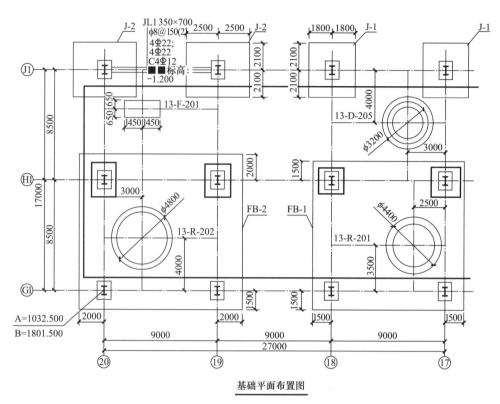

基础平面布置图

图 12　新址回填区域布置图

图 13　静载试验

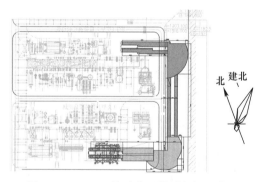

图 14　SPMT 运输路线及铺设钢板示意图

6.2　实车压载

运输道路处理完成后，在模块装运前，使用 SPMT 运输车对运输道路进行实车压载试验（图 15），选用 6 轴线 SPMT 运输车装载 150t 配重块，单 6 轴、PPU、配重之和约 185t，平均轴载 30.83t/轴高于装载模块后的轴载 26.95t/轴，确保试验轴载高于实际运输轴载。通过在运输路线上的所有点位反复碾压，观察经车辆反复碾压后运输道路的情况，如果出现翻浆、车轮打滑等情况，则需要重新处理。

图 15　实车压载试验

7. 实时监测

监测内容包括 SPMT 运输车的实时监测以及 12 根钢柱垂直度的监测。在运输过程中，严格控制移位速度，运输车行驶速度始终保持在 0.5～1.0km/h，对各个液压支撑区域的高度、压力、轮胎状况进行全过程实时监测，保证运输作业的安全。在装置原结构标高 7.8m 下的钢结构立柱段做中心十字标记，分别在顶升作业前及装置落位前对钢柱垂直度进行监测，经检测，柱脚 x 向、y 向的位移均值为 4～6mm，在可控范围内。

8. 结语

整个装置平移、搬迁至新址共历时 2h，有效工期约 1 个月，较新建工程节省直接投资 35%～40%。该项目于 2022 年 10 月 28 日顺利就位，其成功实践为后续类似工程的实施提供了宝贵经验。

参 考 文 献

[1] 张鑫. 建筑物整体平移技术的发展综述 [J]. 山东建筑工程学院学报，2005：5-6.

[2] 吴二军. 建筑物整体平移关键技术研究与应用 [D]. 南京：东南大学，2003.

[3] 曾亮，肖建庄，陈立浩，等. 建筑旋转平移的基本方法探究 [J]. 建筑科学与工程学报，2021，38 (4)：57-64.

[4] 吴二军，李爱群. 建筑物整体平移工程施工监控指标及其限值确定 [J]. 建筑结构，2006 (7)：57-59.

[5] 都爱华. 建筑物整体平移技术牵引力计算公式研究 [J]. 工业建筑，2009，39 (11)：90-92.

[6] 都爱华，张鑫，赵考重，等. 建筑物整体平移技术的试验研究 [J]. 工业建筑，2002，32 (7)：4-6.

[7] 刘涛，张鑫，夏风敏. 历史建筑平移保护与加固改造的研究 [J]. 工程抗震与加固改造，2009，31 (6)：84-87.

［8］ 夏凤敏，谭天乐，贾留东，等. 历史建筑济南修女楼的整体迁移设计和实践［J］. 工业建筑，2021，51（9）：216-221.

［9］ 徐向东，贾留东，孙剑平，等. 多层砖混结构纵向平移实践［J］. 建筑结构学报，2000，21（4）：67-71.

［10］ 王立军. GB 50017—2017《钢结构设计标准》简述［J］. 钢结构，2018，33（6）：77-79.

［11］ 中华人民共和国住房和城乡建设部. 建筑结构可靠性设计统一标准：GB 50068—2018［S］. 北京：中国建筑工业出版社，2019.

附　　录

基于软土地基工程特性高压旋喷桩优选施工参数研究

来向东，田文迪，潘久国，程鹏飞

（汉江城建集团有限公司，湖北 襄阳 441000）

摘　要：在某污水处理厂拟建场地采用高压旋喷桩施工对软土地基进行加固处理，通过分析软土地基工程特性和高压旋喷桩施工原理，设置三种工况参数进行试验桩施工，对比试验桩的实际桩长、桩径、垂直度、复合地基承载力等参数，将喷浆压力 20MPa、提升速度 0.15m/min、水灰比 1.0 作为优选施工参数，对拟建场地工程群体桩进行指导施工，可提升高压旋喷桩成桩质量和软土地基加固处理效果。

关键词：软土地基；高压旋喷桩；复合地基承载力；成桩质量

Abstract：In the proposed site of a sewage treatment plant, high-pressure rotary jet pile construction was used to strengthen the soft soil foundation. By analyzing the engineering characteristics of soft soil foundation and the construction principle of high-pressure rotary jet pile, the parameters of three working conditions were set for test pile construction, and the actual pile length, pile diameter, verticality, composite foundation bearing capacity and other parameters of the test pile were compared, and the spray pressure was 20MPa, the lifting speed was 0.15m/min, the water-cement ratio of 1.0 is used as the preferred construction parameter to guide the construction of group piles in the proposed site, which can improve the pile forming quality of high-pressure rotary jet pile and the reinforcement treatment effect of soft ground foundation.

Key words：soft soil subgrade; high-pressure rotary jet pile; bearing capacity of composite Foundation; pile quality

深嵌硬质岩变径咬合桩低净空综合施工技术研究

董海龙，王胜，夏华华

（中国交通建设股份有限公司轨道交通分公司，北京 100088）

摘　要：以深圳市城市轨道 14 号线工程布吉站为例，针对该车站在复杂环境下面临的咬合桩低净空施工，且成桩入岩深度在 3～9m 的情况，采用"全套管全回转钻机＋冲击抓斗＋ϕ1000 大直径潜孔锤＋拔管机"这一新工艺，辅以在岩土交界面进行变径处理，解决了低净空环境下深嵌硬质岩咬合桩的难点，同时针对全套管全回转钻机在实施过程中存在的孔底流沙、钢筋笼上带及导管漏水等难题分析了其产生原因及解决措施。实践证明，本项技术在工程应用中取得了显著成效，具有成桩质量高，速度快、综合成本低等优点。

关键词：咬合桩；全套管全回转钻机；深嵌岩；低净空；施工技术

Abstract：Taking Shenzhen Urban Rail Line 14 Engineering Buji Station as an example，in view of the low headroom construction of occlusal piles faced by the station in a complex environment，and the depth of pile entry into the rock is 3～9m，the new process of "full set of pipe full rotary drilling rig ＋ impact grab ＋ ϕ1000 large diameter DTH hammer ＋ pipe puller" is adopted，supplemented by rediameter conversion treatment at the interface of rock and soil，which solves the difficulty of deeply embedded hard rock occlusive piles in a low headroom environment. The problems such as water leakage on the rebar cage belt and conduit were analyzed and the causes and solutions were analyzed. Practice has proved that this technology has achieved remarkable results in engineering applications，and has the advantages of high pile quality，fast speed and low comprehensive cost.

Key words：occlusal piles；full pipe full rotary drilling rig；deep rock；low headroom；construction technology

深厚砂卵石地质双护筒旋挖钻孔灌注桩施工技术

樊奇侠，夏飞，杨小燕，郑军，毛福禄

（江西国金建设集团有限公司，江西 南昌 330000）

摘　要：旋挖钻孔灌注桩在建筑工程桩基础施工领域运用非常广泛，这种桩基施工方法工作效率高、施工质量好、尘土泥浆较少。但即便如此，在碰到较深厚的砂卵石地质时，采用普通机械设备和常规钻孔方法依然会存在成孔困难、塌孔严重、混凝土充盈系数过大、桩身夹渣断桩等系列问题。为满足工程施工，除采用全护筒跟进等先进设备外，需要对常规施工方法进行创新改进，使常规设备也能在复杂地质中得以运用。本文以实际工程建设为例，简述了常规设备下旋挖钻孔灌注桩施工技术。

关键词：砂卵石地质；旋挖钻孔；双护筒；施工技术

Abstract：The rotary drilling cast-in-place pile is widely used in the field of pile foundation construction in construction engineering. This pile foundation construction method has high efficiency，good construction quality and less dust and mud. But even so，when encountering deep sand and gravel layer geology，using ordinary mechanical equipment and conventional drilling methods will still have a series of problems，such as difficulty in hole formation，serious hole collapse，excessive concrete filling coefficient，slag inclusion in pile body and broken pile. In order to meet the requirements of engineering construction，in addition to the use of advanced equipment such as full casing follow-up，it is necessary to innovate and improve the conventional construction methods，so that the conventional equipment can also be used in complex geology. This paper takes the actual engineering construction as an example to briefly describe the construction technology of rotary drilling cast-in-place pile under the conventional equipment.

Key words：sandy pebble geology；rotary drilling；double casing；construction technique

风机混凝土塔筒环片拼装技术

熊泽峰

（中国核工业华兴建设有限公司，江苏 南京 210000）

摘　要：为获取超高 160m 以上区域的风资源并产生更大的发电量，风机塔筒设计为上钢下混组合的钢混塔组合形式。混凝土塔筒由混凝土环片拼装而成，通过发明新型环片拼装操作平台对环片进行辅助拼装，研究风机混凝土塔筒环片拼装技术，提高混凝土塔筒的拼装速度和质量，有利于加快风机整机吊装进度，有效促进新能源超高风电装机技术的发展。

关键词：混凝土塔筒；环片；拼装；超高风电

Abstract：In order to obtain wind resources over 160 meters high to generate more power, the turbine tower is designed as a steel-concrete tower combination of up-steel and down-mixing. The concrete tower barrel is assembled by the concrete ring piece, and the ring piece is assembled by the invention of a new type of ring piece assembling operation platform, The research on the assembling technology of the ring piece of the fan concrete tower can improve the assembling speed and quality of the concrete tower, accelerate the hoisting schedule of the whole fan, and effectively promote the development of the new energy super-high wind power installation technology.

Key words：concrete tower tube；piece of concrete；assembly；ultra-high wind power

VVER-1200核电建安一体化集成模块施工技术

刘晓婉

（中国核工业第二二建设有限公司，湖北 宜昌 443000）

摘 要：目前国内同类核电站中，因资源统筹利用的需求，大力倡导建安一体化施工。但截至目前，建安一体化在工程建造中的应用仍然停留在临建设施、机械设备、周转工具等方面的推广。在工程技术及施工方面，鲜有涉及。VVER-1200堆型在堆芯结构中，建安深度交叉，具备建安融合方案实施的基本要求。同时，在建安一体化集成模块组织实施过程中，涉及设计边界、方案实施边界、交叉施工组织等实际问题需要确定总体施工组织原则，以利于工作推进。结合公司已经成熟的核电站模块化建造技术，做技术融合和提升，形成具有VVER-1200堆型特色的一批模块化建造技术。

关键词：510锻件；钢筋；支撑架；建安一体化集成模块

Abstract：Currently, integrated construction of civil engineering and installation is widely encouraged in domestic nuclear power stations of the same type as required by resources planning and utilization. However, up to now, integrated construction of civil engineering and installation in engineering construction is only applied in promotion of temporary facilities, mechanical equipment, turnover tools, etc., but rarely in engineering technology and construction. There is deep crossing of engineering and installation in core structures of reactor of VVER-1200, which is basically qualified for implementation of integrated construction of civil engineering and installation. At the same time, in the process of organization and implementation of integrated modular construction of civil engineering and installation, the overall construction organization principles need to be determined for practical issues such as design boundary, scheme implementation boundary and cross construction organization to facilitate the work. Combined with the company's mature modular construction technology for nuclear power stations, we have made technological integration and upgrading to form a batch of modular construction technologies with VVER-1200 characteristics.

Key words：forging 510；reinforcement；supporting reinforcement and equipment cage；integrated module of civil engineering and installation

上跨既有线路门式墩钢箱模板盖梁施工过程受力分析及线形控制

尚鹏军，吉帅科，韩亚旭

（中铁电气化局集团有限公司，北京 100036）

摘　要：针对上跨既有线路桥梁施工安全风险高、施工难度大、对既有运营线路产生影响等特点，本文以新建西法城际铁路乾县接轨段上跨西银客专、西平铁路为背景，提出一门式墩钢箱模板盖梁施工方法。文中利用有限元计算软件 Midas Civil 2020 和 Midas NFX 2017R1 建立钢箱模板盖梁有限元模型并计算分析其静力学性能。分别对门式墩钢箱模板安装、分批次浇筑等工况进行力学分析，结合受力情况采取线形控制措施，在保障既有线路运营安全的基础上，大幅节约工期，降低安全风险，可为类似桥梁结构计算提供参考。

关键词：既有线路；门式墩；钢箱模板；受力分析；线形控制

Abstract：In view of the characteristics of high safety risk, high construction difficulty and great impact on the existing operating lines, this paper proposes a construction method of portal pier steel box formwork cover beam based on the background of the new Xifa intercity railway Qianxian connection section of the Xiyin passenger dedicated and Xiping railway. In this paper, the finite element calculation software Midas Civil 2020 and Midas NFX 2017R1 are used to establish the finite element model of the steel box formwork cap beam, and its static properties are calculated and analyzed. The mechanical analysis of the installation and batch-based pouring of the portal pier steel box formwork was carried out respectively, and the linear control measures were taken in combination with the stress situation, which greatly saved the construction period and reduced the safety risk on the basis of ensuring the safety of the existing line operation, which could provide a reference for the calculation of similar bridge structures.

Key words：existing line; portal pier; steel box formwork; force analysis ; linear control

城市混凝土隧道底板横向半包裹既有污水管线的有限元分析与施工

武永华

（西安市市政工程（集团）有限公司，陕西 西安 710054）

摘　要：针对西安市重点项目经九路陇海铁路立交工程中西北匝道出现的异型混凝土隧道，施工前期采用壳单元进行了异型混凝土隧道和普通混凝土隧道建模，使用 SAP2000 有限元分析软件分析了它们的内力分布差异，根据分析结果，采取了一些针对性的施工措施，对于确保异型混凝土隧道结构的安全具有一定的积极作用，为解决城市建设施工中出现的类似问题提供了一种新思路。

关键词：异型混凝土隧道；有限元；合理配筋；柔性隔离措施

Abstract：For xi 'an by nine key projects of road engineering XiBei longhai railway interchange ramp shaped concrete tunnel, the early stage of the construction of the shell element is used for special and normal tunnel modeling, using the finite element analysis software SAP2000 are analyzed the internal force distribution of differences, according to the analysis result, has made some corresponding construction measures, It plays a positive role in ensuring the safety of special-shaped concrete tunnel structure and provides a new idea for solving similar problems in urban construction.

Key words: special-shaped concrete tunnel finite element; reasonable reinforcement; flexible isolation measure

基于 Conv_LSTM 混合模型的地下洞室岩爆微震演化预测研究

马佳骥，沈少华，黄小军

（中国电建集团北京勘测设计研究院有限公司，北京 100024）

摘　要：本文基于地下巷道工程中丰富的岩爆微震数据，挖掘关键微震指标描述岩爆孕育过程，提出内卷积神经网络（Conv）与长短期记忆神经网络（LSTM）相结合的 Conv_LSTM 预测模型。该模型完全由数据驱动，减少了人为确定指标权重所带来的影响，并以峨汉高速大峡谷隧道微震数据进行验证，结果表明该模型精度均优于单层 LSTM 神经网络模型，预测效果较好。

关键词：地下巷道工程；岩爆预测；微震参数；时间序列预测；Conv_LSTM

Abstract: In this paper, a Conv_LSTM prediction model combining internal convolutional neural network (Conv) and long and short term memory neural network (LSTM) is proposed based on the abundant microseismic data of rockburst in underground roadway engineering to mine key microseismic indexes to describe the rockburst breeding process. The model is completely driven by data, which reduces the influence brought by the artificial determination of index weight. And it is verified by the E-han high-speed Grand Canyon tunnel microseismic data. The results show that the accuracy of the model is better than that of the single layer LSTM neural network model, and the prediction effect is well.

Key words: underground roadway engineering; rockburst prediction; microseismic parameters; time series prediction; Conv_LSTM

基于 BIM 技术的曲面蜂窝铝板幕墙施工技术应用分析

张远航，李永魁，张一进，张秀奇

（山西八建集团有限公司，山西 太原）

摘　要：本文以潇河国际会展中心南侧组团项目幕墙工程为依托，在曲面蜂窝铝板幕墙施工中深度研究与应用 BIM 技术，在施工全过程中利用 BIM 技术配合幕墙工程设计方案的沟通及调整，对复杂曲面、双曲面等重点部位进行设计优化来确保施工的顺利进行，以及对幕墙构件的碰撞检查、三维激光扫描、精准定位、批量下单、可视化交底等方面的深度应用。

关键词：复杂曲面；BIM 技术；曲面优化；批量下单

Abstract: Based on the curtain wall project of the south group of Xiahe International Exhibition Center, this paper deeply studies and applies BIM technology in the construction of curved honeycomb aluminum panel curtain wall. Throughout the construction process, BIM technology is used to facilitate communication and adjustment of the curtain wall engineering design scheme, optimize the design of key parts such as complex curved surfaces and hyperbolic surfaces to ensure the smooth progress of the construction, and deeply apply it to collision inspection of curtain wall components, three-dimensional laser scanning, accurate positioning, batch ordering, and visual briefing.

Key words: complex surface; BIM technology; surface optimization; batch ordering

跨越施工使用局域网长续航监视装置方法浅析

梁浩，程广通，郭飞全，云文俊，刘景婷，张蕴潇

（内蒙古送变电有限责任公司，内蒙古 呼和浩特 010000）

摘　要：随着国内电力建设的持续发展，现阶段电力设施日趋拥挤，跨越施工作业日趋频繁。受实际施工条件限制，常规安全监护装置存在诸多局限性，影响了安全监护工作水平。本文通过对输变电施工性质的分析，结合现有民用通信技术，通过使用一种局域网、长续航的监视装置来解决上述问题，实现全天候、无死角的安全监护。

关键词：局域网；长续航；安全监护；施工方法

Abstract：With the continuous development of domestic power construction, power facilities are becoming increasingly crowded at this stage, and crossing operations are becoming increasingly frequent. Limited by the actual construction conditions, the conventional safety monitoring device has many limitations, which affect the level of safety monitoring. Based on the analysis of the nature of power transmission and transformation construction, combined with the existing civil communication technology, this paper solves the above problems by using a LAN, long-endurance monitoring device, and realizes all-weather, non-dead corner safety monitoring.

Key words：LAN; long-endurance; safety monitoring; construction method

智慧悬臂造桥机研制及应用研究

张波

（中铁四局集团第一工程有限公司，安徽 合肥 230000）

摘　要：为解决改善传统挂篮施工工艺单点式操作、自动化程度低、上升下降同步操控性差、存在施工监测不及时、施工精度控制困难等问题，创新研制了一种集液压传动、数字监测、智能操控等多项技术于一体的智慧悬臂造桥机，构建悬臂现浇梁施工新工艺体系，进一步提高悬臂现浇梁自动化、信息化和智能化的建造水平。其具有以下功能：（1）实现自动同步走行、三维姿态调整、精确定位和内外模自动合模、脱模等基本功能；（2）实现现浇梁节段钢筋骨架整体吊装；（3）实现集安全监控、生产进度管理、连续梁线性监测及智能张拉压浆和养护功能于一体的信息化集成监控系统，能够实时监控悬臂造桥

机的运行状况，确保施工安全，同时优化生产进度和质量控制。

关键词：悬臂现浇梁；智慧悬臂造桥机；液压传动；数字监测；智能操控

Abstract：In order to solve the problems of improving traditional hanging basket construction technology such as single point operation, low automation level, poor synchronous control of rise and fall, untimely construction monitoring, and difficulty in controlling construction accuracy, an intelligent cantilever bridge building machine integrating hydraulic transmission, digital monitoring, intelligent control and other technologies has been innovatively developed. A new process system for cantilever cast-in-place beams construction has been constructed, further improving the automation of cantilever cast-in-place beams The level of informatization and intelligence in construction. It has the following functions：（1）to achieve basic functions such as automatic synchronous running, three-dimensional posture adjustment, precise positioning, and automatic mold closing and demolding of internal and external molds；（2）Realize the overall hoisting of the cast-in-place beam segment steel reinforcement skeleton；（3）Implement an information-based integrated monitoring system that integrates safety monitoring, production progress management, linear monitoring of continuous beams, and intelligent tensioning, grouting, and maintenance functions. It can monitor the operation status of the cantiever bridge building machine in real time, ensure construction safety, and optimize production progress and quality control.

Key words：cantilever cast-in-placebeam ; Intelligent cantilever bridge building machine ; hydraulic transmission ; digital monitoring ; intelligent control

玄武岩纤维沥青混合料路用性能影响因素试验研究分析

张卓普

（湖南省第六工程有限公司，湖南 410000）

摘　要：为了研究玄武岩纤维沥青混合料中纤维掺量及纤维长度对混合料路用性能的影响，采用室内精密车辙试验和低温弯曲性试验、浸水性马歇尔试验和冻融劈裂试验，对选用玄武岩纤维长度为6mm，掺量分别为 0%、0.1%、0.2%、0.3%、0.4%、0.5%、0.6%时；以及掺量一定，选用 3mm、6mm、9mm 的纤维长度的沥青拌合料路用的性能进行研究分析。研究结果证明：沥青混合料在掺入玄武岩纤维后多项路用性能改善效果明显。当掺入纤维长度相同时，0.3%的玄武岩纤维掺量为最佳掺量，此时其沥青混合料每项路用性能达到最优状态，当掺量达到 0.6%时，各项性能指标出现明显衰减。当掺量相同时，采用6mm长纤维时沥青混合料的高温稳定性和低温抗裂性最优，水稳定性：3mm＞6mm＞9mm。

关键词：玄武岩纤维；掺量；纤维长度；沥青混合料；路用性能

Abstract：In order to study the influence of fiber content and fiber length in basalt fiber asphalt mixture on the pavement performance of the mixture, the indoor precision rutting test, low-temperature bending test, immersion Marshall test and freeze-thaw splitting test are adopted. When the basalt fiber length is 6 mm and the fiber content is 0%, 0.1%, 0.2%, 0.3%, 0.4%, 0.5% and 0.6%, respectively；The performance of asphalt mixture with fiber length of 3 mm, 6 mm and 9 mm with a certain amount is studied and analyzed. The research results prove that asphalt mixture After adding basalt fiber into the mixture, many road performance improvement effects are obvious. When the fiber length is the same, 0.3% basalt fiber is the best content. At this time, the performance of each road use of its asphalt mixture reaches the best state. When the content reaches 0.6%, the performance indicators will significantly decline. When the content is the same, the high temperature stability and low temperature crack resistance of the asphalt mixture are the best when using 6 mm long fiber, and the water stability is 3 mm>6 mm>9 mm.

Key words: basalt fiber; dosage; fiber length; asphalt mixture; road performance

冬夏两季的进气温度对好氧颗粒污泥活性影响对比

付进芳，刘振

（机械工业第六设计研究院有限公司，河南 郑州 450007）

摘　要：鉴于冬夏两季气温差较大，对比分析好氧颗粒污泥序批式反应器（SBR，Sequence Batch Reactor）在冬夏两季的正常运行、冷却进气、加热进气三种不同运行工况下，进气温度对颗粒污泥活性的影响。试验结果发现，进气温度不仅与颗粒污泥的内源呼吸作用有关，而且对颗粒污泥活性的影响较显著。研究进气温度和反应器内溶解氧 DO（Dissolved Oxygen）变化关系得出进气温度越高，颗粒污泥中微生物活性更强且内源呼吸作用越强。另外，试验还发现，进气温度对好氧颗粒污泥反应器内氧化还原电位ORP（Oxidation Reduction Potential）的影响不明显，但会导致反应器内存在温度梯度。

关键词：进气温度；SBR；DO；ORP；好氧颗粒污泥

Abstract：Abstract：In view of the large temperature difference between winter and summer, the influence of inlet temperature on the activity of granular sludge was comparatively analyzed under three different operation conditions of aerobic granular sludge sequence batch reactor (SBR, Sequence Batch Reactor) in winter and summer, including normal operation, cooling inlet and heating inlet. The experimental results showed that the inlet temperature was not only related to the endogenous respiration of granular sludge, but also had a significant effect on the activity of granular sludge. The study of the relationship between inlet temperature and DO (Dissolved Oxygen) change in the reactor showed that the higher the inlet temperature, the stronger the microbial activity and endogenous respiration in granular sludge. In addition, the test also found that the influence of inlet temperature on ORP (Oxidation Reduction Potential) in aerobic granular sludge reactor was not obvious, but it would lead to the existence of temperature gradient in the reactor.

Key words: intake temperature; SBR; DO; ORP; aerobic granular sludge

大型滑坡灾害影响桥墩变形及受力特征安全分析研究

何博，李扬，黄成，王金铜，付抗

（中建铁路投资建设集团有限公司，重庆 400000）

摘　要：随着我国经济社会的快速发展以及西部大开发战略的实施，受到地形等诸多条件的限制，一些在建的公路桥梁将不可避免地穿越地质条件不良的地区，而一旦遭遇大型滑坡、泥石流等地质灾害，将会对公路的建设和运营带来严重的影响。本文利用前处理犀牛软件建立滑坡体真三维数值模型，还原滑坡区真实地貌，并运用FLAC3D软件，根据滑坡区实际情况模拟得到桥墩在坡体天然工况、暴雨工况及地震工况三种工况下的剪力值、弯矩值及变形位移情况，分析桥墩在不同工况下致灾过程，对滑坡灾害影响下桥墩的安全性进行分析及评价。

关键词：大型滑坡；桥墩；数值模拟；变形及受力特征；安全分析

Abstract：With the rapid development of China's economy and society and the implementation of the western development strategy, restricted by many conditions such as terrain, some highway bridges under construction will inevitably cross areas with poor geological conditions, and once encountering geological disasters such as large-scale landslides and debris flows, it will have a serious impact on the construction and operation of the highway. In this paper, the pre-processing rhinoceros software is used to establish a true three-dimensional numerical model of the landslide mass and restore the real landform of the landslide area. The FLAC3D software is used to simulate the disaster causing process of the slope under the natural condition, rainstorm condition and earthquake condition according to the actual situation of the landslide area. The shear value, bending moment value and deformation displacement of the bridge pier under different conditions of the slope are simulated, and the safety of the bridge pier under the influence of landslide deformation is analyzed and evaluated.

Key words：large landslide; pier; numerical simulation; deformation and stress characteristics; safety analysis

高原大温差环境下高性能混凝土配合比设计及应用

陈强

（中铁二十局集团第三工程有限公司，重庆）

摘　要：本文以高海拔大温差地区两河口水电站洛古大桥为例，研究粉煤灰和硅粉的掺量对C55高性能泵送混凝土的和易性、抗压强度、耐久性能的影响。研究表明，粉煤灰有助于混凝土的坍落度、扩展度和抗氯离子渗透性能的增加，对混凝土7天强度以及抗碳化能力会产生负面影响；混凝土56天强度出现典型的增强现象；硅粉可以提升混凝土的强度，特别是在初期，其强度有明显的提升现象，28天强度最高可达74MPa，混凝土的抗氯离子渗透能力和抗碳化性能也随之提高，通过对洛古大桥0号块混凝土现场浇筑，所设计的混凝土工作性能良好，易于泵送，强度、耐久性等指标满足要求。

关键词：大温差；抗压强度；耐久性；混凝土配合比；施工质量控制

Abstract：This paper takes the Luogu Bridge of Lianghekou Hydropower Station in the area with high altitude and large temperature difference as an example to study the effects of fly ash and silica fume on the workability, compressive strength and durability of C55 high-performance pumped concrete. The results show that fly ash contributes to the increase of slump, expansion and chloride ion penetration resistance of concrete, which will negatively affect the 7-day strength and carbonization resistance of concrete. The 56-day strength of concrete showed a typical enhancement phenomenon; Silica fume can improve the strength of concrete, especially in the early stage, its strength has obvious improvement phenomenon, 28 days strength up to 74.0MPa, concrete resistance to chloride ion penetration and anti-carbonization performance is also improved, through the Logu Bridge 0 # block concrete on-site pouring, the designed concrete has good workability, easy to pump, strength, durability and other indicators to meet the requirements.

Key words：large temperaturedifference；compressive strength；durability；concrete mix ratio；construction quality control

Krystol 材料在地下室结构混凝土节点防渗漏施工过程中的应用研究

蔡历颖，李龙

（中建海峡建设发展有限公司，福建 福州 350003）

摘　要： 地下室施工质量的好坏主要取决于防渗漏技术的应用，结合工程实例，为解决地下室结构混凝土节点出现的渗漏问题，本施工方法在原有地下室结构混凝土施工中添加 Krystol 防水材料达到自愈合防水效果，防止水从任何方向渗入，提高了防水施工质量，长期保持防水性能不变，同时材料高度环保、无毒，具有良好的社会效益、环保效益和推广价值。

关键词： 地下室结构；Krystol 防水材料；渗漏

Abstract： The quality of basement construction mainly depends on the application of anti-seepage technology. Combined with engineering examples，in order to solve the leakage problem of concrete joints in the basement structure，this construction method adds Krystol waterproof material to the original basement structure concrete construction to achieve self-healing waterproof effect，prevent water intrusion from any direction，improve the waterproof construction quality，and keep the waterproof performance unchanged for a long time，Compared with the traditional coiled material waterproof construction method，it is unnecessary to leave construction space when using crystalline waterproof admixture. The material is highly environmentally friendly and non-toxic，and has good social benefits，environmental benefits and promotion value.

Key words：basement structure；Krystol waterproof material；leakage

腹板开孔轻钢龙骨复合墙体在某实际工程的应用分析

姜乃峰

（中国建筑东北设计研究院有限公司，沈阳）

摘　要： 研究龙骨开孔复合墙体在风荷载作用下受弯性能的影响，进而使腹板开孔轻钢龙骨复合墙体更好地应用在严寒地区。以不同的龙骨厚度设计 2 个标准试件，并进行了受弯试验，研究了影响轻钢龙骨复合墙体受弯性能的试验参数以及破坏形态。通过有限元参数分析，研究各参数对轻钢龙骨复合墙体力学性能的影响，并分析不同参数下墙体的抗弯刚度、极限承载力以及破坏模式。龙骨厚度的增加，会提高腹板开孔轻钢龙骨复合墙体的力学性能，其抗弯刚度最大提高达 119.87%，极限承载力最大提高达 141.05%。开孔龙骨复合墙体可以在工程中有效的减小结构体系的地震响应程度，且在此结构中能够减小 18% 的层间位移角与 12% 的层间剪力值，腹板开孔龙骨复合墙体在建筑结构中由于自重轻等优点，能够有效的减轻地震作用下建筑结构的塑性铰损伤。在规范要求下，笔者设计的墙体在正常使用的情况下，可以满足工程需要，在严寒地区具有很好的推广价值。

关键词：轻钢龙骨复合墙体；腹板开孔；静力性能；极限承载力；地震响应

Abstract：This study investigates the influence of wind load on the bending performance of composite walls with openings in the keel, in order to better apply the light steel keel composite wall with openings in the web in severe cold areas. Two standard specimens were designed with different keel thicknesses and subjected to bending tests to study the experimental parameters and failure modes that affect the bending performance of light steel keel composite walls. Through finite element parameter analysis, the influence of various parameters on the mechanical properties of light steel keel composite walls is studied, and the bending stiffness, ultimate bearing capacity, and failure mode of the walls under different parameters are analyzed. The increase in keel thickness will improve the mechanical properties of the web perforated light steel keel composite wall, with a maximum increase in flexural stiffness of 119.87% and a maximum increase in ultimate bearing capacity of 141.05%. The perforated keel composite wall can effectively reduce the seismic response of the structural system in engineering, and can reduce the inter story displacement angle by 18% and the inter story shear force by 12% in this structure. Due to its advantages such as light weight, the perforated keel composite wall in the web plate can effectively reduce the plastic hinge damage of the building structure under earthquake action. Under the regulatory requirements, the wall designed by the author can meet the engineering needs under normal use and has good promotional value in cold regions.

Key words：Light steel keel composite wallboard；Web opening；Static performance；ultimate bearing capacity；seismic response

大柱网多高层预应力冷库技术经济分析研究

钱章寅，陈新任，赵宏训

（中国中元国际工程有限公司，北京 100089）

摘　要：近年来，随着工程建造技术的发展，多高层冷库建筑有着向大柱网发展的趋势。为了克服大柱网冷库带来的诸多不利因素，在冷库设计及建造中引入了预应力混凝土技术。但业内在此领域的相关研究较少，对其经济合理性及必要性的研究几乎处于空白状态。本文通过与采用经济柱网的冷库相比较，分析研究并比较大柱网多高层预应力冷库的主要技术经济指标，从而为广大设计人员和相关行业的业主提供参考，以使得冷库建筑的设计、建造及运营更加适用、安全、经济。

关键词：大柱网；预应力；冷链物流；技术经济；冷库设计

Abstract：With the development of engineering construction technology, in recent years, multi-high-rise cold storage buildings have a tendency to develop into large column grid. In order to overcome the many unfavorable factors brought by the large-column cold storage, the prestressed concrete technology was introduced in the design and construction of the cold storage. However, there are few relevant studies in this field in the industry, and the research on its economic rationality and necessity is almost blank. This paper analyzes and compares the main technical and economic indicators of multi-story prestressed cold storage with large column grid by comparing with the cold storage with economical column grid, so as to provide reference for the majority of designers and owners of related industries, so as to make the design of cold storage buildings, Construction and operation are more applicable, safe and economical.

Key words：large column grid；prestress；cold chain logistics；technical economy；cold storage design

电子工业厂房大直径隔震支座施工
技术应用研究

郭克石，邓青，梁增辉，魏豪，原野，张洋

（中建—大成建筑有限责任公司，北京 100070）

摘　要： 北方华创半导体装备产业化基地扩产（四期）项目在电子厂房建设领域首创性应用隔震技术，通过降低隔震层以上建筑的抗震设防烈度类减小构件截面，显著降低成本。该项目1号生产厂房为钢筋混凝土框架结构，采用层间隔震形式，共设置隔震支座481个。为解决隔震支座吊装及场内堆放、复杂密集的下支柱钢筋绑扎与预埋件精准安装固定、下支墩混凝土浇筑、上支墩模板支设等施工难点，通过前期塔式起重机选型与布置、借助BIM技术及利用短钢筋等工具、采用二次浇筑法、结合柱箍方法预制短木方等措施，确保了隔震层在紧张的工期内安全顺利完工。

关键词： 电子工业厂房；层间隔震；橡胶支座；施工技术

Abstract： Naura Semiconductor Equipment Industrial Base expansion (Phase 4) project in the field of electronic plant construction, the first application of isolation technology, by reducing the seismic intensity of the isolation layer above the building to reduce the section of components, significantly reducing costs. . The No. 1 production plant of this project is a reinforced concrete frame structure, which adopts the form of storey separation and has 481 isolation supports. In order to solve the construction difficulties of large-scale isolation bearing hoisting and stacking in the field, complex and dense lower pillar steel bar binding, precise installation and fixation of embedded parts, concrete pouring of lower pillar, and upper pier formwork installation, through the selection design and planning layout of tower crane in the early stage, with the help of BIM technology and efficient use of tools such as short steel bars, the use of high-strength grouting material secondary pouring method, and the prefabrication of short wooden blocks combined with the column hoop method, the construction of the seismic isolation layer was completed safely and smoothly within the tight time construction period.

Key words： electronic industrial workshop; storey isolation; rubber bearing; construction

水下成孔＋液压碎岩疏浚施工技术在
山区内河航道整治中的应用

陈克辉，林海聪

（中交广州航道局有限公司，广东 广州 510290）

摘　要： 随着内河航运事业的不断发展及中国城镇化水平的不断提高，城镇依江、依河而建，内河航道沿岸居民区、铁路、公路、桥梁等建筑愈发密集，传统爆破炸礁施工产生的震动威胁建筑结构安全，已无法适应项目建设需要，急需根据外部环境变化不断更新探索适应新形势的施工工艺。本文介绍了闽江水口至沙溪口航道整治工程中成功应用"水下成孔＋液压碎岩疏浚"施工技术，解决了该项目施工过程中面临的现实问题，对今后类似工程也有较好的借鉴意义。

关键词：内河航道整治；坚硬岩层；液压破碎；水下成孔；潜孔钻

Abstract：With the continuous development of inland waterway shipping industry and the continuous improvement of China's urbanization level，cities and towns are built along rivers and rivers，and residential areas，railways，roads，Bridges and other buildings along inland waterways are increasingly dense. The vibration caused by traditional blasting reef construction threatens the safety of building structures，which can no longer meet the needs of project construction. It is urgent to update and explore the construction technology adapting to the new situation according to the changes of external environment. This paper introduces the successful application of the construction technology of "underwater pore-forming ＋ hydraulic rock crushing dredging" in the waterway regulation project from Shuikou to Shaxikou of Minjiang River，which solves the practical problems faced in the construction process of this project and has good reference significance for similar projects in the future.

Key words：Inland waterway regulation；A rock of hard rock；Hydraulic crushing；underwater pore-forming；diving drill

大直径桁架鼓圈在烟囱施工中的应用

王亮，赵凤华

（中能建西北城市建设有限公司，陕西 西安 710000）

摘 要：本文主要针对直径较大烟囱，通过对烟囱施工中使用的常规鼓圈施工体系的改进，采用大直径桁架鼓圈形式的施工平台体系，缩短辐射梁长度，提高大直径烟囱施工体系安全性能，并介绍了大直径桁架鼓圈液压提升翻模施工工艺。

关键词：桁架鼓圈；辐射梁；液压提升翻模

Abstract：This paper mainly focuses on the large diameter chimney，improves the conventional drum boom construction system，adopts the construction platform system of large diameter truss drum boom，shorten the length of radiation beam，improve the safety performance of the construction system of large diameter chimney，and introduces the construction technology of large diameter truss drum boom.

Key words：truss drum ring；radiation beam；hydraulic lifting turning mold

独柱式变截面内倾钢索塔施工关键技术

王琼，焦林洋

（中交二公局第五工程有限公司，陕西 西安 710100）

摘 要：潏河人行桥位于潏河辅道桥外侧，为跨径布置 2×42.4m 单塔斜拉桥。塔顶以下 28.6m 高度范围为钢上塔柱，直径 1~2.43m，钢塔壁厚 20~25mm，下塔柱采用混凝土结构，高度 13.8m（东侧）、14.8m（西侧）。本文通过子午大道潏河人行桥钢索塔的施工技术实例，简单介绍斜拉桥变截面内倾钢索塔施工技术的应用及安全措施，为以后推广应用类似桥梁施工领域提供参考和基础。

关键词：变截面；内倾；钢索塔；施工技术

Abstract：The Jue River footbridge is located outside the Jue River Auxiliary Bridge. It is a 2×42.4m single-tower cable-stayed bridge with span. The height range of 28.6m below the top of the tower is steel tower column, diameter $1m \sim 2.43m$, steel tower wall thickness $20 \sim 25$mm, the lower tower column adopts concrete structure, height 13.8m (east side), 14.8m (west side). In this paper, the application and safety measures of variable section introverted cable tower of cable-stayed bridge are briefly introduced based on the construction technology example of the Jue River footbridge on ZiWu Avenue, which provides reference and basis for the popularization and application of similar bridge construction in the future.

Key words：variable cross section; Inward tilt; steel cable tower; construction technology

振冲碎石桩与柱锤冲扩碎石桩复合地基
施工技术研究

杨启升

（北京住总集团市政道桥工程总承包部，北京 100000）

摘　要：通过研究北京市通州区污泥无害化处理资源化利用工程，阐述了在地基承载力不够和液化指数较大的情形下，通过采用振冲碎石桩与柱锤冲扩碎石桩复合地基的布置结构，按照"先振冲碎石桩施工，后柱锤冲扩碎石桩施工，待振冲碎石桩至一半时，在完成的振冲桩施工区域进行冲扩桩施工"的施工顺序，即在振冲碎石桩之间，采用柱锤冲扩碎石桩对桩内土进行挤密，采用静载试验、圆锥动力触探试验、标准贯入试验来分别检验承载力、密实度以及液化指数。试验结果显示：振冲碎石桩复合地基的承载能力特征值达到 140kPa；所测试碎石桩桩均在测试区域内，桩体的密实度结果为密实；所测试孔在粉细砂、粉质土区段，液化指数为 0＜5，满足设计规定。

关键词：地基处理；振冲碎石桩；柱锤冲扩碎石桩；液化指数；承载力

Abstract：Taking the utilization of harmless sludge treatment of tongzhou district in Beijing as an example, this paper introduces the situation that the bearing capacity of foundation is insufficient and the liquefaction index is large in Tongzhou area. The project is based on "Construction of vibro replacement pile first, Construction of column hammer crushed stone pile later, when the crushed stone pile is finished halfway, the construction of the expansion pile is completed in the construction area of the completed vibro vibrating pile" that is, the reinforcement of surface mixed soil is carried out by punching the gravel pile between the vibrating gravel piles with a column hammer. The static loading test, cone dynamic penetration test and standard penetration test are carried out to monitor the bearing capacity, density and liquefaction index. Test results show that：The characteristic value of the bearing capacity of the vibrating gravel pile composite foundation reaches 90kPa in the office building; The compactness of the piles is dense within the testing range; Liquefaction index is less than 5 and the design requirements in the sand, silty soil section.

Key words：vibro replacement stone column; column hammer; expanded gravel pile; liquefaction index; bearing capacity

静压钢板支护桩在北京市市区老旧小区改造工程中的应用

魏永峰

（北京城建道桥建设集团有限公司，北京 100020）

摘 要：依托北京市小关北里 45 号院污水管线改造工程，采用钢板桩静压法对化粪池基坑进行支护。这座化粪池位于建筑物中部，建筑工地狭小。相比 SMW 工法桩、土钉墙，静压钢板桩具有高效、无振动、无噪声、狭小空间内作业等优点。施工期间充分保证了周边楼体结构安全，最大限度减少了对小区内居民干扰。

关键词：小关北里 45 号院；钢板桩；静压法施工

Abstract：Relying on the sewage pipeline renovation project of No. 45 Yard of Xiaoguan Beili in Beijing, the steel sheet pile static pressure method is used to support the pit of septic tank. The septic tank is located in the middle of the building, and the construction site is narrow. Compared with SMW construction pile and soil nail wall, static steel sheet pile has the advantages of high efficiency, no vibration, no noise and operation in narrow space. During the construction, the safety of the surrounding building structure is fully guaranteed and the disturbance to the residents in the community is minimized.

Key words：No. 45 Xiaoguan Beili Courtyard; Steel sheet pile; Static pressure construction

曲线拟合在粤中公路软土路基沉降预测中的应用研究

何颖，何安生，廖鑫

（中国电建集团中南勘测设计研究院有限公司，湖南 长沙 410014）

摘 要：粤中某高速公路临近通车沉降仍未收敛，针对现场实测沉降数据，本文选用双曲线法、星野法进行拟合，对比了分析方法的适用性，结果表明：采用预压后期的观测数据能获得较为满意的预测结果，对于本项目而言，双曲线法预测关联度更高。根据拟合曲线进行沉降预测，并与后续实测数据进行对比分析，提出对应的卸载标高，经过通车两年验证，方案可行，可供同类工程借鉴。

关键词：公路工程；软土路基；曲线预测法；预测沉降；抛高卸载

Abstract：The settlement of an expressway in central Guangdong which will be open to traffic is still not converging, aim at the settlement data measured on site, hyperbolic method and starfield method are used for fitting, and compares the applicability of the analysis methods, the results show that using the observation data in the later stage of preloading can obtain more satisfactory prediction results, for this project, the hyperbolic method has a higher prediction correlation. The settlement prediction is carried out according to the fitting curve, and compared with the follow-up measured data, the presetting height elevation is proposed, after two years of operation, the scheme is feasible, which can be used for reference by similar projects.

Key words：highway engineering；soft soil subgrade ；curve prediction method；predicted settlement；presetting height

新型混凝土抗震抗腐蚀结构设计及
计算理论方面的研究

李佳炜，蔡忠

（中国建筑第八工程局天津建设工程有限公司，天津 300450）

摘　要：混凝土对发生腐蚀的抵抗性有很大差异，如果阳极反应及氧气供应减少，阴极反应会被抑制，调查的结果显示，海水和混凝土面层腐蚀的发生在某种程度上也有可能被抑制。在未来，提高混凝土的耐久性将成为必然。新型混凝土的优点在于抗震、低碳、自清洁等。桥梁是交通网络的重要组成部分，了解它们在地震条件下的抗震能力或海水腐蚀情况非常重要。

关键词：抗震；混凝土结构；新能源材料

Abstract：The resistance of concrete to corrosion varies greatly. If the anode reaction and oxygen supply are reduced，the cathode reaction will be inhibited. The investigation results show that the corrosion of seawater and concrete surface layer may also be inhibited to some extent. In the future, it will be inevitable to improve the durability of concrete. The hot spot of new concrete lies in earthquake resistance，low carbon，self cleaning and so on. Bridges are an important part of the transportation network，so it is very important to know their resistance to earthquakes or the corrosion of sea water.

Key words：earthquake resistance；concrete structure；new energy materials

大跨度变截面弧形曲面钢桁架综合施工技术研究

丁江芳，陈震

（山西八建集团有限公司，山西 太原 030000）

摘　要：随着大跨度、大空间、曲面造型建筑的日益耸立，大跨度变截面弧形曲面钢桁架的应用越来越广泛。常规的、有标准构件的桁架在杆件加工、胎模制作、吊装支撑等方面变化不大。但遇到变截面、弧形、曲面等特殊桁架结构时，其杆件为非标准件，胎模、胎架等不断变化，常规的标准件施工方法、施工方式不足以满足现场施工的需要，因此本文介绍了一种科学合理的施工技术来保证大跨度、变截面、弧形曲面钢桁架的施工质量和速度。

关键词：大跨度；变截面；弧形曲面钢桁架；综合施工技术

Abstract：With the rising of large-span，large-space and curved-surface buildings, the application of large-span steel truss with variable cross-section and curved-surface is more and more extensive. The conventional trusses with standard members have little change in the aspects of bar processing, tire mould making, hoisting support and so on. However，when special truss structures such as variable cross-section，arc shape and curved surface are encountered，the non-standard members of the members，the die，the frame and so on are constantly changing，the conventional construction methods and methods of standard parts are not enough to meet the needs of site construction，this paper introduces a scientific and reasonable construction technology to ensure the construction quality and speed of large-span，variable cross-section and curved steel truss.

Key words：Large-span；variable cross-section；curved steel truss；comprehensive construction technology

沙特阿美标准下光纤通信地下管束系统技术研究

樊聪

（中国电建集团核电工程有限公司，山东 济南 250000）

摘　要：光纤通信技术从光通信中脱颖而出，已逐渐成为现代通信的主要支柱之一，在现代电信网中起着举足轻重的作用。在国外石油化工及电站项目中，为了降低电力施工过程中对周围道路、建筑物的影响，合理利用有限空间，经常设计采用地下通信 Subduct 施工技术进行光缆的敷设。现结合多年的沙特阿美工作经验，对沙特阿美标准下地下通信 Subduct 施工技术进行研究。

关键词：通信 Subduct 安装；关键技术；创新点

Abstract：Optical fiber communication technology stands out from optical communication，has gradually become one of the main pillars of modern communication，and plays an important role in modern telecommunication network. In foreign petrochemical and power station projects，in order to reduce the impact of construction on the roads and buildings，and make reasonable use of limited space，underground telecom subduct construction technology is often designed to lay optical cables. Now，combined with many years of Saudi Aramco work experience，research the construction technology of underground communication subduct under Saudi Aramco standards.

Key words：telecommunication Subduct construction；key technique；Innovation

CAP1400 核电站 SC 结构高强度自密实
混凝土施工技术

孙美娟

（中国核工业华兴建设有限公司，江苏 南京 210000）

摘　要：由于自密实混凝土具有高流动性、高黏聚性、高保水性、高强度、高抗冻、高抗渗、硬化过程不收缩、与下层混凝土粘结强度高等优点，因此在 CAP1400 核电站 SC 结构中采用研发的 M-019 型高强度自密实混凝土进行浇筑。浇筑后通过对 SC 双钢板高强度自密实混凝土结构进行切割解剖、局部剥皮及取芯检查的方式，得出该混凝土状态和质量满足施工要求、符合设计的结论，证实该自密实混凝土具有可施工性、密实性等性能，确保所采取的施工工艺能够保证双钢板混凝土浇筑后内部质量。

关键词：CAP1400 核电站；SC 结构；高强度自密实混凝土；施工技术

Abstract：Because self-compacting concrete has the advantages of high fluidity，high cohesion，high water retention，high strength，high frost resistance，high impermeability，non-shrinkage in hardening process and high bonding strength with the underlying concrete，therefore，the M-019 high strength self-compacting concrete is used in the SC structure of CAP1400 nuclear power plant. Through cutting anatomy, local peeling and core-taking inspection of SC double steel plate high-strength self-compacting concrete structure, the concrete state and quality meet the construction requirements and accord with the design conclusion. It is proved that the self-compacting concrete has the properties of constructability and compactness, and the construction technology adopted can guarantee the internal quality of the double steel reinforced concrete concrete after pouring.

Key words：CAP1400 nuclear power plant；SC structure；high strength self-compacting concrete；construction technology

机场类项目管廊高低跨处大型管道运输技术研究

李振儒，张乐乐，徐伟，艾鹏飞，兰鹏，李美雄

（中国建筑第二工程局有限公司华南分公司，广东 深圳 518000）

摘 要：珠海机场改扩建工程综合管廊水暖仓内大型冷冻水管道运输施工工程中，需在管廊内穿越多处高低跨位置，且高低跨位置高差较大。由于管廊内空间狭小，且转运管道外径为 $\Phi 920 \times 12$，每条长 12m 管道重量约为 2t，无法使用常规起重吊装设备施工。为解决此项难题，本文对狭小空间大型管道起吊、转运的技术问题进行研究，并提出解决问题的方法和措施，设计制作了与现场实际状况适用的吊装转运设备，同时将该方法运用到现场实际施工中，顺利地完成了高低跨位置的大管道吊装。

关键词：机场；高低跨；综合管廊；大型管道；吊装

Abstract：In the construction project of large-scale frozen water pipeline transportation in the plumbing warehouse of the comprehensive pipe corridor in Zhuhai Airport renovation and expansionproject，it is necessary to cross many high and low span positions in the pipe corridor，and the height difference between high and low span positions is large. Because the space in the pipe corridor is narrow，and the outer diameter of the transfer pipeline is $\Phi 920 * 12$，each 12m long pipeline weighs about 2T，it is impossible to use conventional hoisting equipment for construction. In order to solve this problem，this paper studies the technical problems of hoisting and transferring large-scale pipelines in narrow space，and puts forward the methods and measures to solve the problems. The hoisting and transfer equipment applicable to the actual situation on the site is designed and made. At the same time，the method is applied to the actual construction on the site，and the hoisting of large pipelines in high and low span positions is successfully completed.

Key words：airport；high and low span；integrated pipeline corridor；large pipeline；hoisting

基于网片弯折成型的索塔钢筋装配化施工技术

李忠育，周洋帆，相杰

（中交二航局第二工程有限公司，重庆 401120）

摘 要：目前常见的索塔钢筋施工方式为依托劲性骨架的人工散绑施工，此种施工方式存在劳动力需求量大、高空作业量大、安全风险较大、钢筋绑扎时间长、影响塔柱施工效率、钢筋定位精度不高、难以

达到精细化施工要求等不足，本文以南京龙潭长江大桥南塔为例，介绍了一种基于网片弯折成型的索塔钢筋装配化施工施工技术，通过自动化减人、机械化换人和全过程控制，提升桥塔建造品质、效率和安全，可对类似工程施工提供一定的参考、借鉴。

关键词：索塔钢筋；网片弯折；装配化施工；全过程控制

Abstract：At present, the common construction method of the steel bar of the pylon is the artificial loose binding construction with the support of the rigid skeleton, which has the large demand of labor force, the large amount of work at high altitude, the big safety risk, and the long binding time of the steel bar, this paper takes the South Tower of Nanjing Longtan Yangtze River Bridge as an example, this paper introduces a kind of assembling construction technology of pylon reinforcing bar based on mesh bending forming, which can improve the quality, efficiency and safety of pylon construction by means of automatic manpower reduction, mechanized personnel replacement and whole process control, it can provide certain reference and reference for the construction of similar projects.

Key words：tower reinforcement；mesh bending；assembly construction；the whole process control

基于 3D 打印的施工现场交底技术研究

李泉坤，许科峰，张煜，李玉兵，梁家华

（中建一局集团建设发展有限公司，北京 100102）

摘　要：在建筑施工工程领域，借助 3D 打印技术，通过打印实体构件模型，不仅可以更直观、迅速地呈现设计方案与复杂造型，而且在传统表达方式的基础上进行了丰富和优化。本文结合深圳吉华医院项目Ⅱ标段，详述了在面对复杂地形及复杂节点的施工中，通过采用 3D 打印技术把 BIM 数字三维模型打印成物理模型，用于施工现场交底及施工指导，弥补了二维图纸表达方式的不足，为实现精细化施工及加快施工进度和质量发挥良好作用。

关键词：3D 打印；BIM；施工交底；物理模型；可视化

Abstract：In the field of construction engineering, with the help of 3D printing technology, by printing solid component models, not only can design schemes and complex shapes be presented more intuitively and quickly, but also enriched and optimized on the basis of traditional expressions. In this paper, combined with Shenzhen Jihua Hospital project Ⅱ section, detailed in the face of complex terrain and complex node consruction, through the use of 3D printing technology to print BIM digital 3D model into a physical model for the construction site confession and construction guidance, to make up for the lack of two-dimensional drawing expression, to achieve fine construction and improve the construction progress and quality play a good role.

Key words：3D Printing；BIM；construction disclosure；physical Model；visualization

借鉴"抽样检验"模式强化工程项目管理

史轶柱，王兴亮

（山西省宏图建设集团有限公司，山西 太原 030013）

摘　要：在"双随机、一公开"监管模式下，结合"抽样检验"方法解决大型建筑企业分支机构多、项目多、监管效率低、管理成本高的问题，为建筑企业更好地管理项目提供新思路，通过借鉴创新，目的是提高建筑企业核心竞争力，提升工程项目监管效率。基于抽样概率论，可以把项目管理看作研究对象，预设一个抽检模式，在技术和资源无法保证所有项目能够遍历全检的情况下，采取抽检的方法评价项目的管理水平及存在的风险，项目管理视同为一个检查对象，按项目组织生产的阶段（分部）及管理类别，设定若干管理类别，每个项目对象所包含的检查类别可视同一个抽样检验的"检验批"，定义好检查标准后，然后对项目管理情况进行随机抽检。通过借鉴"抽样检验"模式，科学高效管理项目，加快企业与项目部之间信息的互联互通，依托互联网信息化平台，形成统一的项目管理模式，及时公开信息，形成监督执行合力，促使企业经营理念落地生根，项目管理目标切实达成。借助"双随机、一公开"模式抽检，实施科学化管理，推广运用电子化手段，运用互联网云平台来提高问题发现能力，实现项目监管全过程留痕，实现责任可追溯，以求达到事半功倍的效果。

关键词：建筑工程；项目管理；随机抽样；信息化

Abstract：Large construction enterprises have many branches and many projects. By learning from the "double random and one open" model, they manage projects scientifically and efficiently, accelerate the interconnection of regulatory information between the group company and its branches, between general contracting and subcontracting, form a unified project regulatory model based on the Internet information platform, disclose regulatory information in time, form a regulatory joint force, and promote the enterprise business philosophy to take root, The project management objectives are effectively achieved.

Key words：construction；project management；random sampling；informatization

基于 Peck 公式的无水卵石地层盾构下穿建筑物变形控制研究

李俊亮，周彦明，尹宏斌

（远海建工（集团）有限公司，重庆 400020）

摘　要：Peck 经验公式在预测盾构开挖隧道所引起的地面沉降变形方面得到了广大学者的认可。在无水卵石这种特殊地层中，需要对 Peck 公式进行适当的修正，才能达到预测效果。本文以新疆乌鲁木齐市轨道交通某线某标段为工程背景，沿线地层全部为无水卵石层，多处下穿敏感性结构体系建筑物，因此为了控制地面沉降和建筑物基础变形，运用修正的 Peck 公式进行地面沉降预测，同时根据预测结果对注浆配合比进行优化，以便更好地加固地层。最后通过理论计算、实际监测和 FLAC3D 数值模拟的对比分析，验证修正的 Peck 公式在无水卵石地层中的适用性，以及优化配合比后的注浆对抑制地面和建筑基础沉降变形的加固效果。

关键词：卵石地层；Peck 公式；注浆优化；数值模拟；曲线拟合

Abstract：Peck's empirical formula has been recognized by many scholars in predicting ground settlement deformation caused by shield tunneling. In the special stratum of anhydrous pebble, it is necessary to correct Peck formula properly to achieve the prediction effect. In this paper, a bid section of rail transit Line 1 in Urumqi, Xinjiang was taken as the engineering background. All the strata along the line were anhydrous pebble beds, and many buildings with sensitive structural system were undershot. Therefore, in order to control ground settlement and building foundation deformation, the modified Peck formula was used to predict ground settlement, and the grouting mix ratio was optimized according to the predicted results. In order to better strengthen the formation. Finally, the applicability of the modified Peck formula in the anhydrous pebble stratum and the reinforcement effect of the optimized mix ratio grouting on inhibiting the settlement and deformation of ground and building foundation were verified by the comparative analysis of theoretical calculation, practical monitoring and FLAC3D numerical simulation.

Key words: pebble formation; peck formula; grouting optimization design; numerical simulation; curve fitting